博碩文化

U0077515

資料庫系統管理與實作
Access+Excel

商務應用　2016/2019/2021

暢銷回饋版

李馨 著

書中完整範例檔
請至博碩文化官方網站下載

- 資料庫的發展和相關技術
- 使用資料表與欄位
- 利用工作資料表進行排序和篩選
- 關聯式資料庫的理論與使用
- 提供輸入介面的表單
- 彙整資料輸出的報表
- 選取查詢、動作查詢和 SQL 語法
- 簡化操作的巨集
- Access 和 Excel 攜手，配合樞紐做分析
- 適用 Access/Excel 2016/2019/2021 版本

作　　者：李馨
編　　輯：Cathy、魏聲圩

董 事 長：陳來勝
總 編 輯：陳錦輝

出　　版：博碩文化股份有限公司
地　　址：221 新北市汐止區新台五路一段 112 號 10 樓 A 棟
　　　　　電話 (02) 2696-2869　傳真 (02) 2696-2867

發　　行：博碩文化股份有限公司
郵撥帳號：17484299　戶名：博碩文化股份有限公司
博碩網站：http://www.drmaster.com.tw
讀者服務信箱：dr26962869@gmail.com
訂購服務專線：(02) 2696-2869 分機 238、519
（週一至週五 09:30 ～ 12:00；13:30 ～ 17:00）

版　　次：2023 年 12 月五版一刷

建議零售價：新台幣 600 元
I S B N：978-626-333-712-1
律師顧問：鳴權法律事務所 陳曉鳴 律師

本書如有破損或裝訂錯誤，請寄回本公司更換

國家圖書館出版品預行編目資料

資料庫系統管理與實作：Access+Excel 商務應用
(2016/2019/2021)/ 李馨著 . -- 五版 . -- 新北市：
博碩文化股份有限公司 , 2023.12
　　面；　公分

ISBN 978-626-333-712-1(平裝)

1.CST: ACCESS(電腦程式)
2.CST: EXCEL(電腦程式)

312.49A42　　　　　　　　　　　　112021578
Printed in Taiwan

博碩粉絲團　歡迎團體訂購，另有優惠，請洽服務專線
　　　　　　(02) 2696-2869 分機 238、519

作者序

當智慧型手機已成為我們生活中不可或缺的夥伴時，如何運用生活中的資料，了解資料庫的運作，有其必要性。本書採用步驟式學習，並有貼心提示隨時提醒，讓初學者對於 Access 能快速上手。入門篇透過學習者觀點，認識資料庫的發展和資料模型，讓你在使用 Access 2016 之餘，也能擷取資料庫相關概念。同時，從無到有來學習 Access 資料庫的建置，並以小技巧和補充說明貫穿全書，接受知識洗禮的當下，一併提升操作技巧。進階篇提供了 Access 2016 關聯式資料庫的理論架構；即使是雜亂無序的資料表，也能配合分割，整理出彼此有關聯的資料。配合表單探索查詢，輸出報表。實用篇則在設計資料庫時，配合巨集和模組，提高資料庫的工作效率。

入門篇　認識 Access 2016 資料庫物件（第 1~4 章）

從資料與資訊的觀念導引，揭開章節序幕，說明資料庫與檔案系統的不同處。藉由簡易的選課管理系統，認識 Access 2016 資料庫物件及使用環境的基本操作。

進階篇　從關聯式理論看 Access 2016 資料庫（第 5~9 章）

進一步探討資料庫系統，以關聯式資料庫的理論基礎為架構，Access 的分割功能為輔，掌握資料庫原理的精髓，深入查詢內部，利用運算式，產生排行榜效果，交叉資料表查詢多方面分析資料。

實用篇　善用巨集簡化 Access 的操作（第 10 ~ 15 章）

好用的資料庫，表單和報表不能少，巨集和模組的巧妙搭配，能提高操作效能。將建置好的資料庫系統，配合切換表單管理員產生選單管理；協同 Office 將資料匯出 PDF 格式，匯入文字檔，並介紹 Access 和 Excel 的互助合作。

目錄

Chapter 01 漫談資料庫

Chapter 02 Access 2016 簡介

Chapter 03　建立 Access 資料表

Chapter 04　活用資料工作表

Chapter 05　關聯式資料庫

Chapter 06　操作介面 - 表單

Chapter 07　彙整資料 - 報表

Chapter 08　選取查詢和運算式

Chapter 09　進階查詢與 SQL

Chapter 10　深入表單

Chapter 11　強化報表

Chapter 12　資料庫進階管理

Chapter 13　簡化操作的幫手 - 巨集

Chapter 14　VBA 強化管理

Chapter 15　與 Excel 並肩合作

01
Chapter

漫談資料庫

學習導引

➡ 認識資料處理的意義

➡ 資料處理模型和資料存放架構

➡ 資料庫系統由哪些組成？常見的資料庫管理系統有哪些？

1.1　資料處理與資料庫

　　隨著科技文明的脈動，智能手機也愈來愈普及，配合網路傳輸，更與我們的生活緊緊結合！想要知道目前所在位置有什麼美食？透過搜尋就可取得相關訊息！為什麼手機能無所不知？手機中儲存的資料是一個簡易資料庫，記錄著親友、同學的電話號碼；網路技術的發達，結合遠端資料庫的運作，讓手機變成我們日常生活的便利通。若以另一個角度思考，「資料庫」（Database）就是一些相關資料的集合。

1.1.1　什麼是資料處理？

　　生活中會接觸各式各樣的訊息；但是，可能把資料（data）與資訊（Information）混雜使用。例如：每天閱讀的報紙，聯絡同學的電話號碼，好友、家人的生日，這些文字、數值、日期（或時間）等為傳統性資料，稱「結構性資料」（structured data）。而手機拍的照片，下載的 MP3 音樂，網路 YouTube 播放的影片，屬於「非結構性資料」（unstructured data），它包含了圖片、影像，聲音，也稱為多媒體資料。

　　「資料」經過分類、排序的「資料處理」，所得結果才是「資訊」。透過特定對象，資訊才能發揮作用，例如：下列資料含有姓名和數字，真正的用途卻無法看出。

孫明德	56
吳志明	78
黎光輝	92
陳美菊	85
張愛蓮	45
林寶貴	60

將上述資料予以整理後，會發現是學生的成績記錄，如下表所示：

英文成績表				
編號	姓名	性別	電話號碼	成績
1	孫明德	男	(07)741-3xxx	56
2	吳志明	男	(02)2415-1XXX	78
3	黎光輝	男	(06)227-5XXX	92
4	陳美菊	女	(08)846-2XXX	85
5	張愛蓮	女	(03)338-5XXX	45
6	林寶貴	女	(02)7278-5XXX	60

「資料」（Data）泛指收集之後但沒有整理和分析的原始數值，它可能有文字或符號，可視為資訊的原始型態。所以，經過「資料處理」（Data Processing），對於某些人而言就是有用的資訊，可以清楚看出是學生參加測試的成績。所以將資料、資訊和資料處理歸納如下：

- **資料（Data）**：具有一定的特性或數量，以正規方式取得的事實、概念或指令，適用人類或程式之間的通訊、解釋和處理。
- **資料處理（Data Processing）**：經由搜尋、排序、分類、計算這些特定方法將資料轉換成資訊的過程。
- **資訊（Information）**：經過整理和分析後，成為「電腦媒體上儲存的有用記錄」；對使用者而言，可供決策的文字、圖片、影像、聲音、視訊。

1.1.2 什麼是資料庫？

一般所說的資料庫，只是一個泛稱。若以宏觀角度來看，一個資料庫應具備下列特性：

- **避免資料重覆性**：透過標準的存取介面，讓相同資料只需輸入一次，達到資料集中管理的目的。例如：銷售管理系統中，只要建立客戶資料，就能在訂單程式、帳款程式中使用。若二個應用程式都存放客戶資料，造成儲存空間的浪費之外，維護資料也頗不方便。
- **維護資料一致性**：共享資料機制下，保持資料庫的「傳播性更新」（Propagating update）；當某一筆資料被更新時，相關資訊也能同步處理。例如：商品訂價由 1000 元調整為 1200 元時，出貨單顯示的價格應是修改過的價格。
- **保持資料獨立性**：資料庫中，儲存的資料和應用程式之間沒有關係。簡單來說，就是資料結構和存取方法皆為固定，不因用途而有所改變。銷售系統中，某一項商品能在同一時間被出貨，也能藉由查詢取得其相關訊息。
- **確保資料安全性**：資料是資料庫運作時的主要源頭，為了防止資料被無關人員竄改，完整的保密系統，才能讓資料庫運作正常。因此，使用者和應用程式之間，可藉助權限設定，確保資料使用的職權範圍；定期備份資料，能讓遭受破壞的資料進一步回復，這也是資料庫應有的機制。

1.1.3 資料的組成

以資料庫儲存資料，當然得認識資料庫中有哪些成員？它包含：位元、位元組、欄位、記錄、檔案和資料庫六個階層。組成資料的最小單位為位元及位元組，進一步構成欄位及記錄，多個欄位及記錄產生資料表，多個資料表則形成資料庫，如圖【1-1】所示。

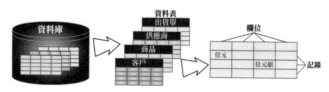

圖【1-1】 組成資料的單位

- **位元（Bit）及位元組（Byte）**：儲存資料的最小單位，它可能是數值或字串，以位元組來代表一個字元（Character）的組成。

- **欄位（Field）**：表示資料的特性，具有三項特質：①欄位名稱，如：學生姓名、②欄位值，如：李大同、③欄位屬性：包含欄位大小和資料型別。欄位值的長度，由欄位大小提供；欄位值所存放是文字、數值，或是日期，取決於資料型別。

- **記錄（Record）**：由相關資料組成，例如：與學生有關的欄位可能有學生姓名、性別、電話和住址等，相關的欄位值組成一筆記錄。

- **資料表（Table）**：資料表由多筆記錄組成。例如：課程資料表就是與課程有關的欄位與記錄值的集合。

- **資料庫（Database）**：多個資料表組成了資料庫，以一個選課系統來說，包含：學生、課程、教師和選課單等資料表。

1.1.4 資料庫的演進

當資料庫尚未廣泛使用前，多數的資料處理模式是由檔案系統來運作，依據資料格式與資料結構的發展，可分成下列六個階段：

- **第一階段**：記載資料採用人工作業，例如，早期去圖書館借書，借書卡會記錄借閱者的基本訊息。

- **第二階段**：於 1960 年代，隨著電腦問世，透過卡片、磁帶，以「循序檔」處理輸入、輸出資料；例如：早期的聯招，必須在卡片上劃出答案，再透過電腦處理訊息。

- **第三階段：**磁碟片取代原有的磁帶，由於電腦使用「隨機檔」模式，使用者能以磁片存取檔案。

- **第四階段：**1970 年代，使用「資料庫管理系統」，資料以「記錄」為主，包含階層式資料模式、網路式資料模式，而關聯式資料模式於 1980 年代也因應而生。

- **第五階段：**1990 年代以「物件」為處理單元，而「物件導向資料庫管理系統」（OODBMS）是資料庫發展技術中最新的一種；它包含物件導向式資料庫管理系統（Object-Oriented Database Management Systems）和物件關聯式資料庫管理系統（Object-Relational Database Management Systems）。

- **第六階段：**資料倉儲（DW，Data warehouse）和資料探勘（Data Mining）。當資料量非常龐大，需要進一步管理、決策時，「資料倉儲」能提供整合性支援。「資料探勘」意味著找出蘊藏的礦產；從大量資料中深入分析，找出有價值的內容，配合人工智慧建立可能模型，提供企業運籌帷幄的參考。

1.2 資料處理模型

使用資料庫必須針對資料庫組織（Database organization）有所了解。它如何組織？如何連接運作？資料庫的發展，從早期的檔案系統到現今使用的資料庫管理系統，依然不斷在演進當中。

一般來說，資料庫組織指的是「資料模型」（Data Model），如同蓋房子般，有紮實的地基才會有堅固的房子。所謂「模型」是真實世界物體的反應，就好比要蓋一棟商業大樓，設計者會使用模型來表達他自己的理念，哪邊要有電梯，哪邊要有景觀，藉助模型，讓參觀者更能清楚明瞭。將真實世界的物體、事件以抽象方式來顯示其結果，稱為「資料模型」（Data Models），由資料結構、資料操作和完整性限制三個部份所組成。用來描述資料庫所應遵循的明確限制與資料庫架構的概念，說明資料與資料之間的關係；例如，一個銷售管理系統中，客戶與訂單之間的資料須有對應，才能知道 A 客戶有多少訂單；如果客戶與訂單之間沒有對應，那麼這些資料便無法獲得有效管理。依據演進模式，依序介紹這些資料模型：

- **階層式模型（Hierarchical Model）**

- **網路式模型（Network Model）**

- **關聯式模型（Relational Model）**

- **物件導向模型（Object Oriented Model）**

1.2.1 階層式資料模型

階層式資料模式（Hierarchical Data Model）是最早出現的資料庫系統，由上而下的樹狀結構（tree structure）來表示各類個體以及個體之間的關係。資料的存取由樹根（root）往下發展，沿著子節點逐一擴展，每個父節點下可包含多個數目的子樹層，適用於資料量大、查詢固定的應用程式。下圖【1-2】以選課系統為父資料表（Parent table），它包含了「學生」、「科目」二個子資料表（child table）；若把「科目」視為一個子樹的樹根，在「科目」之下會有「講師」子資料表。

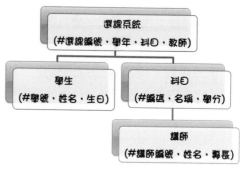

圖【1-2】 階層式資料模型

因此，階層式資料模型的關聯是建立於父子關係上，一個父親可以擁有多個兒子，可是兒子只能有一個父親。任何「子」記錄都必須要有「父」記錄，一旦「父」記錄資料被刪除，系統就會自動刪除所有的子樹資料。「子」記錄不得任意新增，除非其「父」記錄早已存在。階層式資料模型的典型代表是 1968 年 IBM 公司所推出的第一個大型的商用資料庫管理系統 IMS（Information Management System）。

1.2.2 網路式資料模型

網路式資料模型（Network data model）將資料組成不同的資料錄種類，由 CODASYL（資料系統語言會議）所定義，再由 ANSI（美國國家標準協會）完成其資料庫的標準。真實世界中很多事物之間的關係非階層關聯，這促成網路式資料模型的發展，用階層式資料模型表示非樹形結構有其因難度，因為階層式資料模型，只適合描述一對多的關係，難以描述多對多的關係。「網路式資料模型」（Network data model）以記錄（record）為基本單位，透過節點（node）的鏈結表示資料兩兩之間的關聯，如圖【1-3】。

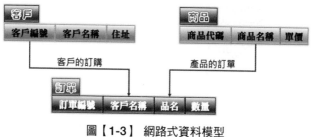

圖【1-3】 網路式資料模型

　　由於網路式資料模型的發展時間較晚，可視為階層式資料模型的改良版。與階層式資料模式不同的地方，是網路式資料模型的子資料表可同時擁有多個父資料表，對於複雜關係易於描述，避免大量的重覆，能處理多對多的關係。不過，當實體資料的內容愈來愈多時，會導致建立的關聯趨向複雜，造成管理上的困擾。

> **TIPS** ▌ 階層式資料模型和網路式資料模型的不同
>
> 階層式資料模型和網路式資料模型皆具有節點。不同之處：階層式資料模型只有父子關係，其子節點只能和上一個節點連接；而網路式資料模式不具階層概念，只要有節點便能連接，因此可以快速建立多對多之關係。

1.2.3　關聯式資料模型

　　E.F.Codd 於 1960 年代後期，定義關聯式資料庫管理系統時提出「關聯式資料模型」的概念，所以「關聯式資料模型」是第一個被提出的資料模型，也是關聯式資料庫管理系統的理論基礎。

　　Codd 以數學的「集合論」（Set Theory）作為理論基礎，以「關聯式」表格來表示資料，它不再像前述的階層式模型或網路式模型是以單一筆的記錄做為處理單位，而由記錄集合－「關聯表」做為處理單位。

- 資料與資料之間的關係則是以資料值來連結。
- 關聯式資料模型與過往的資料模型不同，它是建立在嚴格的數學概念的基礎上。

　　從使用者觀點來說，關聯式資料模型其資料結構是一張二維資料表，它由欄、列所組成，稱作「關聯表」（Relation table），由圖【1-4】來看，主要包含二部份：

- **關聯表綱要（Relation Schema）**：為表頭（Head），由一組屬性（Attributes）與定義域（Domain）來產生其綱目。
- **關聯表實例**：即主體（Body），為表格中的資料，隨時間變動而改變其內容。

課程編號	課程名稱	學分	
A5678	實用英文	3	◀ 表頭
A5678	台灣開發史	2	◀ 主體

圖【1-4】　關聯表

以 Access 來說，關聯式資料模型是藉由資料表（Table）指定的欄位，以關聯圖來建立關聯表，顯示其相關資訊，圖【1-5】就是一個經過正規化之後產生的關聯圖。

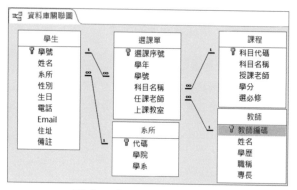

圖【1-5】 Access 的關聯圖

檢視圖【1-6】：朱梅春選修了「法律與生活」；任課老師是李家豪，由於選課單和教師資料表以「姓名」為關聯欄位；展開教師資料表也能看到教授的學生亦有「朱梅春」。

圖【1-6】 Access 的關聯表

1.2.4 物件式資料模型

雖然主流市場仍然以「關聯式資料模型」為主，但隨著資料結構化，面對著多媒體資料時，關聯式資料模型就有捉襟見肘的窘境！而「物件導向資料模型」（Object-oriented data model）也因應而生。它以物件為基礎，具有繼承（Inheritance）、封裝（Encapsulation）、多形（Polymorphism）的特性。物件擁有屬性（attribute）與方法（method），透過物件共同的特徵，可用來描述結構複雜的資料。

1.3 　資料存放架構

　　對於資料模型有了通盤性概念後，進一步瞭解資料庫如何管理存放的資料！依據處理架構分為「集中式」（Centralize）、「主從式」（Client-Server）、「分散式」（Distribution）處理三種。

1.3.1　集中處理架構

　　集中處理模式可將它視為「中央集權」的管理方法。所有的資料都存放於單一主機（Server），主機負責使用者介面處理，而配合的終端機（Terminal）只要將資料輸入，或者顯示經由主機處理後的資訊。

圖【1-7】 集中處理模式

　　所有資料的處理與控制皆由大型主機自己掌握，運作模式單純，當然能提高資料的安全性。當使用者人數增加時，主機的負荷會加重，效能會降低；嚴重時，造成主機當機，全部的使用者都無法使用。

1.3.2　主從式架構

　　隨著電腦蓬勃發展，主機（或稱伺服器）成本降低，主從式架構因應而生。「主機」用來存放所有資料，只負責資料處理，而用戶端（Client）的使用者介面，具有視窗和圖形環境，提供更友善的操作環境，也讓資料保有一致性。

主機(Server)

輸入查詢指令

使用者

顯示查詢結果

使用者

圖【1-8】 主從處理模式

1.3.3 分散處理架構

分散式處理的觀念和需求，很早就萌芽！但隨著網路的便利，通訊能力提昇，才真正落實於資料庫技術中。由於資料和承載資料的主機分散於各地，「主機」用於資料交換，資料的傳送必須藉助網路，資料的處理和控制也不再集中某一處；所以，「用戶端」針對資料處理和使用者介面的工作就無法置身事外！

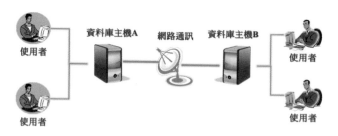

圖【1-9】 分散處理模式

通常採用「分散式資料庫」是企業組織於不同區域成立分公司，為了提高資料庫的效益，讓分散於各地的資料有效運作，依據軟體功能的特徵，將分散式資料概分為兩類：❶同質性（Homogeneous）、❷異質性（Heterogeneous）。

- **同質性**：每個節點上，電腦都執行相同的資料庫管理系統，支援共同協定，方便於管理。
- **異質性**：每個節點上，電腦分屬不同的資料庫管理系統，所以每個節點的使用者只能存取自己的資料庫管理系統。

1.4 資料庫系統

資料庫管理系統以資料模型（Data Model）為依歸，提供操作介面來存取資料，讓資料和應用程式之間多一層安全保護，確保每一筆資料都能充份掌握；也就是資料要新增、修改、刪除時，都必須經過資料庫管理系統的處理。由此看來，資料庫、資料庫管理系統和資料庫系統是三個不同的概念，資料庫提供的是資料的儲存，資料庫的操作與管理必須透過資料庫管理系統，而資料庫系統提供的是一個整合的環境。

資料必須經過多層處理步驟，才能轉換為有用資訊。就 Access 而言，就是一套可滿足不同需求者的應用軟體。使用 Access 時，就是以資料庫管理系統為基礎；從建立資料庫開始，以關聯理論來分析資料，透過資料庫元件的幫忙，一同設計出好的資料庫管理系統。

1.4.1 資料庫系統的組成

資料庫系統不單單是儲存資料之所在，配合**資料庫管理系統（DBMS, Database Manager System）**管理資料庫，它具有操作介面，使用者能新增、更新及讀取資料庫的內容，讓應用程式之間的資料彼此共享。因此，資料庫管理系統能管理多個資料庫；配合存放資料的資料庫，才構成「資料庫系統」（Database System），它包含下列三種成員：

- **硬體**：電腦及其周邊，提供儲存資料的設備。
- **軟體**：作業系統，資料庫管理系統。
- **使用者（User）**：一般操作者、資料庫管理師（DBA）和程式設計者。

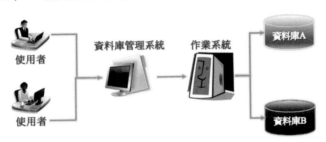

圖【1-10】 資料庫系統的組成

1.4.2 ANSI/SPARC 架構

從早期的檔案系統，到現今的資料庫管理系統，要了解資料庫的運作，得先認識資料庫的資料結構。ANSI/SPARC（ANSI:American National Standards Institute；SPARC:Standards Planning And Requirements Committee）於 1978 年制定了一個描述資料庫系統架構的**三層模式結構**。透過資料庫的抽象化層次，其結構如下圖【1-11】所示。

ANSI/SPARC 三層模式結構是探討資料庫管理系統的角度，針對不同使用觀點來說明其管理的資料。「外部層」提

圖【1-11】 三層模式結構

供管理者和使用者的「視界」（View），每個人只會看到某一部份的資料庫；「概念層」結合外部不同的視界，通常會以資料庫設計師（DBA）為觀點，所以看到的是一個完整的資料庫；「內部層」則是實際儲存資料的所在，並扮演資料庫管理系統與作業系統的溝通橋樑。

1.4.3 Access 與資料庫系統

從資料庫本身來看，還得包含資料的定義，稱為「綱要」（Schema）。而資料庫管理系統則涵蓋了「資料庫綱要」（Database Schema），它用來描述整個資料庫及定義所存放的資料，包含 ❶ 綱要、❷ 資料二個部份。以 Access 的觀點說明：

圖【1-12】 資料庫綱要

- **綱要**：定義資料的結構，更簡單的說法：資料型別。
- **資料**：依據資料型別來存放不同內容。

這些以 Access 2016 建立的資料庫管理系統會統合各項物件而包含在「accdb」檔案中。那麼，Access 又是如何運作？透過圖【1-13】結合三層資料庫綱要做示意說明。

外部綱要（External Schema）

描述外部層顯示的資料，每一個外部綱要只能描述部分資料，隱藏其他資料。這說明一般使用者所面對就是外部層，不同的外部層會以使用者觀點來提供所需的外部綱要，而一個資料庫允許擁有多個外部綱要。例如：Access 的「表單」能建立使用者的操作介面；這包含了一般的輸入介面（如建立員工的資料），或藉由查詢擷取不同結果，再以「報表」呈現。無論是表單、報表都是依據使用者的觀點來展示資料庫的部份內容。

概念綱要（Conceptual Schema）

概念層用來描述完整資料庫，所以只能擁有一個概念綱要來定義資料表欄位和資料類型，對於資料實際的儲存結構不做考量。以 Access 來說，就是透過「資料表」物件來定義儲存資料的屬性，包含欄位的大小，使用的資料型態等；在開發資料庫過程中，也可以藉助實體關聯圖（ERD）描繪資料表。

內部綱要（Internal Schema）

內部綱要描述內部層實際儲存的資料、定義資料結構和哪些資料要建立索引。以 Access 2016 來說，建立資料庫的同時也必須決定資料的儲存路徑，產生資料表後，還要將欄位大小及相關屬性進行設定。

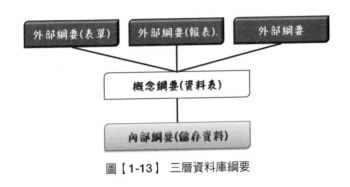

圖【1-13】 三層資料庫綱要

1.4.4 常見的資料庫管理系統

　　市面上的資料庫管理軟體系統以關聯式資料庫較為常見。例如：Microsoft Office Access 2016（簡稱 Access 2016），適用於初學者；另一個主流產品則是 Microsoft SQL Server，使用 SQL 結構化查詢語言（Structured Query Language）。甲骨文公司則開發了與公司同名的資料庫產品『Oracle』，這是一套市佔率很高的資料庫產品，使用 PL/SQL 資料庫語言來處理大量的資料。而 DB2 為 IBM 公司的主力商品，同樣也使用 SQL 語言，它不只是一套關聯式資料庫系統；從技術上來說，還是一套物件關聯式資料庫系統。

　　MySQL、PostgreSQL 則是針對個人研習的免費資料庫軟體。MySQL 亦屬於關聯式資料庫管理系統的一種，由 GNU 免費軟體提供；能以多執行緒、多使用者來使用。PostgreSQL 是一套 BSD License 授權的免費物件關聯式資料庫管理系統。

1.4.5 何謂大數據？

　　隨著資訊的日新月異，「從資料中找到訊息和脈絡」的節奏已不夠明快，目前已改從巨量資料中找到訊息和脈絡。

┃資料的 3V┃

　　那麼何謂大數據（Data Mining 或 Big Data）？它有三樣特性：大容量（Volume）、即時速度（Velocity）和多樣性（Variety）。而隨著商業腳步進展，大數據的來源和社群網路、物聯網更是息息相關。它的資料量由 TB（1TB = 1000 GB）起家，非傳統的資料庫能處理。而巨量資料通常應用於 RFID、感測裝置網路、天文學、大氣學等。

一、選擇題

( )　1. 對於資料庫的描述，何者有誤？ ❶ 它能避免資料的重覆　❷ 維護資料的一致性　❸ 維持資料的依賴性　❹ 確保資料的安全性。

( )　2. 何者是資料模型？ ❶ 階層式模式　❷ 報表　❸ 資料表　❹ 巨集。

( )　3. 誰提出關聯式資料模型？ ❶ ANSI　❷ E.F.Code　❸ IBM　❹ 以上皆非。

( )　4. 對集中處理模式的描述，何者不正確 ❶ 可視為中央集權的管理　❷ 主機負責資料的輸入　❸ 運作模式單純　❹ 以上皆是。

( )　5. ANSI/SPARC 三層式結構包含？ ❶ 外部層　❷ 概念層　❸ 內部層　❹ 以上皆是。

二、填充題

1. 依據資料庫的處理架構，有哪三種？ ＿＿＿＿＿＿＿ 、 ＿＿＿＿＿＿＿和＿＿＿＿＿＿＿ 。

2. 資料庫的欄位，有哪三項特質？ ＿＿＿＿＿＿＿ 、 ＿＿＿＿＿＿＿ 、 ＿＿＿＿＿＿＿ 。

3. 網路式資料模型以＿＿＿＿＿＿＿為單位，透過＿＿＿＿＿＿＿的鏈結來表示資料兩兩之間的關聯。

三、實作題

1. 請解釋下列名詞：資料庫（Database）、資料庫管理系統（DBMS）、資料庫系統（DBS），三者之間有何不同？

2. 請說明有哪四種資料模型？

3. 除了 Access 資料庫，商業上還有哪些資料庫（請列舉三個）？

02

Chapter

Access 2016 簡介

學習導引

→ 以 Access 2016 建立空白和範本資料庫,從無中生有到全部涵蓋,快速
　巡覽 Access 2016 資料庫

→ 認識 Access 2016 的工作環境;由標題列、功能區、功能窗格到狀態列

→ 小試身手吧!試以鍵盤存取來開啟資料庫,進而認識 Backstage 模式

→ 資料庫物件有哪些?通通告訴你!

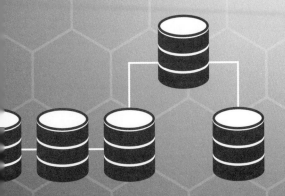

2.1　Access 2016 初相見

眾多資料庫軟體中，為什麼選擇了 Access 2016 為本書的主角？主要它是一個操作介面簡潔，能讓初學者快速上手的軟體。它的直覺式操作，無論是建立資料庫、切換功能區，產生資料庫物件。開啟資料庫，啟用信用位置，認識後台管理模式，也是初學者必備的知識和技能。

啟動 Access 2016 軟體，以兩種方式帶領大家進入 Access 資料庫世界。最美好的學習就是從零開始，建立空白桌面資料庫，熟悉它的操作介面，一步一腳印來建置資料庫。一花一世界，也會由範本資料庫著手，讓大家了解本書主角群 Access 2016 的資料庫物件，與它們面對面接觸。

2.1.1　歡迎來到 Access 2016

如何啟動 Access 2016 資料庫？如果使用的是 Windows 8 相關作業系統，找到「開始」畫面的「Microsoft Office Access 2016」軟體圖示。

滑鼠點選「Access 2016」

啟動軟體後，會獲得如圖【2-1】所示的啟動畫面。

圖【2-1】 Access 2016 軟體啟動後的畫面

以圖【2-1】的畫面來說，視窗左側為紅色區塊，會保留上一次開啟的檔案名單。視窗右側會有多種資料庫可供選擇。

2.1.2　產生空白資料庫

空白桌面資料庫是一個不含任何資料庫物件的資料庫。由於它是從零開始，透過它一步步學習資料庫的建置。所以，啟動 Access 2016 軟體後，先以**空白桌面資料庫**來體驗 Access 2016 的魅力。

範例《CH02A》建立空白桌面資料庫

Step 1 滑鼠直接選「空白桌面資料庫」來建立資料庫（參考圖 2-1）。

Step 2 輸入 ❶ 檔案名稱「CH02A.accdb」，❷ 按「 ⟲ 」鈕可以變更儲存路徑，❸ 按「建立」準備資料庫的建立。

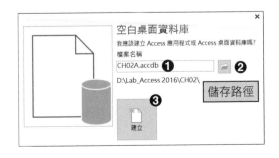

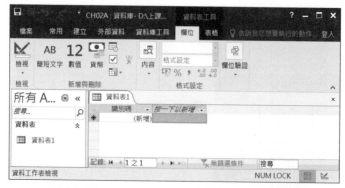

圖【2-2】 Access 2016 建立的空白桌面資料庫

步驟 說明

☉ 步驟 2 的檔案名稱會以「資料庫 + 流水號」來做為預設檔名,例如:資料庫 1、資料庫 2…等,此處以章節名為檔案名稱。

☉ 以 Windows 8 作業系統為例,預設的檔案路徑為『C:\Users\ 使用者名稱 \Documents』,為了方便於範例的解說,直接將儲存位置做變更,儲存於『D:\Lab_Access2016\Ch02』資料夾下。

2.1.3 以範本建立資料庫

Access 2016 提供多種資料庫範本。名為「範本」表示建立之後會包含了 Access 的資料庫物件。使用範本的好處是無須從頭開始做,只要做適度修改就是一個合宜的資料庫。不過有些範本在建立過程中,須透過網路做下載;使用這些範本要確認自己的網路狀態,就以歷久彌新的北風資料庫做示範,操作步驟如下。

範例《CH02B》以範本建立資料庫

Step 1 切換「檔案」索引標籤,準備新增一個範本資料庫。

點選「檔案」索引標籤 ⟶

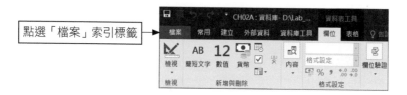

Step 2 按視窗左側的 ❶「新增」來變更視窗右側的畫面，滑鼠點選 ❷「北風 2007」。

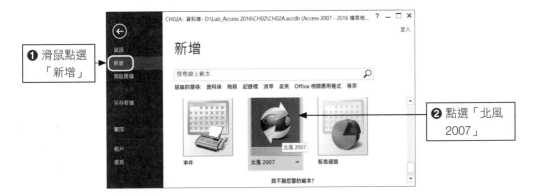

❶ 滑鼠點選「新增」

❷ 點選「北風 2007」

Step 3 ❶ 輸入資料庫名稱「CH02B.accdb」，❷ 按下方的「建立」鈕之後，藉由網路的連線去下載北風資料庫。

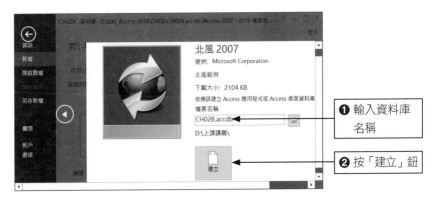

❶ 輸入資料庫名稱

❷ 按「建立」鈕

Step 4 滑鼠直接按「啟用內容」。這是 Access 安全防護措施，要讓使用者確認檔案無安全疑慮，才能解除此安全性警告。

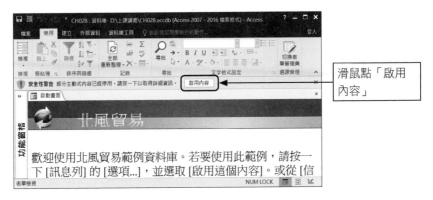

滑鼠點「啟用內容」

Step 5 由於北風資料庫是一個完整的資料庫,就以預設名稱做登入動作。

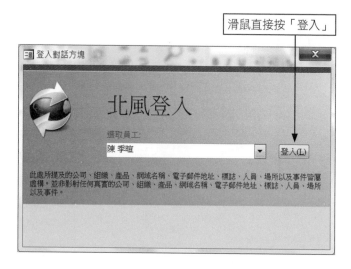

滑鼠直接按「登入」

登錄後就能看到一個完整的資料庫呈現在畫面上;所有資料庫物件皆可以從圖【2-3】的左側**功能窗格**查看相關的資料庫物件。

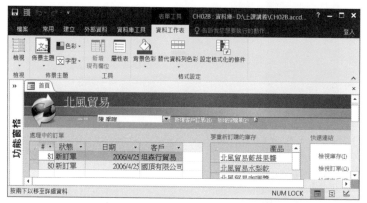

圖【2-3】 以北風建置的範本資料庫

2.1.4 Access 安全措施

當我們把建置的資料庫儲存於預設位置之外,Access 會認為它不安全,開啟這些資料庫皆有圖【2-4】的安全性警告。

圖【2-4】 Access 2016 安全性警告

啟用信任位置

　　為了方便於後續的操作，就把儲存資料庫的位置加入「信任位置」，一起動手來完成吧！

範例《CH02B》設定信任位置

Step 1 切換「檔案」索引標籤。

Step 2 滑鼠點選「選項」項目進入 **Access 選項**交談窗。

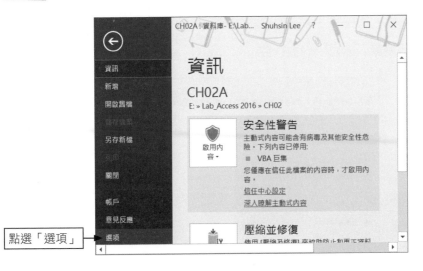

Step 3 　滑鼠點選 ❶ 視窗左側「信任中心」，視窗右側畫面會轉換，再以滑鼠點選 ❷
　　　　「信任中心設定」鈕來進入下一層交談窗**信任中心**。

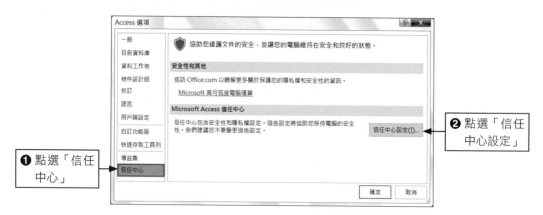

Step 4 　滑鼠點選 ❶ 視窗左側的「信任位置」，變更視窗右側的畫面後，再點選 ❷「新
　　　　增位置」鈕來加入其他路徑的資料夾作為新的信任位置。

Step 5 　滑鼠按「瀏覽」鈕加入新的資料夾。

Step 6 進入瀏覽設定窗，找到 ❶ 範例的資料夾位置（D:\Lab_Access 2016），再按 ❷ 「確定」鈕回到上一層「Microsoft Office 信任位置」（步驟 5 畫面）。

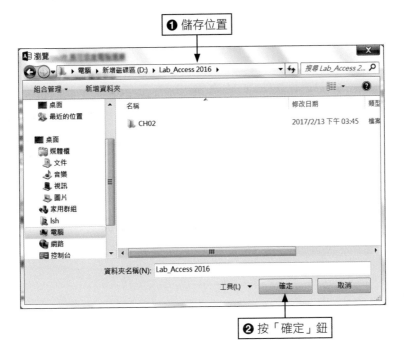

❶ 儲存位置

❷ 按「確定」鈕

Step 7 路徑所顯示的就是新加入的資料夾位置；並 ❶ 勾選「同時信任此位置的資料夾」，按 ❷「確定」鈕回到上一層「信任中心」（回步驟 4 畫面）。

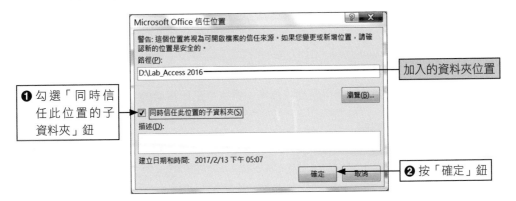

❶ 勾選「同時信任此位置的子資料夾」鈕

加入的資料夾位置

❷ 按「確定」鈕

Step 8　按一次「確定」鈕回到原來「Access 選項」交談窗後,再按一次「確定」鈕關閉「Access 選項」交談窗。

　　雖然加入「信任位置」,但仍要重啟 Access 2016 軟體才會讓設定值生效。此外,設定時一併勾選「同時信任此位置的子資料夾」,表示「Lab_Access 2016」所建立的任何子資料夾及資料庫檔案都不會再出現安全性警告。

2.1.5　關閉資料庫

　　如何關閉已經建立的資料庫?可以從兩個方面來討論!若要關閉 Access 2016 軟體,直接按視窗右上角的關閉鈕即可。

　　若只是關閉資料庫檔案,就得藉助「檔案」索引標籤所提供的「關閉」指令。

範例《CH02B》關閉資料庫

Step 1　同樣是切換「檔案」索引標籤。

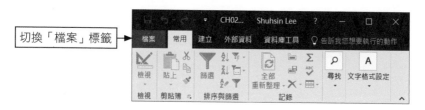

Step 2 按「關閉」指令，就會把原本開啟的資料庫關閉，但並不會關閉 Access 2016 軟
體，由圖【2-5】就可察覺。

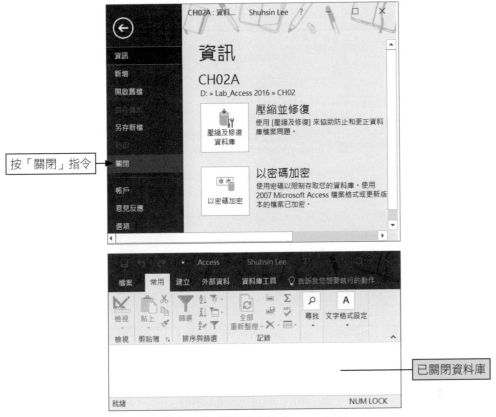

圖【2-5】 關閉檔案的 Access 2016

2.2 Access 2016 工作環境

新版 Access 2016，其外觀更直覺；首先，我們先認識 Access 2016 的操作介面。它的工作環境如圖【2-6】所示，概分四個部份：①標題列、②功能區、③功能窗格和④狀態列；接著以各小節為大家分述其內容。

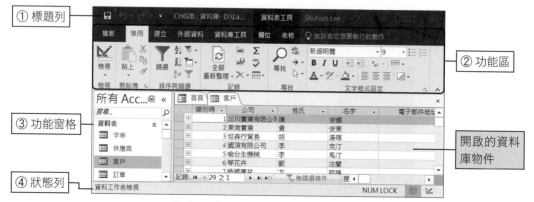

圖【2-6】 Access 2016 的視窗組成

2.2.1 標題列

依據圖【2-6】的標示，由上而下，由左而右，一一說明 Access 2016 的視窗環境。首先，位於視窗最上方的標題列依圖【2-7】的標示，由左而右包含了①自訂快速存取工具列；②檔案名稱及位置；③ Access 說明；④改變視窗大小的相關按鈕。

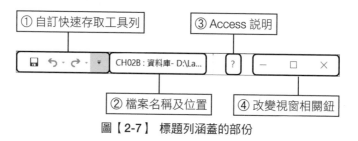

圖【2-7】 標題列涵蓋的部份

隱藏的 Access 功能按鈕

標題列最左側隱藏了 Access 功能按鈕，發現沒？滑鼠移向此處再雙擊左鍵，也能關閉 Access 軟體。單擊滑鼠左鍵，會展開如圖【2-8】所示選單，讓我們選擇下一步的動作。它包含：移動、大小、最小化、最大化、關閉。

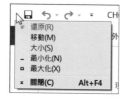

圖【2-8】 Access 功能按鈕提供的選單

① 快速存取工具列

「快速存取工具列」用來存放一些常用指令。在未變更的情形下，只存放 🔲（儲存檔案）、🔄（復原）、🔁（取消復原）。它本身也有清單，存放著一些指令，我們可以依據自己的需求來加入或移除某一個指令，透過**快速存取工具列**右側的 ⏷ 鈕來展開清單，從清單中勾選（✔）項目就能加入；清單中沒有的指令，可以利用「其他命令」來進入「Access 選項」交談窗，尋找一些特定指令做新增動作。操作步驟由下述範例解說。

範例《CH02A》調整快速存取工具列

Step 1 　滑鼠左鍵單擊**快速存取工具列**右側的 ❶ ⏷ 鈕來展開清單，再把滑鼠移向清單的 ❷「開啟」並按下左鍵做勾選動作，就可以看到「開啟」指令加入**快速存取工具列**。

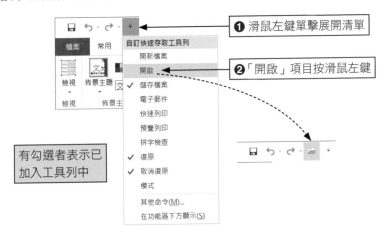

Step 2 　移除**開啟**指令。同樣地，滑鼠左鍵單擊**快速存取工具列**右側的 ❶ ⏷ 鈕來展開清單，再以滑鼠左鍵單擊清單的 ❷「開啟」來取消勾選，「開啟」指令就會**從快速存取工具列**中移除。

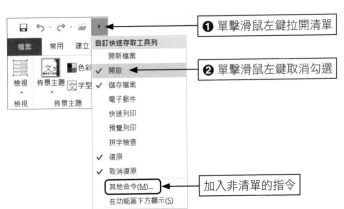

TIPS 　　「開啟」指令

「開啟」指令是『開啟舊檔』，執行後會展開「檔案」索引標籤，進入「開啟舊檔」畫面（進一步動作請參考本章節 2.3.2）。

Step 3　　想要加入「版面配置檢視」指令，得透過清單的「其他命令」來進入「Access 選項」交談窗；❶ 確認左側視窗是「快速選取工具」，選擇命令是 ❷「常用命令」，找到 ❸「版面配置檢視」指令，按 ❹「新增」鈕後，會讓「版面配置檢視」加入視窗右側，最後按 ❺「確定」鈕來結束設定。

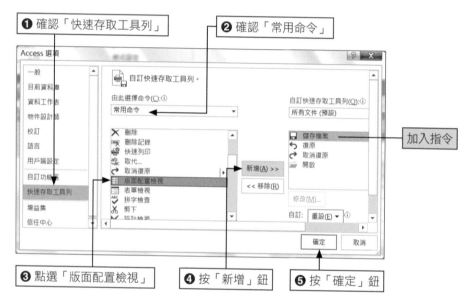

Step 4　　移除非**快速存取工具列**清單中的指令。❶ 滑鼠右鍵單擊「版面配置檢視」指令來展開**快顯功能表**，再以滑鼠左鍵單擊 ❷「從快速存取工具列移除」來移除此指令。

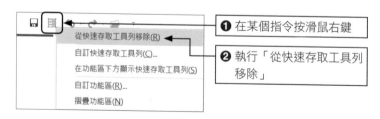

　　快速存取工具列也能變更到功能區下方，利用「在功能區下方顯示」指令做變更。當它位於功能區下方時，再以「在功能區上方顯示」指令就能移回標題列原有位置。

範例《CH02A》調整快速存取工具列 (2)

Step 1 在功能區下方顯示。滑鼠左鍵單擊**快速存取工具列**右側的 ❶ ∓ 鈕來展開清單，滑鼠左鍵再單擊清單的 ❷「在功能區下方顯示」，就可以看到**快速存取工具列**移到功能區下方。

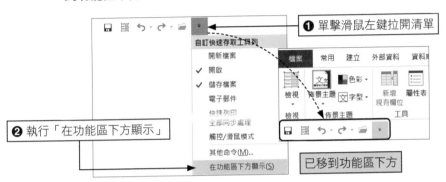

② 檔案名稱及位置

一般來說，完成資料庫的建立後，標題列中央部份會顯示檔案名稱及儲存位置及資料庫格式，如下圖【2-9】所示。

圖【2-9】 標題列所列示的檔案和位置

對於檔案名稱和檔案的儲存位置都已經有所認識；比較有困惑的是資料庫格式為什麼是「Access 2007 - 2013 檔案格式」？這是告訴我們使用 Access 2016 軟體所建置的資料庫檔案，以 Access 2007 和 Access 2010 軟體來開啟是沒有問題的。

④ 改變視窗大小的相關按鈕

這些按鈕能將視窗最大化或最小化，或直接關閉 Access 2016 軟體。

━ 最小化：將開啟的 Access 軟體最小化到工作列。

□ 最大化 / □ 向下還原：當視窗未佈滿整個螢幕時，**最大化**鈕能讓 Access 視窗佈滿整個畫面；當視窗是最大化情形，**最大化**鈕會變成**向下還原**鈕，按下時會讓視窗還原成最大化前的模樣。

■ 關閉：直接關閉 Access 2016 軟體。

2.2.2 功能區

功能區位於標題列下方，提供 Access 2016 主要的操作命令。功能區主要由索引標籤、群組和指令組成。特殊的關聯式索引標籤是使用了資料庫的某個物件才會伴隨產生，有些指令是隱藏在 ▼ 鈕裡，要單擊此鈕才能看到下一層的清單。

索引標籤

索引標籤的作用是用來區隔功能不同的指令，如圖【2-10】所示，例如：「常用」索引標籤存放一些常用指令。只要在標籤上按一下滑鼠就能切換到另一個標籤。

圖【2-10】 功能區的索引標籤和群組

群組

每個索引標籤，再以屬性分列不同群組，由圖【2-10】可以看到「常用」索引標籤下，就有檢視、剪貼簿、排序與篩選…等群組。

指令

依其相關性，這些指令會以圖示鈕置放在各個群組裡，如「常用」標籤下的『文字格式設定』群組，有**字型**、**字型大小**…等這些與文字格式有關的指令。

關聯式索引標籤

有些指令是開啟了某一個資料庫物件後，才會帶出「關聯式索引標籤」，如圖【2-11】，使用資料表時，會伴隨「資料表工具」，它含有**欄位**和**表格**兩個標籤。更細項的設定，有時要開啟「對話啟動器」才能看到。

圖【2-11】 功能區的關聯式索引標籤

折疊 / 固定功能區

有時為了讓操作畫面更完整，可以把功能區固定或折疊（隱藏）。如何做？利用「折疊功能區」指令做勾選或取消勾選。

方法一： 若「折疊功能區」指令有勾選，功能區會折疊，取消勾選就會固定功能區。

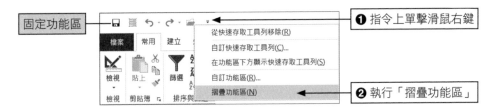

方法二： 利用功能區右下角的鈕（參考圖【2-11】），按 ∧ 鈕會折疊功能區，按 ✦ 會固定功能區。按快速鍵【Ctrl + F1】來折疊或固定功能區也是可行。

方法三： 已經折疊的功能區，會保留索引標籤，滑鼠左鍵按下某個索引標籤，會展開所屬的功能項目。功能區固定時，滑鼠左鍵雙擊某個索引標籤，會讓功能區折疊；已經折疊的功能區，滑鼠左鍵雙擊某個標籤，會讓功能區變回固定狀態。

2.2.3 功能窗格

「功能窗格」位於視窗左側,它存放 Access 的資料庫物件;這些資料庫物件包含了資料表、表單、報表、頁面、巨集以及模組。通常開啟資料庫檔案之後才能看到這些資料庫物件,它的基本結構如圖【2-12】所示。

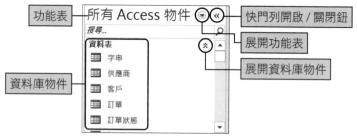

圖【2-12】 Access 2016 功能窗格結構

功能表

按下「功能表」鈕會展開列示清單做項目選擇。而功能表標題顯示「所有 Access 物件」,表示它執行了『物件類型』並做『全部顯示』。若想要知道北風資料庫有哪些資料表物件,可以進行如下步驟:

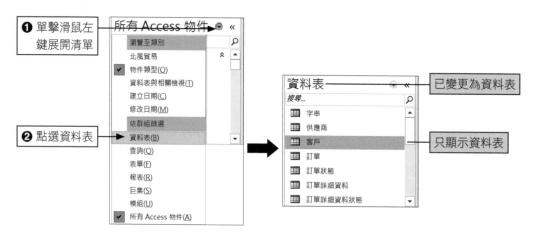

所以,功能表標題會隨著功能表所執行的項目而有所不同,如果要回看原來的 Access 物件,只要把再滑鼠點選「所有 Access 物件」,就能看到資料庫物件。

快門列開啟／關閉

快門列開啟／關閉」鈕：將功能窗格開啟或折疊，鍵盤的『F11』按鍵亦能開啟或折疊。

TIPS 看不到功能窗格時要如何處理？

如果開啟了資料庫檔案，卻看不到視窗左側的功能窗格時，可利用**檔案**索引標籤進入（請參考章節 2.1.4Access 安全措施）「Access 選項」交談窗，執行如下操作：

Step 1 進入「Access 選項」交談窗，❶ 先點選視窗左側「目前資料庫」，❷ 從視窗右側找到「導覽」項目，勾選「顯示功能窗格」，再按 ❸「確定」鈕來結束交談窗。

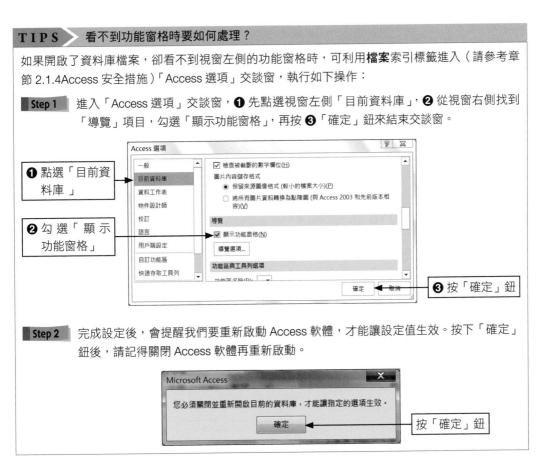

Step 2 完成設定後，會提醒我們要重新啟動 Access 軟體，才能讓設定值生效。按下「確定」鈕後，請記得關閉 Access 軟體再重新啟動。

2.2.4 狀態列

狀態列用來檢視目前的狀態，例如：開啟的資料庫物件是資料表，狀態列的左側顯示「資料工作表檢視」，右側 NumLock 是表示鍵盤的 NumLock 燈號有亮，■ 是「資料工作表檢視」鈕（較深紅，它是被按下狀態），而 ■ 是「設計檢視」鈕，如下圖【2-13】所示，所以狀態列右側可依我們實際操作來切換不同的檢視。

圖【2-13】 提供訊息的狀態列

2.3 Access 的操作

對於 Access 2016 的工作環境有了初步的認識之後，應該想要小試身手一下！就從簡單的操作開始吧！

2.3.1 Access 2016 快速幫手

為了簡化操作，Access 2016 使用者介面將所有指令整合成五大類命令按鈕：檔案、常用、建立、外部資料和資料庫工具。只要將滑鼠移向某個命令按鈕，就會顯示相關說明，單擊滑鼠左鍵即能執行此項指令的操作。

TIPS ▷ 當功能區的某個指令呈灰色狀態

當功能區某個命令按鈕呈現灰色狀態，表示此按鈕的功能無法使用，換句話說，工具鈕會依據操作情形來決定其作用狀況。

隨處遊走的快顯功能表

　　為了更貼近使用者，按滑鼠右鍵顯示的「快顯功能表」則隨著滑鼠指標到處遊走，無處不在，例如：想要調整某個欄位的欄寬，按下滑鼠右鍵，快顯功能表會展開相關指令。

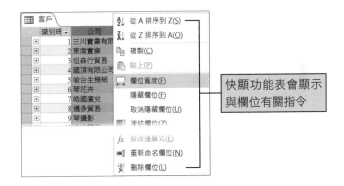

快顯功能表會顯示與欄位有關指令

善用鍵盤存取系統

　　「鍵盤存取系統」是一個小型指示器，在操作過程中搭配鍵盤來使用，方便使用者在功能區和自訂快速存取工具列做快速切換。啟動 Access 2016 後，只要按鍵盤的【Alt】鍵，就會看到對應的數字和字母顯示在快速存取工具列和功能區的索引標籤。依其字母來按下鍵盤的對應鍵，就會進入下一層選單，繼續下一個動作。例如：使用鍵盤存取系統進入**檔案**索引標籤，步驟如下：

範例《CH02B》使用鍵盤存取系統

Step 1　按下鍵盤的 ❶【Alt】鍵，就會顯示對應的數字和英文字母，要開啟檔案索引標籤，按下 ❷ 鍵盤的【F】鍵，就會開啟檔案索引標籤。

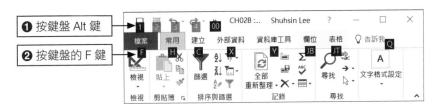

❶ 按鍵盤 Alt 鍵

❷ 按鍵盤的 F 鍵

Step 2 隨之展開的檔案索引標籤，會顯示對應的英文字母，只要按下鍵盤的某個字母鍵，就能進入下一個選項，如：按【T】鍵進入 Access 選項交談窗。

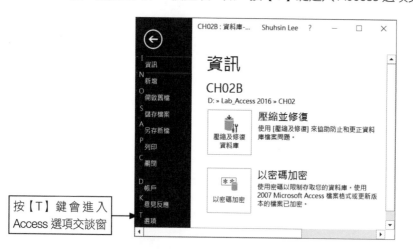

按【T】鍵會進入
Access 選項交談窗

TIPS ▶ 配合 Esc 鍵回到上一層選單

- 按鍵盤【Alt】鍵啟動『鍵盤存取系統』，展開第一層選單。
- 配合鍵盤的【Esc】鍵：啟動『鍵盤存取系統』後，按鍵盤【Esc】鍵就能取消鍵盤存取系統；進入第二層選單，例如：開啟檔案索引標籤；要回上層選單，按【Esc】鍵即可。

2.3.2 開啟資料庫

　　如何開啟 Access 2016 已存在的資料庫檔案？一般來說有三種方式：(1) 啟動 Access 2016 軟體，使用「最近」清單做開啟；(2) 若檔案未在清單上，利用「開啟其他檔案」指令做開啟檔案的動作；(3) 使用檔案總管找到檔案的儲存位置，滑鼠雙擊檔案後，在開啟檔案的過程，連帶啟動 Access 2016 軟體。如何做？下列操作介紹以方法 (1)、(2) 來開啟資料庫。

(1) 透過「最近」清單開啟

　　由於我們建了兩個資料庫，啟動 Access 2016 軟體，會在「最近」檔案清單顯示，只要按一下滑鼠就能開啟檔案。

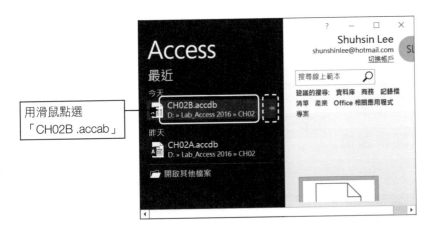

用滑鼠點選
「CH02B .accab」

步驟 說明

大家是否有注意到步驟1中,檔案名稱後有「迴紋針」標示,按下滑鼠會改變迴紋針狀態,讓我們決定是否保留此檔案於清單上。

● ▪ 將此項目固定於清單上:表示檔案名稱會保留在「最近」的清單中。

● ▪ 從清單中取消固定此項目:會隨著檔案庫開啟的多寡,從清單中清除。

(2)「開啟其他檔案」

如果要開啟的檔案未列於「最近」的檔案清單裡,按一下「開啟其他檔案」指令,會進入「開啟舊檔」畫面,執行步驟解說如下。

範例《CH02B》使用「開啟其他檔案」開啟檔案

Step 1 Access 2016 軟體已啟動,進入它的啟動畫面,滑鼠按視窗左側下方的「開啟其他檔案」指令。

滑鼠按「開啟其他檔案」

Step 2 　進入開啟舊檔畫面，開啟舊檔下方有 5 個選項，滑鼠先 ❶ 點選「這台電腦」來
變更視窗右側畫面；滑鼠再按 ❷「Lab_Access 2016」鈕進入其資料夾，再以滑
鼠 ❸ 雙擊欲開啟的檔案。

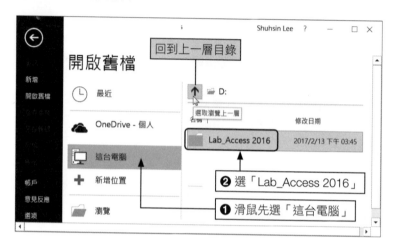

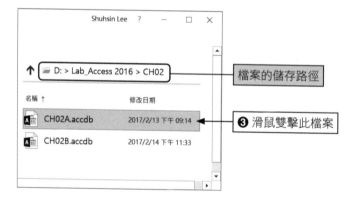

2.3.3　不能不認識的 Backstage 模式

　　Backstage 模式是指後台管理模式，後台管理的運作與檔案索引標籤有密切關係。除
了提供與檔案有關的指令之外，還包括儲存、備份及資料庫管理有關的指令。通常啟動
Access 2016 軟體後，第一個見到的畫面，就是「Backstage」檢視；按下**檔案**索引標籤會
看到與 **Backstage 檢視**有關的內容。

另存新檔

另存新檔就是將目前開啟的 Access 檔案儲存為其他類型的檔案。Access 2016 預設的的檔案類型是「*.accdb」，它能支援 Access 2007、Access 2010 軟體所建立的檔案，但依據軟體只向下支援的特性，雖然 Access 2007 能開啟 Access 2016 的檔案，要提防有些功能可能能不能使用。舊版 Access 2003（含）的檔案類型為「*.mdb」，藉由下表【2-1】來說明 Access 的檔案格式。

Access 檔案格式	資料庫	範本	鎖定的資料庫
Access 2000 ~ 2003	*.mdb	*.mdt	*.ldb
Access 2007 ~ 2016	*.accdb	*.accdt	*.laccdb

表【2-1】Access 新、舊版本的檔案格式

我們比較不熟悉的檔案格式是「*.laccdb」，它是開啟資料庫後，Access 會自動產生一個鎖定檔，目的是防止意外覆寫的狀況。當我們開啟「CH02B.accdb」，可以查看在相同目錄下，是否產生一個名為「CH02B.laccdb」的檔案，如圖【2-14】所示；關閉此資料庫檔案，就會自動刪除此鎖定檔。

CH02B.laccdb

圖【2-14】
Access 2016
鎖定檔

另存新檔的另一個作用就是把累積了一些記錄的資料庫做備份，下述操作做實地了解。

範例《CH02B》「另存新檔」之他用

Step 1 使用鍵盤存取系統按下**檔案**索引標籤並展開選單。

Step 2 滑鼠左鍵單擊視窗左側 ❶「另存新檔」，待視窗右側畫面切換後，選取 ❷「將資料庫儲存為」；再點選 ❸「備份資料庫」；最後按 ❹「另存新檔」鈕。

❷ 選「將資料庫儲存為」
❶ 點選「另存新檔」

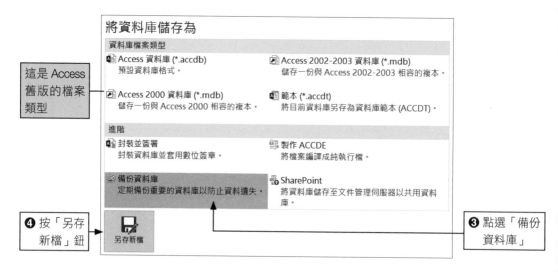

這是 Access 舊版的檔案類型

❹ 按「另存新檔」鈕

❸ 點選「備份資料庫」

Step 3 開啟另存新檔交談窗，❶ 檔案名稱「CH02B_ 年 - 月 - 日」（使用預設值），檔案名稱之後會加上當天的系統日期，這就是「備份資料庫」的作用；❷ 按「儲存」鈕就可以完成備份。

❶ 檔名用預設值

❷ 按「儲存」鈕

　　為什麼要把資料庫做備份？既然是電腦上的資料，就有當機、資料毀損的風險！所以將累積了記錄的資料庫定期做備份就是必要動作。善用這項功能，才能確保資料庫的資料能妥善儲存。

資料庫的壓縮和修復

當資料庫檔案使用一段時間後，檔案會愈來愈大；為了提昇資料庫的效能，可執行資料庫的「壓縮及修復」，來清除資料庫中未使用的空間。

範例《CH02B》「壓縮和修復」資料庫

Step 1 使用鍵盤存取系統按下**檔案**索引標籤並展開選單。

Step 2 滑鼠左鍵 ❶ 先單擊視窗左側「資訊」，待畫面轉換後，再以滑鼠單擊 ❷「壓縮及修復資料庫」鈕

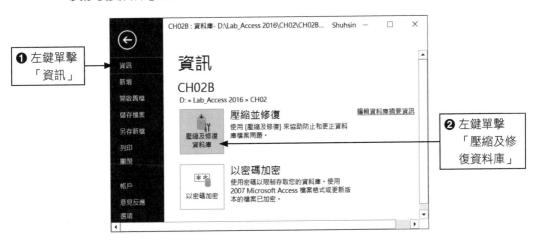

可以透過圖【2-15】的觀察，資料庫經過壓縮後，它的檔案容量變小。

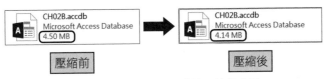

壓縮前　　　　　　　　　　　壓縮後

圖【2-15】　資料庫壓縮前、後的容量

2.4 資料庫物件

Access 資料庫物件包含了資料表、查詢、表單、報表、巨集及模組等物件，這些物件會共用一個資料庫檔案。那麼它是如何運作？由圖【2-16】得知，使用者由**表單**輸入資料，儲存於**資料表**，透過**報表**輸出資料；**查詢**可設定查詢條件，擷取**資料表**裡符合條件的資料；而**巨集**和**模組**用來強化表單或者是報表的功能。

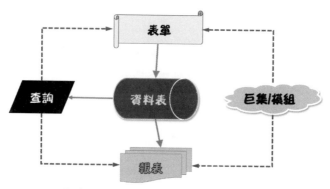

圖【2-16】 Access 2016 的資料庫物件

2.4.1　資料表（Table）

　　資料庫為一群有組織的資料集合。Access 透過資料表來儲存資料，並定義資料的相關屬性。每個資料表都必須賦予名稱，例如：「員工」資料表或「產品」資料表，不同的資料表儲存著不同性質的資料。資料表的結構，藉由下圖【2-17】說明。

代號	公司	連絡人	← 欄位名稱
A001	桶一	陳依利	
B258	為晁	黃小秋	← 一筆記錄
D567	生活妙	胡可得	

圖【2-17】 資料表結構

　　儲存資料時，首要工作是依其資料特性進行分類，如果它是學生資料表，會有代號、公司、連絡人等不同欄位，將這些欄位值組成後就形成一筆記錄。屬性不同的資料會構成不相同的資料表，如下圖【2-18】就是與庫存有關的資料表。

學生						
學號 ▾	姓名 ▾	系所 ▾	性別 ▾	生日 ▾	電話 ▾	Email ▾
⊞ A0012	朱梅春	數學系	女	86/5/18	0931-323-236	asdqwe4@gmail.com
⊞ A0013	馮志銘	物理系	男	82/1/10	0918-556-611	reportweather@gmail.com
⊞ A0014	邱淑敏	地球科學系	女	84/8/25	0936-123-123	a1b28@gmail.com
⊞ A0015	鄭敏	化學系	女	83/8/21	0919-447-788	megan158@outlook.com
⊞ A0016	王志雄	光電系	男	81/8/20	0935-123-456	ptregfd14@gmail.com
⊞ A0025	邱達達	經營管理學系	男	84/2/7	0929-789-456	happyday4545@yahoo.com.tw
⊞ A0026	馬家齊	國際企業學系	男	83/6/15	0981-654-789	joshma1425@hotmail.com
⊞ A0027	林清海	光電系	男	80/6/18	0951-252-588	daanelin125@hotmail.com
⊞ A0028	周惜	統計系	女	84/10/15	0939-000-777	readingbooks@gmail.com

圖【2-18】 Access 2016 建立的資料表

2.4.2 表單（Form）

　　表單提供一個具有親和力的操作介面。什麼是表單？像職場上無法出勤時所填寫的請假單就是表單。表單的來源除了資料表之外，也能藉由查詢物件，配合巨集或是模組來產生表單，【圖 2-19】就是一個可輸入學生資料的表單。

圖【2-19】 Access 2016 提供的表單

　　透過表單使用者可自行安排資料表的欄位，瀏覽時更簡便些，而【圖 2-20】的子母表單，能在查看系所時，清楚的知道就讀此系所的學生。

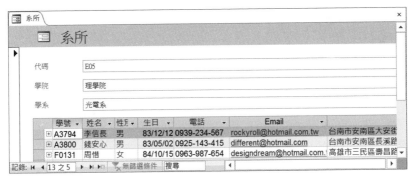

圖【2-20】 子母表單

2.4.3 報表（Report）

　　報表顯現輸出結果。將歸納、彙總後的報表，以預覽列印預視其內容。【圖 2-21】是一份只顯示某學年將學生選修學分做統計。

學系	學年	選修學生	科目名稱	學分
	103	米小花	管理學	4
		朱玉美	管理學	4
		朱全貴	應用英文	3
		朱全貴	法律與生活	2
		朱全貴	會計(一)	3
		王志雄	會計(一)	3
		王志雄	多媒體概論	4
		王志雄	法律與生活	2
		王志雄	應用英文	3

學年小計： 28

學系合計： 48

圖【2-21】 經過彙總的報表

依據需求以報表產生郵寄標籤，如圖【2-22】所示。

圖【2-22】 以報表製作的標籤

2.4.4 查詢（Query）

查詢是使用最頻繁的物件。最簡單的查詢就是以單一資料表設定篩選條件，擷取符合條件的記錄，而複雜的查詢可以讓多個資料表在關聯的運作下取得結果。無論是選取查詢、動作查詢，皆以資料工作表檢視其結果！圖【2-23】說明查詢時，會進入它的設計檢視，設定有關的查詢準則。

圖【2-23】 查詢的設計檢視

查詢以選取查詢佔大多數，但在 Access 資料庫裡也能使用動作查詢，如圖【2-24】所示是一個正在製作「新增」查詢的查詢設計畫面。

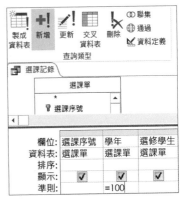

圖【2-24】 新增查詢的設計檢視

查詢物件也支援檢視 SQL 語法，如圖【2-25】所示，採用 SQL 語法聯集查詢執行後所得的結果。

圖【2-25】 查詢設計的 SQL 檢視

2.4.5 巨集（Macro）

Access 除了提供資料表、查詢、表單、報表等相關物件外，巨集指令也是設計這些資料庫物件的好幫手，不必撰寫程式，只要將多個操作步驟以巨集指令簡化，除了減少使用者的工作負擔，更可以掌控資料庫的操作程序。圖【2-26】是巨集指令 MessageBox 設定相關參數的畫面。

圖【2-26】 使用巨集設定參數

應用 SendKeys 指令的概念，配合組合鍵，也能開啟指定的資料庫物件，圖【2-27】是一個設計組合鍵的畫面。

圖【2-27】 使用巨集設定組合鍵

2.4.6　模組（Module）

　　如果要強化應用程式的設計，Access 的 VBA（Visual Basic for Application）會提供相關的功能與函數，藉由程式語言的設計，讓資料庫更易維護，透過使用者自訂函數，執行運算作業，圖【2-28】是進入 Access 2016 VB 編輯器的設計畫面。

圖【2-28】 Access 2016 的 VB 編輯器

　　使用程式碼建立器，配合相關的事件程序，能讓使用者操作這些資料庫物件更具互動性，圖【2-29】，當插入點停留在表單的某一個欄位時，它的前、背景會有變化。

圖【2-29】 具有互動性的表單

自我評量

一、選擇題

(　　) 1. 資料庫管理系統中，資料儲存在什麼地方？是 ❶ 表單　❷ 報表　❸ 資料表　❹ 巨集。

(　　) 2. Access 功能窗格的快門列，可用哪一個按鍵來開啟或關閉？ ❶ F2　❷ F3　❸ F8　❹ F11。

(　　) 3. 在資料庫管理系統中，能將操作步驟簡化的資料庫物件是 ❶ 表單　❷ 巨集　❸ 報表　❹ 資料表。

(　　) 4. Access 的功能表，位於 ❶ 功能區　❷ 功能窗格　❸ 狀態列　❹ 標題列。

(　　) 5. Access 的另存新檔還有什麼功能？ ❶ 將資料庫壓縮　❷ 將檔案修復　❸ 將資料庫備份　❹ 以上皆是。

(　　) 6. Access 的狀態列可提供什麼訊息？ ❶ 資料庫物件狀態　❷ 檢視模式　❸ 顯示鍵盤的 NumLock 燈號　❹ 以上皆是。

二、填充題

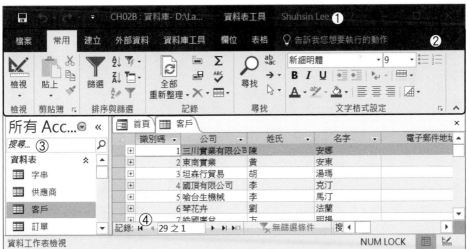

1. Access 工作環境分為哪四個部份？＿＿＿＿＿＿＿、＿＿＿＿＿＿＿、＿＿＿＿＿＿＿和 ＿＿＿＿＿＿＿。

2. Access 的資料庫物件有哪些？＿＿＿＿＿、＿＿＿＿＿、＿＿＿＿＿、＿＿＿＿＿、 ＿＿＿＿＿、＿＿＿＿＿。

3. 填寫檔案格代表的意義。*.mdb ＿＿＿＿＿＿＿＿＿＿＿＿ 、 *.accdb ＿＿＿＿＿＿＿＿＿＿＿＿ 、
   *.laccdb ＿＿＿＿＿＿＿＿＿＿＿＿ 。

4. 標題列包含哪四個部份？ ①＿＿＿＿＿＿＿＿ 、 ②＿＿＿＿＿＿＿＿ 、 ③＿＿＿＿＿＿＿＿ 、
   ④＿＿＿＿＿＿＿＿ 。

5. 開啟 Access 的資料庫檔案並非預設的儲存路徑，會顯示＿＿＿＿＿＿＿＿＿＿ 。

三、實作題

1. 在自訂快速存取工具列加入「預覽列印」指令，要如何做？

2. 請解釋功能區這些名詞名詞：關聯式索引標籤、群組、索引標籤。

3. 使用鍵盤存取系統，按哪一個按鍵來啟動？要關閉資料庫檔案要如何做？按哪一個按鍵可取消或回到上一層選單？

4. 請簡述 Access 資料庫物件彼此之間的關係。

建立 Access 資料表

- ➡ 在資料庫中建立資料表

- ➡ 區分文字、數字、日期時間和貨幣等資料類型

- ➡ 瞭解資料表所用的欄位及相關屬性設定

- ➡ 簡介索引及主索引的概念,如何於資料表中設定索引及主索引

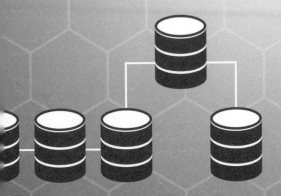

3.1 產生資料表

對初學者來説，將現有資料隨手輸入後，儲存於資料表，是快速認識 Access 資料表的第一步。有了資料表就能審視資料表結構，進而窺探 Access 2016 資料庫管理系統的運作模式。建立空白資料表之後，會以「資料工作表檢視」模式呈現，並伴隨資料表工具的相關索引標籤，如圖【3-1】所示。

圖【3-1】 資料表的工作環境

3.1.1 隨手產生資料表

如果有如下表【3-1】這些資料，要如何以 Access 2016 來處理？

姓名	生日	科目	學分	老師	成績
李大同	1997/2/5	英文會話	2	Edward	84
王小美	1998/4/6	計算機概論	4	Michel	65
陳大衛	1996/11/17	程式設計	4	Dennis	90

表【3-1】 欲處理的資料

簡單而言，資料表由欄位名稱、欄位值和記錄所構成。以表【3-1】來説，水平為「列」，垂直為「欄」，每個方格皆為儲存格；除了第一列是欄位名稱，其餘儲存格所存放的內容皆為「欄位值」，同一列不同性質的欄位值就構成了「一筆記錄」。針對表【3-1】的資料，利用圖【3-2】説明。

			欄位名稱		
姓名	生日	科目	學分	老師	成績
李大同	1997/2/5	英文會話	2	Edward	84
王小美	1998/4/6	計算機概論	4	Michel	65
陳大衛	1996/11/17	程式設計	4	欄位值	90

一筆記錄

圖【3-2】 資料表的基本結構

　　採用直覺方式輸入資料，Access 會根據輸入資料的性質來決定欄位的資料類型；這種作業方法不一定是最好的，但它和 MS Office 的 Excel 工作表非常相似。輸入資料時，使用鍵盤的方向鍵就能上、下、左、右移動。下述範例以空白資料表輸入資料，儲存後並修改欄位名稱；一起動手學習吧！

範例《CH03A》建立資料表

Step 1 啟動 Access 2016 軟體，開啟範例資料庫《CH03A》。

Step 2 建立資料表。❶ 切換**建立**索引標籤；❷ 滑鼠左鍵按「資料表」指令，產生一個空白資料表，並進入資料工作表檢視。

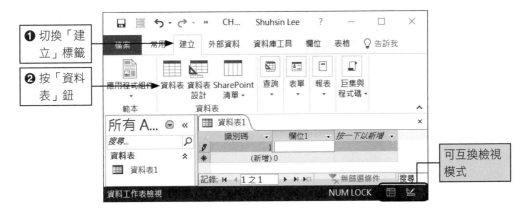

Step 3 識別碼欄位無法變動；移動滑鼠到第二欄，按下左鍵產生插入點，準備輸入資料。

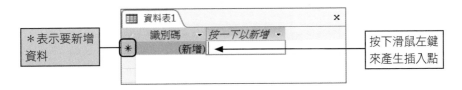

Step 4 輸入資料後，按鍵盤上的 ↓（向下方向鍵）鍵，插入點移向第二列第 2 欄的儲存格，依序完成「王小美、陳大衛」的輸入。

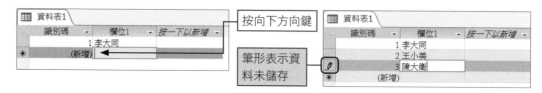

步驟說明

⊃ Access 會將識別碼欄位以「自動編號」處理，使用者無法在欄位輸入任何資料。

⊃ 輸入資料的過程，列的最左側會顯示 ，表示資料尚未儲存；當插入點移向下一列時就會自動儲存此列的記錄。

⊃ 由於識別碼是依據記錄的順序做編號；輸入方式先輸入第 2 欄所有的內容，再輸入第 3 欄，依此類推。

Step 5 插入點移向第一列的第 3 欄，輸入西元日期時「年 / 月 / 日」，以「/」字元分隔。

儲存資料表

　　儲存資料表可利用快速存取工具列的「儲存檔案」指令；或者在資料表的索引標籤上按滑鼠右鍵，從快顯功能表選單中執行「儲存檔案」指令，它們皆會進入下述操作步驟 2 的「另存新檔」交談窗，解說如下。

範例《CH03A》儲存資料表

Step 1 方法一：儲存資料表。滑鼠左鍵單擊快速存取工具列的「儲存檔案」鈕，準備存檔。

方法二：在 ❶ 資料表的索引標籤上按滑鼠右鍵；從快顯功能表 ❷ 選取「儲存檔案」鈕來進入「另存新檔」交談窗。

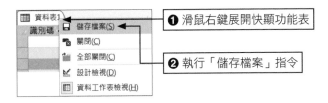

❶ 滑鼠右鍵展開快顯功能表

❷ 執行「儲存檔案」指令

Step 2 彈出另存新檔交談窗；❶ 輸入資料表名稱「選課單」；❷ 再按「確定」鈕來完成存檔程序。

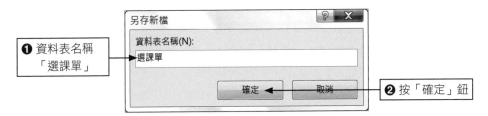

❶ 資料表名稱「選課單」

❷ 按「確定」鈕

3.1.2 變更欄名、檢查類型

完成資料表的儲存後，接著就是給予合宜的欄名。欄位 1、欄位 2 並不符合實際需求，得把它們做修改。如何做？**方法一**把滑鼠左鍵雙擊欄位名稱，形成選取狀態後，再給予正確的欄位名稱。**方法二**就是**資料表工具**的**欄位**標籤，內容群組的「名稱與標題」指令，利用交談窗做修改。**方法三**在欄位名稱上按滑鼠右鍵，從快顯功能表項目中，執行「重新命名欄位」指令，讓欄位名稱變成方法一的選取狀態，輸入名稱即可。欄位名稱必須遵守下述規範：

- 一個資料表能擁有的欄位數目，最多是 255 個，其資料表、欄位名稱可長達 64 個字元。

- 欄位名稱可使用中文、英文字母、數字、符號與特殊字元，但是欄位名稱的開頭不能使用空白字元。

- 欄位名稱得具意義。同一個資料表不能有兩個名稱相同的欄位。

範例《CH03A》修改欄位名稱

Step 1 ❶ 滑鼠雙擊欄位 1，形成選取狀態後；❷ 輸入「姓名」後按 Enter 鍵來完成動作。

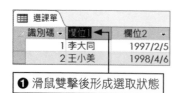

❶ 滑鼠雙擊後形成選取狀態　　❷ 欄位 1 改成「姓名」

Step 2 ❶ 插入點移向第一列的第 3 個欄位；切換 ❷ **資料表工具**的欄位索引標籤；找到內容群組的 ❸「名稱與標題」指令並單擊滑鼠左鍵。

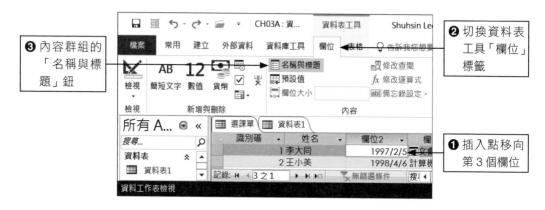

❸ 內容群組的「名稱與標題」鈕

❷ 切換資料表工具「欄位」標籤

❶ 插入點移向第 3 個欄位

Step 3 開啟**輸入欄位屬性**交談窗，輸入 ❶ 名稱「生日」；也可以在 ❷ 描述加入對欄位的說明；❸ 按「確定」鈕結束設定。

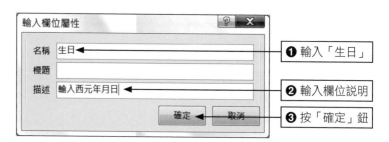

❶ 輸入「生日」

❷ 輸入欄位說明

❸ 按「確定」鈕

Step 4 依據表【3-1】的欄位名稱做修改，完成後要記得存檔。

步驟說明

- 欄名要修改正確，必須移動插入點；換句話說，插入點停留在第 3 欄，才是執行第 3 欄的「名稱與標題」指令。

檢視資料類別

完成資料的輸入後，可以進一步查看每個欄位所對應的資料類型是否正確？表【3-1】的資料類型概分為三種：文字、數字和日期。姓名、科目和老師屬於文字，跟數字有關是學分和成績欄位，生日的性質就是日期。

範例《CH03A》檢視資料型別

Step 1 ❶ 插入點移向第 2 欄任何儲存格；切換 ❷ **資料表工具**的欄位標籤，看一下**格式設定群組**的 ❸ 資料類型是否為「簡短文字」。

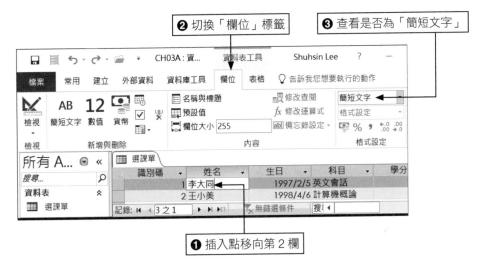

Step 2 再把插入點移向第三個欄位，查看生日的資料類型是否為「日期 / 時間」；以同樣方法查看其他欄位，例如：第五個欄位的資料類型是否為「數字」。

開啟 / 關閉資料表

當資料表開啟後，其關聯式索引標籤資料表工具才會因應而生。要關閉資料表很簡單，只要按資料表本身右上角的關閉鈕，就能關閉它。

要打開資料表，只要確認欲開啟的資料表停駐於功能窗格，以滑鼠左鍵雙擊此資料表即可。若功能窗格看不到資料表時，下列步驟說明資料表物件的顯示方法！

範例《CH03A》顯示資料表物件

Step 1 確認功能窗格顯示的項目。❶ 展開功能表後，❷ 單擊滑鼠左鍵來勾選「資料表與相關檢視」。

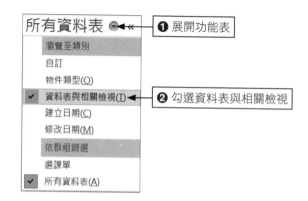

Step 2 欲開啟資料表 ❶ 按滑鼠右鍵來顯示快顯功能表；❷ 選取「開啟」指令。

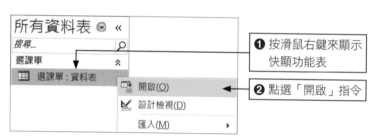

TIPS 開啟物件也能用滑鼠左鍵單擊

如果嫌滑鼠左鍵雙擊資料表才做開啟的動作太麻煩，也可以改變方法噢！

Step 1 功能窗格標題列 ❶ 按滑鼠右鍵來展開快顯功能表，❷ 執行「導覽選項」指令。

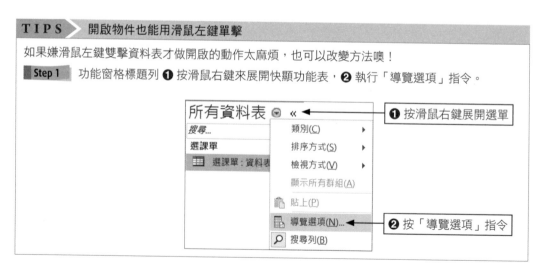

Step 2 進入導覽選項交談窗，開啟物件方式，以滑鼠左鍵變更為 ❶ ◉ 按一下，再按 ❷「確定」鈕來結束設定。

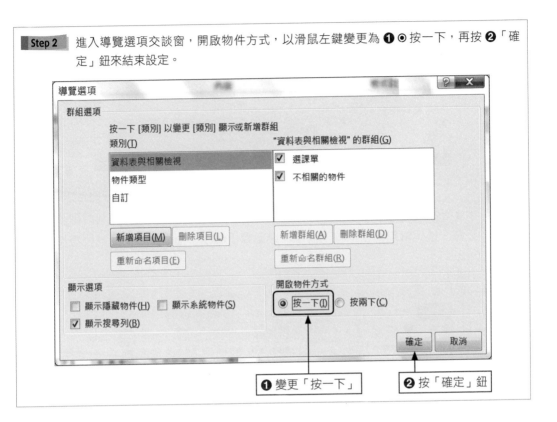

❶ 變更「按一下」　　❷ 按「確定」鈕

3.1.3 資料表二種檢視

資料表共分兩種檢視模式：資料工作表檢視和設計檢視。切換時除了「檢視」指令之外，狀態列右下角也有可供切換的圖示鈕。

- **資料工作表檢視**：以現階段而言，資料工作表檢視提供我們做資料輸入。

- **設計檢視**：用來定義欄位名稱及相關屬性。

打開資料表後，利用**常用**索引標籤的「檢視」指令做切換。當資料表是「資料工作表檢視」（可查看視窗底部的狀態列左下角的狀態訊息），由圖【3-3】可以看到第一列是欄位名稱，第二列開始是記錄，由不同的欄位值組成。使用**常用**索引標籤，滑鼠左鍵單擊「檢視」指令，會由資料工作表檢視切換成設計檢視。

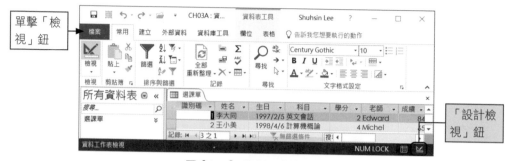

圖【3-3】 資料工作表檢視

　　檢視圖【3-4】：資料表為「設計檢視」時，欄位名稱位於第一欄，資料類型和描述分置第二、三欄。透過**常用**索引標籤，滑鼠左鍵單擊「檢視」指令，會由設計檢視切換成資料工作表檢視。

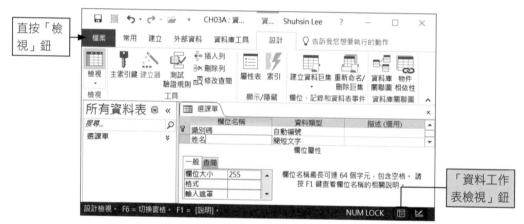

圖【3-4】 資料表的設計檢視

　　藉由圖【3-5】的程序，按「檢視」指令下方的 ▼ 鈕可展開選單，滑鼠左鍵點選要執行的指令。例如：單擊「資料工作表檢視」指令，會進入資料工作表檢視。

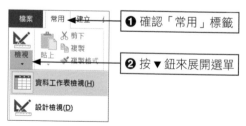

圖【3-5】 資料表的兩種檢視指令

3.2 將資料分類

生活中各式各樣的資料充斥著，例如去便利商店買東西：瀏覽架上的物品，查看保存期限，然後付款。這些動作中，我們已處理過性質不同的資料，包含了文字、日期、數值、貨幣等，就 Access 2016 來說，有個較為正確的說法：「資料類型」（Data Type）；換句話說，性質不同的資料儲存於資料表時須以不同欄位分門別類存放！

3.2.1 有哪些資料類型？

屬性不同的資料，當然要分開做儲存！Access 2016 共有 10 種資料類型，簡介如下表【3-2】。

資料類型	大小或上限	用途
簡短文字	255 個字元	儲存文字與數字資料，如：姓名、住址
長文字	64,000 個字元	儲存較長的文字與數字資料
數字	1、2、4、8、16 位元	儲存須計算的數值
日期 / 時間	8 位元組	儲存日期、時間，範圍是 100~9999 年
貨幣	8 位元組	處理貨幣，整數部份 15 位數，小數位數 4 位
自動編號	4 位元組	每當新增一筆記錄，此編號值自動加 1
是 / 否	1 位元	只能選擇一個值；如「True/False」、「Yes/No」
OLE 物件	2GB（視磁碟空間）	聲音、圖片、或 ActiveX 物件
超連結	最多為 8192 個字元	http://tw.yahoo.com 網站的網址 ftp://ftp.ncu.edu.tw 提供檔案下載網站 mailto:shuhsin@ms94.url.com.tw 電子郵件信箱
附件	2GB	以附件存放 Office 文件和二進位的多媒體

表【3-2】 Access 2016 的資料類型

資料若是文字，端視文字內容來決定是簡短文字或長文字的資料類型（舊版 Access 為文字和備忘）。資料類型是數值當然找數字來配合；資料中含有貨幣符號，貨幣當然是最佳選擇。而「日期 / 時間」資料類型，望文生義表示與日期、時間有關。想要顯示照片，播放聲音，得使用 OLE 物件資料類型。

3.2.2　化單據為資料

使用空白資料表來隨手輸入，能讓我們了解資料表的基本作業。如果是單據呢？如下表【3-3】選課單，試想！需要建立哪些欄位才能儲存這些資料？

選課單					
103 學年度第一學期					
學號	Aw123007	連絡電話		0912-345678	
姓名	林小華	Email		acd2025@zct.com.tw	
地址	台北市	系所		Computer Science	
課程編號	科目名稱	學分	選必修	任課老師	上課教室
A001	計算機概論	4	必	Edward	E503
C003	網路概論	3	選	Victor	W312
D002	英文會話	2	選	James	N331
A013	程式語言	4	必	Peter	E208

表【3-3】　選課單

3.2.3　進入資料表的設計檢視

上述單據是學生經過選課所產生，若要變成 Access 2016 資料表的欄位，該從何處著手？先確認單據中的資料究竟是何種資料類型，接著要考量每個欄位的儲存空間，也就是欄位大小；再歸納成表【3-4】。

欄位名稱	欄位大小	資料類型	欄位名稱	欄位大小	資料類型
學號	8	簡短文字	姓名	20	簡短文字
地址	50	簡短文字	連絡電話	12	簡短文字
系所	40	簡短文字	Email		簡超連結
課程編號	長整數	自動編號	科目名稱	20	簡短文字
學分	長整數	數字	選必修		是 / 否
任課老師	20	簡短文字	上課教室	4	簡短文字

表【3-4】　選課單轉成的欄位

接續的動作是將表【3-4】轉為 Access 資料表。「設計檢視」模式配合「欄位屬性」續增欄名，並修改與此欄位有關的屬性設定；使用「設計檢視」時，**資料表工具**會帶出**設計**索引標籤，可參考圖【3-6】。

圖【3-6】 設計檢視的設計索引標籤

資料表「設計檢視」下要查看某個欄位的屬性，插入點得先移向此欄位形成焦點。資料表的設計檢視結構，如圖【3-7】所示。

圖【3-7】 資料表的設計檢視結構

設計檢視視窗的上半部輸入欄位名稱、資料類型和描述；視窗下方是欄位屬性及設定值。這些屬性會隨資料類型而有所不同。輸入欄名或做修改，配合鍵盤按鍵也能移動插入點；使用方式參考表【3-5】的說明。

按鍵	說明
↑、↓（方向鍵）	向上、向下移動一個欄位
←、→（方向鍵）	同一列中，向左、向右移動一個儲存格
Tab 鍵或 Enter 鍵	向下（右）一個儲存格移動，不過只限於設計檢視視窗上半部
Shift + Tab 鍵	向前（左）一個儲存格移動，不過只限於設計檢視視窗上半部
F6	能在功能區、欄位名稱和屬性視窗互相切換

表【3-5】 設計檢視使用的鍵盤按鍵

3.2.4 定義資料表結構

採用「資料表設計檢視」指令建立一個空白資料表，直接在「設計檢視」模式，把表【3-4】定義的內容轉為資料表欄位，並根據資料類型來修改欄位大小的值，透過下述練習共同來學習之。

範例《CH03B》定義資料表結構

Step 1 開啟 Access 2016 資料庫檔案《CH03B.accdb》。

Step 2 建立一個資料表。把功能區切換為 ❶ 建立標籤，滑鼠左鍵單擊 ❷「資料表設計」指令，空白資料表以「設計檢視」呈現，插入點會 ❸ 停留在第一列的欄位名稱上。

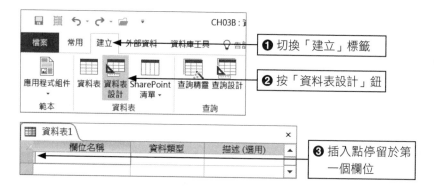

Step 3 輸入欄名和資料類型。❶ 欄位名稱「學號」，❷ 按 Tab 鍵跳至資料類型，使用預設值「簡短文字」，❸ 按 F6 鍵跳到下方屬性視窗的欄位大小，變更為「8」。

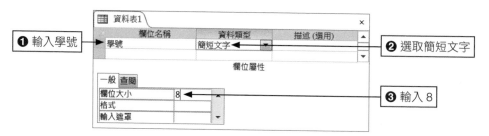

⮡ 資料類型的預設值為「簡短文字」，若要變更資料類型，按右側 ▼ 鈕來拉開選單。

Step 4 依序輸入表【3-4】相關欄位,輸入 Email 後,❶ 按 ▼ 鈕展開資料類型選單,從選單中 ❷ 點選「超連結」;它的欄位屬性裡並無欄位大小。

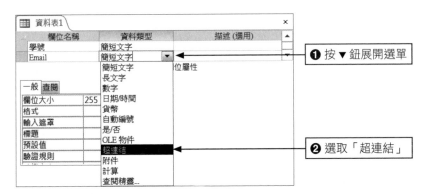

Step 5 儲存資料表為「選課單」,按「確定」鈕,會彈出交談窗,按『否』鈕來結束交談窗。

圖【3-8】 未設定主索引的警告訊息

TIPS 主索引鍵的作用

以「設計檢視」建立資料表,執行儲存時,Access 2016 會自行檢查資料表是否有設定主索引鍵,儲存前未設定主索引,就會產生圖【3-8】的畫面,按鈕的作用解說如下。

- 【是】Access 2016 會自動幫資料表設定一個主索引欄位。
- 【否】表示使用者可自行設定主索引。
- 【取消】表示資料表不會進行儲存動作,會回到原來資料表的設計畫面。

3.3 認識欄位的格式

欄位屬性除了欄位大小之外，另一個使用較多就屬「格式」（Format），它控制著資料表欄位資料的外觀。以「日期 / 時間」而言，使用『簡短日期』或『完整日期』，會顯示不同格式。因此，經由格式設定的資料會影響其外觀與列印。

Access 2016 對於格式屬性皆有預設值，也能藉由下拉式清單做變更；此外，亦提供自訂格式，讓使用者依據資料特性來產生。資料類型會影響格式設定，這意味著若為「數字」，當然不能以「日期 / 時間」格式來呈現，或者將文字與數字混用。

3.3.1 日期與時間

Access 2016 針對「日期 / 時間」提供七種格式設定，預設格式為「通用日期」，如下圖【3-9】所示，欄位的資料類型為「日期 / 時間」，展開格式選單可以看到七種格式。

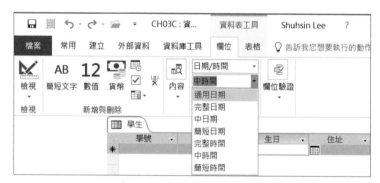

圖【3-9】 日期 / 時間的七種格式

例如，學生資料表的「生日」欄位，以「1993/2/24」來表示『日期 / 時間』的資料類型，年月日之間使用「/」字元做分隔。表【3-6】為 Access 提供的日期 / 時間格式設定。

格式選項	說明	範例
通用日期	日期 / 時間，yyyy/m/dd 上午或下午 h:nn:ss	2014/5/28 下午 05:25:50
	若為時間就顯示時間	下午 05:25:50
	格式：yyyy/m/dd 只顯示日期	2014/5/28
完整日期	與控制台「地區及語言」選項設定有關	2014 年 5 月 28 日
中日期	日期格式：dd-mmm-yy	28-May-14

格式選項	說明	範例
簡短日期	依控制台「地區及語言」設定顯示	2014/5/28
完整時間	顯示上午或下午，再配合時、分、秒	下午 05:25:50
中時間	顯示上午或下午，再配合時、分	下午 05:25
簡短時間	顯示時、分	05:25

表【3-6】 日期 / 時間的格式

除了預設格式外，也能透過自訂「日期 / 時間」格式來表達日期和時間，如下表【3-7】。

符號	說明	符號	說明
:	時間分隔字元	/	日期分隔符號
d	顯示日期（1 至 31）	dd	顯示日期（01 至 31）
ddd	星期的前三個字母（如 Sun）	dddd	星期的英文全名
w	星期的數字（1 至 7）	ww	一年的週數（1 至 53）
m	顯示月份（1 至 12）	mm	顯示月份（01 至 12）
mmm	月份的前三個字母（如 Jan）	mmmm	月份的英文全名
q	顯示季別（1 至 4）	y	一年中的日期數（1 至 366）
yy	西年的最後二位數（01 至 99）	yyyy	完整西元年份
h	顯示小時數（0 至 23）	hh	顯示小時數（00 至 23）
n	顯示分鐘數（0 至 59）	nn	顯示分鐘數（00 至 59）
s	顯示秒數（0 至 59）	ss	顯示秒數（00 至 59）

表【3-7】 日期 / 時間的自訂格式

使用中華民國紀年

上述討論皆是以西元紀年來表達日期，使用中華民國紀年，又該如何？有二種方法：①透過控制台來設定；②使用「e/m/d」格式。如何以控制台來進行變更！解說如下。

範例《CH03C》設定中華民國紀年 (1)

Step 1　進入控制台後，點選「時鐘、語言及區域」的『變更日期、時間和數字格式』來開啟地區交談窗，滑鼠左鍵單擊「其他設定」鈕。

按「其他設定」鈕

Step 2 進入自訂格式交談窗；❶ 切換「日期」標籤，滑鼠點選 ❷ 月曆類型右側的 ▼ 來開啟清單，可以看到「中華民國曆」項目，以滑鼠選取後，❸ 再按「確定」鈕來結束設定。

❶ 切換「日期」標籤

❷ 按 ▼ 鈕來展開選單

❸ 按「確定」鈕

透過控制台「時鐘、語言及區域」，將原有的西曆改為中華民國曆，也意味著系統的日期格式會全部改變！變更之前請細量一番！比較好的做法是使用「e/m/d」格式，輸入的西元日期會以中華民國紀年來顯示。這樣的好處是保有系統原有的西曆類型，但日期的格式卻是中華民國年曆。如何做？介紹如下！

範例《CH03C》設定中華民國紀年 (2)

Step 1 開啟資料庫範例《CH03C》，將學生資料表以「設計檢視」開啟。

Step 2 ❶ 插入點移向「生日」欄位，在欄位屬性的 ❷ 格式輸入「e/m/d」。

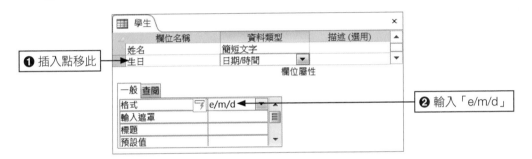

Step 3 儲存資料表後，將「學生」資料表切換為資料工作表檢視，在日期欄位輸入「1996/3/5」，按 Enter 鍵之後變成中華民國的日期。

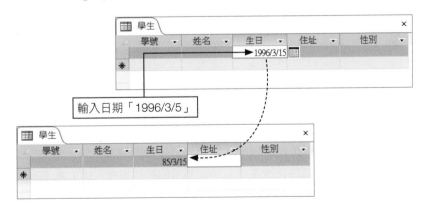

3.3.2 數字、貨幣

探討過「日期 / 時間」的格式後，接著就是數字、自動編號和貨幣資料類型的格式。Access 2016 提供的預先格式以下表【3-8】說明。

格式	說明	範例
通用數字	依輸入值顯示，整數和小數能顯示 11 位數	1234.567
貨幣	依據控制台「地區及語言選項」設定	NT$1234.567
歐元	數值資料會加上歐元符號（€）	€ 1,234.567
整數	整數無千分位符號，含小數位數 2 位，超過位數者，採四捨五入方式	1234.57
標準	整數有千分位符號，含小數位數 2 位，超過位數者，採四捨五入方式	1,234.57
百分比	數字能含小數位數 2 位，並加上百分比符號	123.50%
科學記號	以科學（指數）標記法顯示數	1.23E+04

表【3-8】 預設的數字格式

範例《CH03C》調整數字格式

Step 1 確認資料庫範例《CH03C》，將**課程**資料表以「設計檢視」開啟。

Step 2 將 ❶ 插入點移向「學分數」欄位，再把下方欄位屬性的欄位大小變更為 ❷「整數」（預設為長整數），然後把 ❸ 小數位數設為「0」。

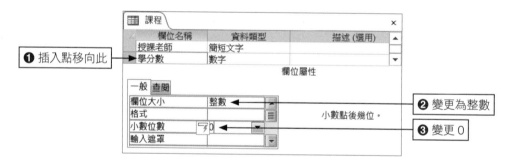

Step 3 請記得儲存資料表。

　　同樣地，也可以依據需求來自訂數字、貨幣格式，其屬性設定共分為四個區段，區段間以「;」字元來區隔。每個區段包含了不同數字類型的格式規格，以下表【3-9】說明。

區段	描述
第一個	正數的格式
第二個	負數的格式
第三個	零數值的格式
第四個	Null 數值的格式

表【3-9】數字自訂格式區段

下表【3-10】為數字使用的自訂格式符號。

符號	描述
.（句點）	小數點分隔符號
,（逗點）	千分位分隔符號
0	顯示數字或 0，允許使用者在數字前面加上 0，如 00123.00
#	顯示一個數字或不顯示
$	顯示文字字元 "$"
%	百分比。數值會自動乘以 100，並且新增上一個百分比的記號
E– 或 e–	科學記號法，負數指數會加上減號 (-)，正數指數則不加符號。如 0.00E-00 或 0.00E00
E+ 或 e+	科學記號法，負數指數會加負號 (-)，正數指數會加正號（ + ）。如 0.00E+00

表【3-10】 數字自訂格式符號

範例《CH03C》調整數字格式 (2)

Step 1 延續前述步驟，將**課程**資料表以「設計檢視」開啟。

Step 2 將 ❶ 插入點移向「成績」欄位，再把下方欄位屬性的格式輸入 ❷「#.0[藍色];;"0.0"; "Null"」；完成設定後，儲存資料表並切換成資料工作表檢視，在成績欄位輸入數字時，是否為藍色。

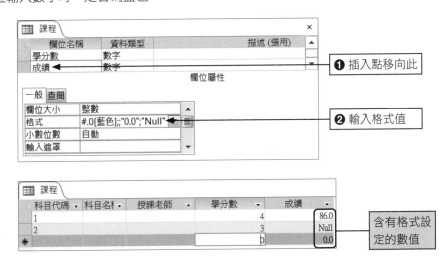

步驟 說明

利用自訂的數字格式，有四個區段：

- ➲ 第一個區段：數字含有 1 位小數，以藍色顯示。
- ➲ 第二個區段未做設定，以「;」區隔。
- ➲ 第三個區段：若是「0」，以「0.0」表示。
- ➲ 第四個區段：未輸入數值時，以 Null 填補。

3.3.3　簡短文字和長文字

如果欄位的資料類型是簡短文字、長文字，也可以自訂格式，使用的符號如下表【3-11】所示。

符號	描述
@	需要文字字元（一個字元或空格）
&	不需要文字字元
<	強迫所有字元為小寫
>	強迫所有字元為大寫

表【3-11】 簡短文字、長文字格式符號

簡短文字、長文字的自訂格式有兩個區段，每一個區段包含了欄位中不同資料的格式規格，說明如下。

- ■ **第一個**：有資料的欄位格式。
- ■ **第二個**：有零長度字串及 Null 數值的欄位格式。

例如，想要進一步設定**學生**資料表的電子郵件帳號，讓使用者輸入的資料自動轉換為小寫，自訂格式如下。

第一部份	分隔符號	第二部份
<@	;	未填寫

範例《CH03C》自訂文字格式

Step 1　延續前述步驟，將學生資料表以「設計檢視」開啟。

Step 2 將 ❶ 插入點移向「電子郵件」欄位,再把下方欄位屬性的格式輸入 ❷「<@;"未
填寫"」;完成設定後,回到資料工作表檢視,可以看到未輸入電子郵件的欄位會
以「未填寫」顯示。

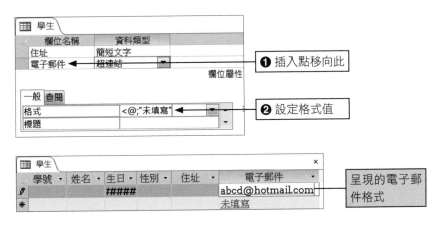

步 驟 說 明

利用自訂的文字格式,有二個區段:

◯ 第一個區段:若輸入大寫的英文字,轉換為小寫英文字。

◯ 第二個區段:未填入資料時,以 "未填寫" 顯示。

3.3.4 使用查閱欄位

資料類型中的「查閱精靈」,嚴格來說並不屬於資料類型。為了方便使用者資料的輸入,
提供下拉式清單做選取,避免輸入錯誤的資料。例如,學生資料表的「性別」欄位,使用了
「是 / 否」資料型別,它是一個布林值,填入資料時只要勾選即可,不過很容易形成誤判,
但若透過下拉式清單,只要選取其中一個項目即可;藉由下述練習對查閱欄位有基本的認識。

範例《CH03F》使用查閱欄位

Step 1 延續前述操作,將學生資料表以「資料工作表檢視」開啟。

Step 2 「性別」欄位要以滑鼠做勾選。

學號	姓名	生日	性別	住址	電子郵件
1	吳小海	85/3/15	✓	台南市	abcd@hotmail.com
2	張大明	87/7/1		台中市	office365@hotmail.com
*					未填寫

Step 3 　將學生資料表切換成「設計檢視」模式，將插入點移向「性別」欄位，將資料類型變更為「簡短文字」並重設欄位大小為「2」。

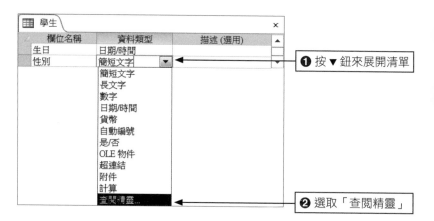

Step 4 　啟動查閱精靈；重按 ❶ 資料類型右側 ▼ 鈕來展開清單，再以滑鼠點選 ❷「查閱精靈」來啟動交談窗。

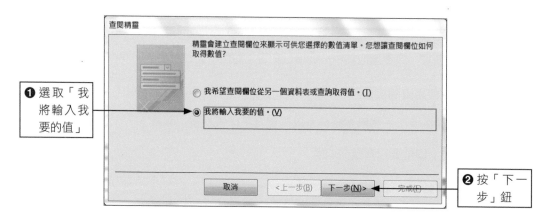

Step 5 　改選 ❶ 我將輸入我要的值，再按 ❷「下一步」鈕。

Step 6 欄數的 ❶ 第一欄的第一列按下滑鼠左鍵來產生插入點,輸入「男」,第二列輸入「女」,❷ 再按「下一步」鈕。

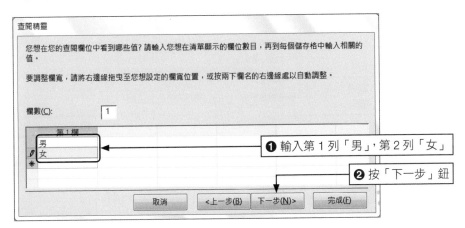

Step 7 查閱欄位使用的標籤,就以預設值 ❶「性別」為主,❷ 勾選「限制在清單內」,❸ 按「完成」鈕來結束設定。

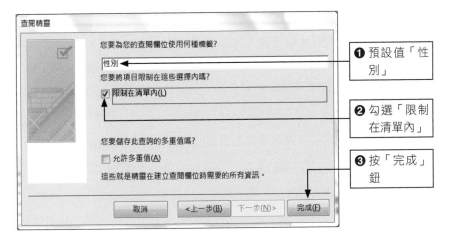

Step 8 完成儲存動作後,將學生資料表切換成「資料工作表檢視」。當插入點移向「性別」欄位時,滑鼠左鍵單擊 ▼ 鈕,從展開的清單來選取性別值。

與查閱欄位有關的屬性

完成「查閱精靈」的設定後，進一步檢視欄位屬性的「查閱」索引標籤，可看到許多屬性值，簡單說明如下。

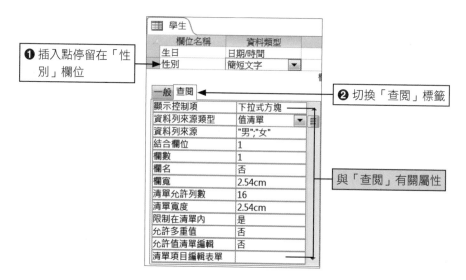

- **資料列來源類型共有三種**：①資料表 / 查詢：表示資料來源是透過資料表或查詢所得；②值清單：表示使用者可自行輸入清單項目，如前面步驟所輸入的資料；③欄位清單：資料是來自所指定的資料表、查詢或 SQL 陳述式的欄位名稱。

- **資料列來源**：使用查閱精靈所輸入的項目，以「;」分號做區隔。

- **結合欄位**：引用的清單與實際表單欄位的結合，由於未結合其他欄位，所以顯示「1」。

- **欄數**：清單中使用的欄位數目，只有性別欄，也會顯示「1」。

- **欄寬（ColumnWidths）**：欄位寬度，預設值「2.54cm」。

- **清單允許列數**：下拉式清單顯示的資料列數，預設為 8 列，此處只輸入 2 項列資料。

- **清單寬度（ListWidth）**：它與「欄寬」不同，指的是下拉式清單方塊的寬度。

- **限制在清單內**：如果為『是』表示使用者只能選擇清單內的項目；若為『否』表示使用者可輸入清單項目外的資料。

3.4 設定欄位其他屬性

定義資料表結構,前一個章節介紹了格式的設定,表【3-12】解說資料表中其他的欄位屬性。

屬性名稱	說明
欄位大小	文字是輸入的字元數;數值則是設定其範圍
小數點位置	指定數值欲顯示的小數位數
輸入法模式	是否要依據欄位內容來切換指定的輸入法
輸入法語態	輸入資料為普通模式(利用鍵盤)或者為口語模式
UNICODE 編碼	資料編碼格式,是否要以兩個位元組來顯示一個字元
輸入遮罩	提供資料輸入及顯示的格式
標題	設定欄位在表單或資料表的別名
預設值	設定新增記錄時欄位的預設值
驗證規則	欄位輸入資料時是否符合規範
驗證文字	欄位輸入不正確的資料時,顯示的警告文字
必須有資料	設定欄位是否一定要輸入資料
允許零長度字串	允許欄位有零長度字串
索引	設定欄位是否為索引鍵
新值	資料類型為「自動編號」時是遞增或是隨機值
智慧標籤	用來辨識欄位中資料類型的元件

表【3-12】 欄位有關屬性

不同的資料類型會影響欄位屬性。例如,使用「日期/時間」,還要進一步考量「完整日期」或「簡短日期」哪個較妥善?「簡短文字」資料類型,是否要限制輸入字元的長度,或者不做限制,更多的欄位屬性透過本章節做更多的認識。

3.4.1 欄位大小有不同

諸多欄位屬性中,「欄位大小」會關係著資料的儲存空間,除了考量目前儲存的容量外,還得細想資料未來的擴充性。Access 提供的資料類型中,文字、數字、自動編號皆與欄位大小有關。以簡短文字和數字這兩個資料類型做一些基本介紹。

簡短文字

簡短文字（Access 2010 為文字）資料類型能儲存 255 個字元；值得一提的是，無論是英文或中文，在 Access 中都佔用相同字元數。若欄位大小設定為 10 個字元，表示不管是中文或英文都能輸入 10 個字元。

數字

數值資料是貨幣資料之外，用來儲存其他運算的數值，其儲存值的大小是依據「欄位大小」來決定；下表【3-13】為數字資料佔用的儲存空間及使用範圍。

資料類型	儲存空間	範圍	小數位數
位元組（Byte）	1 位元組	0 至 225	無
整數（Integer）	2 位元組	-32,768 至 +32,767	無
長整數（Long）	4 位元組	-2,147,483,648 至 +2,147,483,647	無
小數（Decimal）	12 位元組	-10^{28} 至 10^{28}（預設 18 位小數）	28
單精準數（Single）	4 位元組	$-3.4*10^{38}$ 至 $3.4*10^{38}$	7
雙精準數（Double）	8 位元組	$-1.797*10^{308}$ 至 $1.797*10^{308}$	15
複製編號（Replication ID）	16 位元組	用來儲存 GUID（全城唯一識別碼）	無

表【3-13】 數字資料的使用範圍

將資料類型設為「自動編號」時，它的欄位大小會以「長整數」為預設值。而資料類型是「數字」，其欄位如表【3-13】所列，透過圖【3-10】展開欄位大小選單，查看其他的數值類型。

圖【3-10】 數字的欄位大小很不同

3.4.2 輸入法模式

　　由於建立的選課單資料表，當欄位選擇的資料類型為「簡短文字」或「長文字」，它的屬性之中會有「輸入法模式」並伴隨「輸入法語態」。輸入資料要有輸入焦點，Access 會依據設定值切換亞洲語系文字所需要的輸入法，例如：中文、日文等。依視窗作業系統提供的中文輸入法，例如：注音、倉頡，進行屬性值設定。

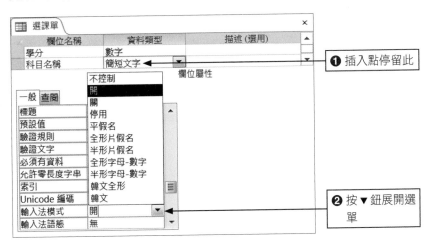

　　若資料類型是「簡短文字」、「長文字」，其輸入法模式預設是「開」；「日期 / 時間」、「超連結」和「查閱精靈」其輸入法模式預設是「關」。透過下表【3-14】說明輸入法的屬性設定。

輸入法模式	說明
不控制	會依照前一個欄位的輸入法設定
開	游標移到此欄位時，切換成預設的中文輸入法
關	輸入法模式會切換成英文狀態
停用	表示無法使用中文輸入法，只能輸入英文或數字
平假名	切換日文輸入法，設定半形平假名（中文輸入法不會使用）
全形平假名	設定全形平假名
半形片假名	設定半形片假名
全形字母 - 數字	表示在中文輸入法狀態時，英文或數字以全形顯示
半形字母 - 數字	表示在中文輸入法狀態時，英文或數字以半形顯示
韓文全形	設定全形韓文
韓文	設定半形韓文

表【3-14】 輸入法模式

3.4.3 UNICODE 編碼

在 Access 中 Unicode 字元編碼適用的資料類型為簡短文字、長文字或超連結。Access 2016 會把欄位屬性的 Unicode 編碼預設為「是」,表示欄位內容會被壓縮,儲存時編碼,擷取時解碼。單一欄位中,任何 Unicode 支援的字元組合皆可儲存。

「長文字」欄位中的資料,當字元數小於 4,096 字元,不會壓縮其欄位內容。因此,長文字欄位的內容可能會壓縮成一筆記錄,以增加資料處理的速度。

3.4.4 輸入遮罩

輸入遮罩的主要用途是藉由預設格式,導引使用者輸入資料時確保資料的正確性並有統一的格式。例如:當填寫的電話沒有統一格式時,有可能是:

- 07-2232091

- 72232091

- 2232091

- (07)223-2091

由於格式凌亂,可能會讓資料於查詢過程產生困擾!將格式統一設定,會讓資料擷取時快速又方便!下述練習就以學生資料表的身分證字號,必須輸入 10 碼的字碼,讓資料符合設定格式。

範例《CH03D》遮罩精靈

Step 1 將《CH03D》的學生資料表以「設計檢視」模式開啟。在功能窗格的 ❶ 學生資料表上按滑鼠右鍵來開啟快顯功能表,再以滑鼠左鍵單擊其 ❷「設計檢視」指令。

Step 2 ❶ 插入點移向「身分證字號」欄位，再找到屬性
窗格的 ❷「輸入遮罩」右側的 ⋯ 來啟動「輸入遮
罩」交談窗。

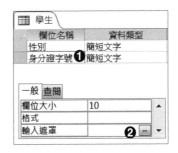

Step 3 直接以滑鼠左鍵點選輸入遮罩清單的 ❶「身分證字號」，並按下方的 ❷「下一
步」鈕來做下一步設定。

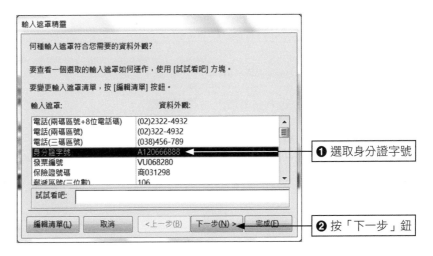

❶ 選取身分證字號

❷ 按「下一步」鈕

Step 4 進入輸入遮罩精靈交談窗；❶ 輸入遮罩格式「>L000000000」，❷ 按▼鈕來展開
定位字元選單，❸ 變更定位字元為其他字元或採用預設值，❹ 按「下一步」鈕。

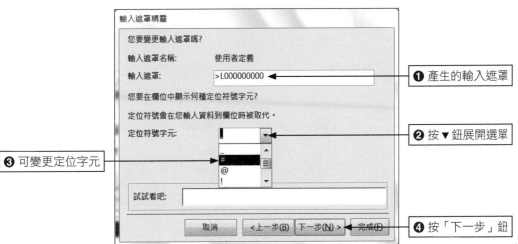

❶ 產生的輸入遮罩

❷ 按▼鈕展開選單

❸ 可變更定位字元

❹ 按「下一步」鈕

Step 5 儲存格式就以預設值 ❶「◉ 遮罩中不含符號，就像：」，❷ 然後按「下一步」鈕。

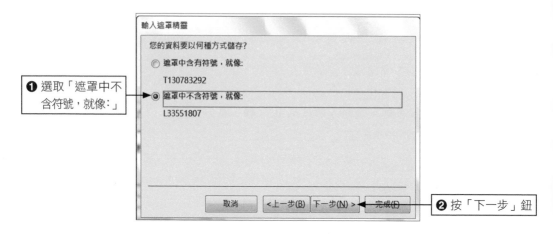

❶ 選取「遮罩中不含符號，就像:」

❷ 按「下一步」鈕

Step 6 按「完成」鈕來結束輸入遮罩的定義。

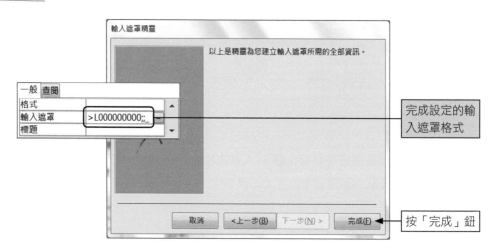

完成設定的輸入遮罩格式

按「完成」鈕

Step 7 按快速存取工具鈕的儲存鈕 🖫，儲存變更後的資料表，否則離開設計檢視模式會有下列的訊息提示，按「是」做儲存動作，才能關閉設計檢視模式。

按「是」鈕

Step 8 測試輸入遮罩;將學生資料表切換為「資料工作表檢視」,插入點移向「身分證字號」欄位,輸入一組身分證字號試試看。

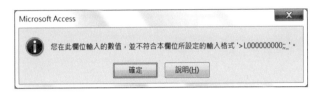

不過,若輸入的身分證字號不符合其規範,會出現如下的警告訊息!

自訂輸入遮罩格式

事實上,上述範例所產生的輸入遮罩,還是由 Access 2016 所設定的自訂格式,其自訂輸入遮罩分成三個部份,使用「;」區隔每一個部份,簡介如下。

第一部份	;	第二部份	;	第三部份
>L000000000		0		_

■ **第一個部份**:定義輸入遮罩格式;符號字元以下表【3-15】說明。

符號	描述	符號	描述
0	要輸入數字 0 到 9,不含其他符號	A	要輸入字元或數字,不允許空白
9	可輸入數字 0 到 9,不含其他符號	a	可輸入字元或數字,允許空白
#	可輸入數字、空格,使用 + - 符號	&	要輸入字元和空格,不允許空白
L	要輸入字元 A~ Z	C	可輸入任何字元或空格
?	輸入字元 A~ Z,允許空白	<	設定以下字元轉成小寫
>	設定字元轉成大寫符號	!	使輸入字元從左至右填入
""	雙引號括住的字元如實顯示	\	緊接於後的字元如實顯示

表【3-15】 輸入遮罩所定義格式

- **第二個部份**：儲存資料有無包含其他符號字元；1 或空白表示只儲存輸入值；若為 0 則表示儲存的資料須包含輸入遮罩的符號字元。

- **第三部份**：定位字元的符號設定。所謂「定位字元」是設定輸入遮罩後，未輸入資料前的提示符號，上述範例使用預設值「_」符號，可以改用其他符號，如「#」字元。

完成定義的輸入遮罩，要如何輸入？由於身分證字號有 10 碼；第一個是英文字母，無論是大寫或小寫字母，皆會轉為大寫英文字母；其餘是數字，只能使用數字，不接受其他的字元或符號。

3.5 眾資料尋百遍的索引

拜科技文明所賜，我們習慣用手機的電話簿來記錄周遭好友的電話號碼，這麼做的目的是方便於下次撥打。找尋某個朋友的電話號碼，無論是「以姓名」或「電話號碼」做搜尋，應用「索引」（index）功能，皆能快速找到電話號碼。

3.5.1 索引概念

資料庫的索引（Index），是學習資料庫時非常重要的一環！因為在資料庫內，建立好的索引，能讓使用者迅速取得所需資料。一個沒有設定索引的資料表就如同一間未經整理，散亂無序的圖書館，假如要借閱一本書，必須耗時又費工一本一本去做搜尋。所以圖書館通常會把書籍分類、編碼，建立檢索卡，其目的就是讓借閱者快速、確實找到所需書籍。

索引是一種表格，用來找出符合某個條件的資料列在檔案中的位置。資料庫的「索引」則藉由索引欄位的值與資料之間的指標來建立索引檔。下圖【3-11】說明：將資料表的「學號」欄位設為索引，索引檔中就會記錄此欄位值；而索引檔的指標會指向「學號」欄位所在的資料記錄。每新增一筆資料，索引欄位會同時記錄著新增資料存放於資料表的位置，存放位置的指標及索引欄位的值，依其順序加入索引檔中。

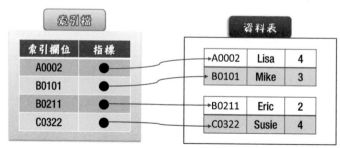

圖【3-11】 索引的運作

　　由於索引檔的大小遠小於資料表，所以能加速資料記錄的存取，要找尋此欄位某一個記錄值時，透過索引檔所對應的欄位，能快速找到該筆記錄。

3.5.2　加快搜尋設定索引

　　Access 2016 的欄位屬性中，除了資料類型為「是 / 否」之外，大部份都具有索引屬性，藉由索引的設定，在尋找資料或進行資料排序時，能快速獲得所需結果。索引有三種設定值，解說如下。

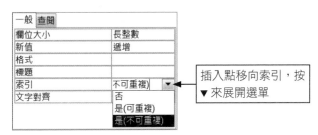

圖【3-12】 索引設定有三種

- **否**：預設值；表示此欄位不設定索引。
- **是（可重覆）**：表示欄位設為索引後，儲存值可以重覆，以住家電話的欄位而言，允許電話號碼重覆出現。
- **是（不可重覆）**：表示欄位設為索引後，欄位值不能有重覆情形。

3.5.3　不能缺席的主索引

　　未介紹主索引概念之前，想想看！為什麼去銀行開戶要有身分證字號！主要原因是它最能代表我們個人！其他，如：姓名或電話，為什麼不可以？。姓名有可能會跟他人雷同；電話號碼在某些情形下有可能會變更！一般來說，每個人的「身分證字號」是獨一無二，與他人重覆的情形幾乎沒有；要變更身分證字號也不太可能，所以看醫生時填寫就診資料需要它，去銀行開戶也要核對它。

　　我們討論過索引的概念：每個索引項目會將一個鍵值與一或多項記錄關聯在一起；而「主索引」（primary key）是用來識別欄位的值，建立資料庫後，Access 2016 會要求為每個資料表設定一個主索引鍵。它能以一個或多個欄位來設定主索引鍵，注意事項有：

- 設定主索引的欄位值具有唯一性，而且不能有重覆性。

- 欄位值須有代表性。

- 一個資料表只能有一個主索引。

由於主索引（Primary key）是識別資料表的唯一欄位值。「學生」資料表若以「學號」為主索引，而其他欄位未設定索引的情形下，Access 2016 會以設有主索引鍵的欄位值來排序。把資料表的第一筆記錄及位址存放於索引檔中，而索引檔本身也會以索引欄位的值執行排序。每個資料表雖然存放著多筆記錄，但是索引檔中索引記錄值遠小於檔案中資料記錄的數目，處理索引的效率自然要比直接處理資料來得好。

主索引鍵和索引的最大不同處在於「主索引鍵」在資料表中是一個具有代表性的記錄，必須具有唯一性，用來和其他資料表建立關聯。當資料表進行資料的搜尋和排序，利用設定的「索引」可加速其處理速度。

範例《CH03E》設定主索引

Step 1 將課程資料表以設計檢視模式開啟。

Step 2 設定主索引鍵。插入點先移向 ❶「科目代碼」欄位，確認是**資料表工具**的 ❷「設計」索引標籤，滑鼠左鍵單擊 ❸「主索引鍵」指令，就可以看到科目代碼欄位左側會有一個鎖鑰標記 📍。

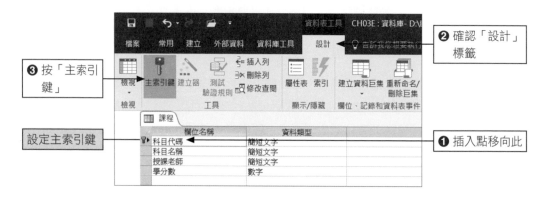

Step 3 不要忘記儲存資料表。

將「科目代號」欄位設定為「主索引鍵」後，其欄位屬性的「索引」會自動變更為『是（不可重覆）』。想要進一步探視主索引，可透過「索引」指令開啟「索引」畫面。

範例《CH03E》查看索引內容

Step 1　接續前述範例操作，**課程**資料表在「設計檢視」模式下。

Step 2　在授課老師欄位加上索引。插入點移向 ❶「授課老師」欄位，再把滑鼠移向屬性窗格「索引」右側 ❷ ▼ 鈕來展開選單，並以滑鼠點選 ❸「是（可重複）」。

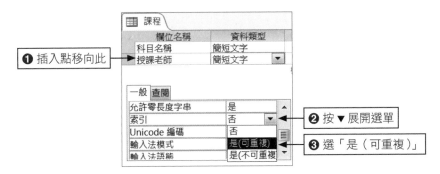

Step 3　插入點移向「科目代碼」欄位，確認 ❶「設計」索引標籤，滑鼠左鍵單擊 ❷「索引」指令來開啟設定窗。

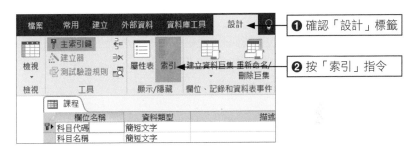

Step 4　插入點移向 PrimaryKey（主索引鍵），可以查看下方的索引屬性，包含主索引、唯一和忽略 Null，而步驟 3 所加入的索引「授課老師」亦在第二列裡。

由於「科目代碼」為主索引，所以索引名稱以「Primary Key」顯示，而「授課老師」設成「索引」也能在此一併檢視。針對「PrimaryKey」為主的三個屬性，解說如下。

- **主索引**：「是」；表示科目代碼是主索引鍵。

- **唯一**：「是」；表示它的欄位值不能重複。舉個簡單例子，如果銀行帳戶的號碼跟別人相同，那會引起很多麻煩。

- **忽略 Null**：有二種設定值；是和否。設為主索引鍵時，只能選擇『否』。

「Null」代表空值，當欄位未輸入資料，會存入 Null 值。『否』，代表設為主索引鍵的欄位必須有資料；若為『是』，表示欄位接受空白。由於 Access 對於「主索引」的要求較為嚴謹，當欄位已設為主索引鍵，就不能使用 Null 值表示。將「忽略 Null」設為『是』，會彈出如下的警告訊息。

索引非萬靈丹

在 Access 2016 資料庫中設定索引、主索引時，下列事項要注意：

- 一個資料表只能設定一個主索引，同一個資料表中能設定多個索引，最大索引數不能超過「10」。

- 某個欄位屬性設成索引時，需要一個緩衝區做處理，才能增加執行的速度；索引愈多，就得有更多緩衝區，如此一來，反而造成處理資料的困擾！

- 能設定索引的資料類型：文字、備忘、數字、日期／時間、自動編號、貨幣、是／否、超連結。

- 設定主索引鍵，得考量資料類型與資料長度。假設有三個欄位皆為主索引，「學號」是自動編號；「科目代碼」為簡短文字，長度是 4；「課單編號」是數字，長度為 6。在排序或搜尋過程，學號處理的速度會優於課單編號，課單編號又會比科目代碼效能更佳，因為數字在處理過程會比文字快些，這是設定索引或主索引時要納入考量之處。

一、選擇題

( ) 1. 在資料表中有一個欄位，新增資料時，希望該欄位能由 Access 自動提供編號，則該設定為何種資料類型？❶ 簡短文字 ❷ 數字 ❸ 自動編號 ❹ 日期 / 時間。

( ) 2. 要在資料表中新增一個欄位來儲存同學的姓名，應該要將資料類型設定為何種類型？❶ 查閱精靈 ❷ 長文字 ❸ 超連結 ❹ 簡短文字。

( ) 3. 如果數值資料的值是 56000，則選擇數字類型中哪一種類型較適合？❶ 位元組 ❷ 整數 ❸ 長整數 ❹ 貨幣。

( ) 4. 如果資料表建立一個欄位來儲存同學的生日時，應該選擇哪一種資料類型？❶ 查閱精靈 ❷ 日期 / 時間 ❸ 簡短文字 ❹ 超連結。

( ) 5. 資料欲顯示的格式是「2003/5/28 下午 05:25:50」，表示資料類型為「日期 / 時間」，則設定的格式為 ❶ 中日期 ❷ 完整日期 ❸ 通用日期 ❹ 完整時間。

( ) 6. 建立了一個資料表，要新增一個電子郵件欄位，以滑鼠雙按該欄位內容就會自動開啟郵件編輯器，則應該將該欄位設定為何種資料類型？❶ 超連結 ❷ 查閱精靈 ❸ 長文字 ❹ 自動編號。

( ) 7. 若要加快資料搜尋及排序的速度，可在資料表中經常搜尋或排序的欄位上設定什麼？❶ 標記 ❷ 索引 ❸ 目錄 ❹ 查詢。

( ) 8. 設定索引的索引交談窗，若將忽略 Null 的值設為 "是"，則代表何種意思？❶ 表示會直接跳過該欄位，不予理會 ❷ 索引不能忽略該欄位的空值記錄 ❸ 索引會排除此空值記錄 ❹ 會忽略所有打錯的記錄。

二、填充題

1. 下列資料類型中，各佔多大的空間？是 / 否的儲存空間佔＿＿＿＿＿＿位元，自動編號佔 ＿＿＿＿＿＿位元組，日期 / 時間佔＿＿＿＿＿ Bytes。

2. 建立資料表，功能區會帶出資料表工具，它包含＿＿＿＿＿和＿＿＿＿＿兩個索引標籤。

3. 自訂輸入遮罩包含哪三個部份？第一部份：＿＿＿＿＿＿＿；第二部份：＿＿＿＿＿＿＿ ；第三部份：＿＿＿＿＿＿＿。

4. 輸入的日期格式是西元，顯示的格式為中華民國曆，欄位屬性以＿＿＿＿＿格式做設定。

5. 資料表中所設定的主索引欄位須有二個特性：＿＿＿＿＿＿＿＿＿＿和＿＿＿＿＿＿＿＿＿＿。

6. 自訂數字有四個區段：第一個：＿＿＿＿＿＿、第二個：＿＿＿＿＿＿、第三個：＿＿＿＿＿＿、第四個：＿＿＿＿＿＿。

7. 簡短文字的自訂格式中，＞表示＿＿＿＿＿＿＿＿＿；＜表示＿＿＿＿＿＿＿＿＿。

8. 查閱欄位屬性中，資料列來源有三種：❶ ＿＿＿＿＿＿＿＿＿、❷ ＿＿＿＿＿＿＿＿＿、
   ❸ ＿＿＿＿＿＿＿＿＿。

三、問答題

1. Access 資料表中提供哪些資料類型？請列舉實例來說明。

2. 請說明索引（Index）和主索引（Primary Key）有何不同？

3. 請說明資料類型為 OLE 物件可存放哪些文件？

四、實作題

1. 請依照下列表格來規劃一個資料表，請分析出欲建立的欄位名稱，資料型態及欄位大小。

學號	831101	姓名	陳秀雲
科目代號	科目名稱	學分	成績
10032	國文	3	85
20015	英文	3	86
60001	網頁設計	2	78
60012	程式語言	4	65
61001	計算機概論	3	88

活用資料工作表

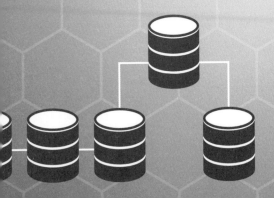

學習導引

➡ 資料工作表的基本操作：選取、操作和欄位凍結。

➡ 記錄異動：如何在資料工作中新增、更新、刪除資料。

➡ 資料處理：單一欄位排序或多欄位排序。

➡ 設定欄位值來篩選：依選取範圍或表單。

4.1 工作表的基本操作

對資料工作表而言,無論是選取單一儲存格、選取欄或列,或者選取整個資料工作表,選取是基本操作之一。

4.1.1 基本操作之選取

使用資料工作表的第一步就是選取,例如:選取單一儲存格來修改其內容,選取欄或列來調整其欄寬或列高;選取整個資料工作表來變更字型或格式。無論選取的對象是誰,被選取時皆會以淺藍色底,橘色外框來代表被選取的部份。

選取單一儲存格

選取某一個儲存格,滑鼠移向此儲存格四周,指標改變成 ✛(白色十字形)時,按下滑鼠即可選取此儲存格。

圖【4-1】 選取儲存格

選取整個工作表

點選資料工作表左上角的欄、列交會處 ▨ ,能選取整個資料工作表,被選取的資料工作表會以淺藍底色呈現;要取消選取,滑鼠去點選某一個儲存格即能解除。

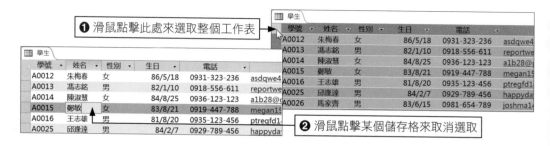

選取欄位

要選取某個欄位，只要將滑鼠移向欄位名稱附近的「欄選取器」，當游標變成 ⬇ 時，按下滑鼠就能將某個欄位選取；按住滑鼠左鍵向左或向右拖曳，可選取多個欄位。要取消欄的選取，只要滑鼠去點選某一個儲存格即能解除。

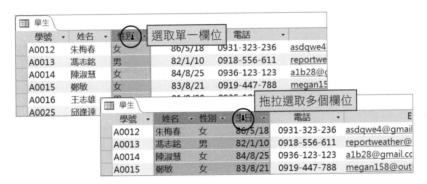

選取列

要選取一筆記錄，只要將滑鼠移向「列選取器」，當滑鼠游標改變為 ➡ 時，先選取某一列記錄，再按住滑鼠的左鍵，向上或向下移動，就能進行多筆記錄的選取。

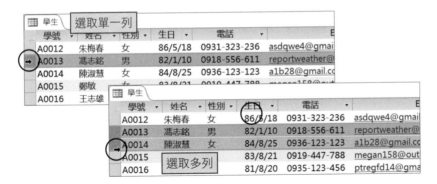

4.1.2 基本操作之調整

使用資料工作表時，有時須調整欄寬或列高；操作前，選取整欄或整列是事前的準備動作。

調整欄寬或列高

- **方法一**：利用滑鼠進行拖曳。滑鼠游標須停留在欄與欄之間會產生「欄選取器」╋，或者列與列之間的「列選取器」╋，再按住滑鼠左鍵向左或右拖曳調整。

- **方法二**：使用命令；透過**常用**索引標籤**記錄**群組中「其他」指令的『列高』或『欄位寬度』。

- **方法三**：選取的欄、列處按滑鼠右鍵，從展開的快顯功能表中，執行「欄位寬度」或「列高」指令。無論方法二或方法三，皆能進入交談窗進行設定。

- 「自動調整」方法。將滑鼠移向欲調整欄位右側的欄選取器，雙擊滑鼠後會以最適欄寬做調整。比較不一樣的地方，欄寬調整只針對所選取的欄位；而列高會牽一髮而動全身，只要改變某一列高，其餘列高也會跟著改變。

範例《CH04A》調整欄寬或列高

Step 1 開啟資料庫範例《CH04A》，並以資料工作表檢視來打開學生資料表。

Step 2 利用列選取器調整列高。滑鼠移向列的最前端、兩列之間，當指標形狀改變成 ╋ 時，按住滑鼠左鍵向下拖曳，就能讓每列的高度長高。

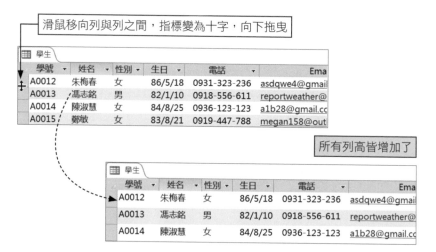

Step 3 利用「欄位寬度」指令調整欄寬。插入點停留在「生日」欄位；❶ 確認**常用**索引標籤，❷ 從**記錄**群組找到其他指令，展開選單後，❸ 點選「欄位寬度」指令，進入設定窗。

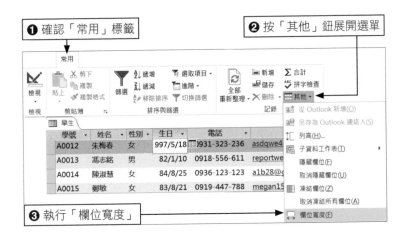

❶ 確認「常用」標籤

❷ 按「其他」鈕展開選單

❸ 執行「欄位寬度」

Step 4　滑鼠單擊「自動調整」鈕，會自行調整欄寬並關閉交談窗。

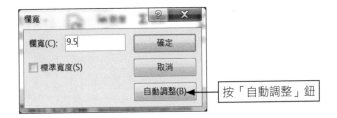

按「自動調整」鈕

步驟 說明

⊃ 步驟 4 的「欄寬」值以字元為主，使用「自動調整」是一個較便捷的做法。

⊃ 「標準寬度」若有勾選，會以『系統預設值』為欄寬。

⊃ 欄寬：顯示目前的設定值；也能直接輸入數值來更改欄寬。

⊃ 自動調整：按下此鈕，欄寬則依據欄位的字元數做調整。

Step 5　以標準值設定列高。❶ 滑鼠移向某列的前端形成 ➡ 時，再按下滑鼠右鍵，會同時選取此列並展開快顯功能表選單，❷ 執行「列高」指令來進入設定窗。

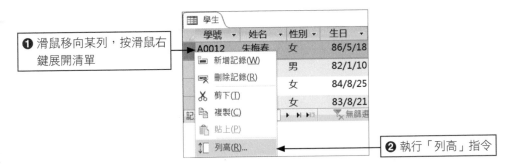

❶ 滑鼠移向某列，按滑鼠右鍵展開清單

❷ 執行「列高」指令

Step 6 設定標準列高。❶ 勾選標準列高後，其值會變更，❷ 按「確定」鈕來結束設定。

❶ 勾選「標準列高」 ❷ 按「確定」鈕

Step 7 雙擊滑鼠做自動調整。將滑鼠移向欄選取器右側雙擊滑鼠左鍵，Access 會以字元數調整寬度。

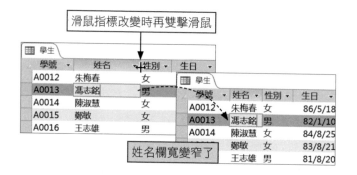

調整欄位順序

「資料工作表」的欄位順序，可依照自己的需求進行調整。例如，將學生資料表的「性別」欄位移到「姓名」欄位左側。

範例《CH04A》調整欄位順序

Step 1 延續前面步驟的操作，確認「學生」資料表為資料工作表檢視模式。

Step 2 ❶ 滑鼠移向性別欄處，指標變成 ⬇ 時，按滑鼠左鍵做選取；❷ 按住滑鼠左鍵拖曳到姓名欄左側（學號、姓名欄之間的黑色粗線表示預視位置）；放開滑鼠後，性別欄位已移到第 2 欄。

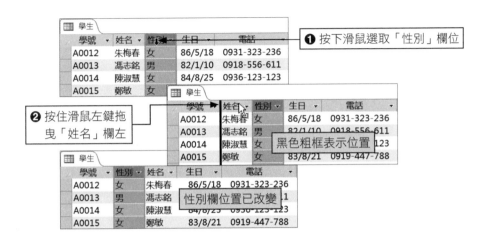

4.1.3 設定版面

　　常用索引標籤中**文字格式設定**群組的各項設定，能豐富資料工作表的外觀。除了靠左、置中和靠右的對齊方式，會改變所選取欄位的對齊之外，其餘的指令會改變整個資料工作表的外觀。簡介如下：

① 字型：按「字型」右側的 ▼ 鈕，會有字型選單，一經選定整個資料工作表的字型會改變。

② 字型大小：按「字型大小」右側的 ▼ 鈕，能用來改變整個資料工作表的字級。

③ 設定字型樣式：包含「粗體 B」、「斜體 I」、「底線 U」等。

④ 字型色彩：按右側的 ▼ 鈕能展開調色盤，點選某一色彩，可以變更整個資料工作表的文字顏色。

⑤ 背景色彩：同樣在指令右側有 ▼ 鈕來展開調色盤，選取某個色彩會改變資料工作表的奇數列的背景色。

⑥ 對齊方式有三種：靠左、置中、靠右；設定後會變更整欄的對齊方式。

⑦ 格線：按下指令後，會有四種格線樣式可供選擇。

⑧ 替代資料列色彩：按下指令右側 ▼ 鈕，有調色盤可供選擇，選定後資料工作表的偶數列背景色會有不同的顏色。

⑨ 對話方塊啟動器：滑鼠左鍵按下後，會進入「資料工作表格式設定」交談窗。

下述練習就以**文字格式設定**群組的指令為主體，了解這些指令的作用。

範例《CH04A》變更資料表的格式

Step 1 延續前面步驟的操作，確認「學生」資料表的模式為資料工作表檢視。

Step 2 改變字型「微軟正黑體」及字型大小「11」。

❶ 確認「常用」標籤　　❷ 字型「微軟正黑體」　　❸ 字型大小「11」

Step 3 調整偶數列背景色。按 ❶「替代資料列色彩」右側 ▼ 鈕來展開調色盤，❷ 再以滑鼠點選任一色彩。

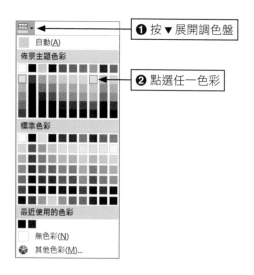

❶ 按 ▼ 展開調色盤

❷ 點選任一色彩

Step 4 啟動對話方塊來設定格線。❶ 以滑鼠選取儲存格效果；❷ 勾選格線的水平方向和垂直方向；❸ 這些色彩設定，可按每個調色盤右邊的 ▼ 鈕來展開；設定效果可透過交談窗的「範例」做查看；❹ 最後按「確定」鈕來完成設定。

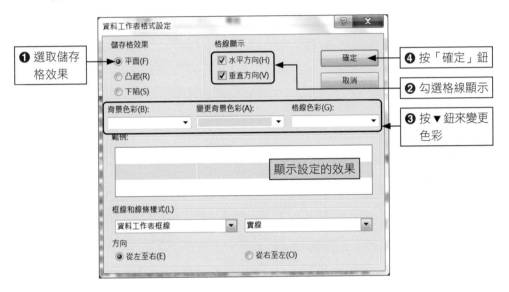

Step 5 要記得儲存設定過的版面，否則關閉學生資料表時，會顯示如下的訊息：

4.1.4 欄位操作

　　過多的欄位可能造成資料工作表畫面的凌亂，隱藏或者凍結某個欄位，是較佳的作法。想要隱藏或凍結欄位，除了利用**常用**索引標籤中**記錄**群組的「其他」指令外；插入點移向欲隱藏或凍結欄位，利用滑鼠右鍵的快顯功能表也能達到相同效果。

範例《CH04A》隱藏、回復欄位

Step 1 延續前面步驟的操作，確認「學生」資料表以資料工作表檢視開啟。

Step 2 隱藏「備註」欄位。❶ 在「備註」欄位上按滑鼠右鍵來開啟快顯功能表，❷ 執行「隱藏欄位」指令。

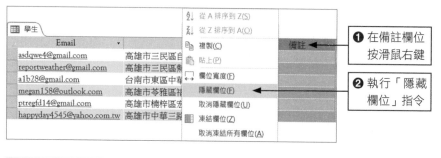

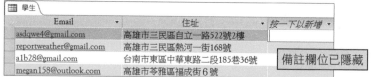

Step 3 回復隱藏欄位。確認**常用**索引標籤下，❶ 展開**記錄**群組的「其他」指令選單；❷ 再點選「取消隱藏欄位」指令，進入其設定交談窗。

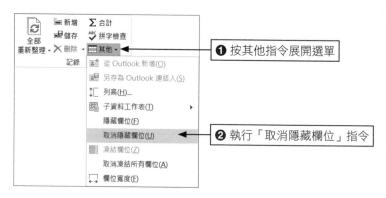

Step 4 以滑鼠重新 ❶ 勾選「備註」欄，再按 ❷「關閉」鈕來結束交談窗。

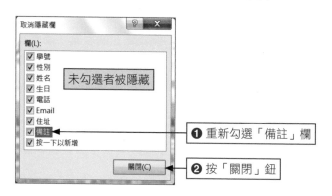

凍結欄位

　　當資料工作表欄位很多時，閱覽時會很不方便！除了欄位隱藏，凍結欄位亦是好方法。捲動資料工作表時，被凍結的欄位會自動移向視窗左邊並維持位置不動。「凍結欄位」指令同樣使用**常用**索引標籤中**記錄**群組的「其他」指令，從展開的選單中取得；要注意的地方，取消凍結的欄位並不會回復到原來位置，需以拖曳方式調整欄位順序。

範例《CH04A》凍結學號、電話欄位

Step 1　延續前述步驟，確認「學生」資料表是資料工作表檢視模式。

Step 2　凍結「學號」欄位。❶ 插入點先停留在「學號」欄位；**常用**索引標籤下，❷ 拉開**記錄**群組的「其他」指令選單，滑鼠左鍵單擊 ❸「凍結欄位」指令。

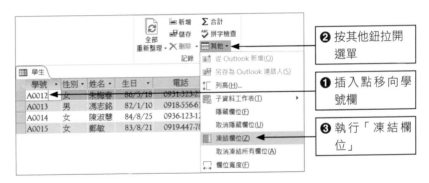

Step 3　凍結「電話」欄位。❶ 滑鼠移向「電話」欄位，按下滑鼠右鍵來開啟快顯功能表，❷ 執行「凍結欄位」指令。

學號	電話	性別	姓名	生日
A0012	0931-323-236	女	朱梅春	86/5/18
A0013	0918-556-611	男	馮志銘	82/1/10
A0014	0936-123-123	女	陳淑慧	84/8/25
A0015				

被凍結移向第2欄

學號	電話	住址	備註
A0012	0931-323-236	高雄市三民區自立一路522號2樓	
A0013	0918-556-611	高雄市三民區熱河一街168號	
A0014	0936-123-123	台南市東區中華東路二段185巷36號	
A0015	0919-447-788	高雄市苓雅區福成街6號	

捲動時，學號和電話欄會維持最左側

Step 4 消取欄位的凍結。確認**常用**索引標籤下，❶ 展開**記錄**群組的「其他」指令選單；❷ 再點選「取消凍結所有欄位」指令。

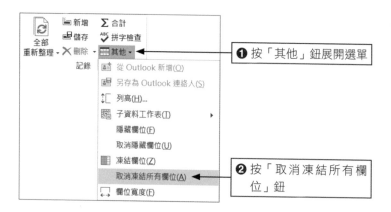

可以仔細觀察，第一次凍結「學號」欄位時，右側會有垂直的粗黑線；做第二次「電話」欄位凍結時，粗黑線移向電話欄右側，執行「取消所有欄位凍結」指令時，粗黑線就會清除，而學號欄位會保持在第二欄的位置。

4.2 異動記錄

每個資料工作表會因為資料的特性而有不同用途，資料表的每一筆記錄也會因為資料的進進出出，不斷地進行新增（Add）、更新（Update）、刪除（Delete），這就是資料的異動。

4.2.1 瀏覽記錄

資料工作表會以表格形式呈現資料，由於擁有眾多記錄，所以列選取器會有一個記錄指示器，標示記錄指標停留於某一筆記錄。那麼資料工作表中，記錄要如何移動？透過鍵

盤方向鍵的「向上 ↑」或「向下 ↓」，記錄選取器則會向上或向下移動，或者滑鼠直接點選某一筆記錄任何一個欄位，就是把記錄選取器移向此筆記錄。

「記錄瀏覽鈕」位於資料工作表左下方，除了說明記錄指標停留於那一筆記錄上，尚有其他按鈕來標示資料狀況，如下圖【4-2】。

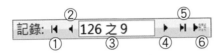

圖【4-2】 記錄瀏覽按鈕

① 第一筆記錄：記錄指標移向第一筆記錄；當記錄選取器停留在第一筆，「上一筆記錄」按鈕不會有作用。

② 上一筆記錄：記錄指標會移向目前記錄的上一筆。

③ 目前記錄：顯示目前記錄總筆數，「126 之 9」表示總共有 126 筆記錄，「9」顯示記錄指標停留於第 9 筆。

④ 下一筆記錄：記錄指標會移向目前記錄的下一筆。

⑤ 最後一筆記錄：記錄指標移向最後一筆記錄；當記錄選取器停留於最後一筆，「下一筆記錄」按鈕不會有作用。

⑥ 新增一筆記錄按鈕：表示記錄指標正準備新增一筆記錄。

「資料工作表檢視」要取得輸入焦點，最簡便的方法就是把滑鼠移向某一筆記錄，按下左鍵形成插入點，讓此筆記錄變成目前記錄。操作時可配合鍵盤按鍵，其功能以表【4-1】簡介。

按鍵	執行動作
↑↓	移動向上、向下方向鍵來取得目前記錄
←→	使用向左、向右方向鍵來移動欄位
Tab 或 Enter	向右移動一個欄位

按鍵	執行動作
Shift + Tab	向左移動一個欄位
Home	插入點停留在某欄位：此欄位開頭 欄位值呈選取狀態：此筆記錄第一欄
End	插入點停留在某欄位：此欄位結尾 欄位值呈選取狀態：此筆記錄最後一欄
Ctrl + Home	第一筆記錄的第一個欄位（欄位值是選取狀態）
Ctrl + End	最後一筆記錄的最後一個欄位（欄位值是選取狀態）

表【4-1】 鍵盤按鍵

4.2.2 新增記錄

「新增」（Add）就是把資料增加到所有記錄的後面。Access 2016 提供二種方式新增記錄。

1. 使用資料工作表輸入資料。

2. 匯入外部資料（請參考《12.3.2》章節）。

首先，先瞭解如何在資料工作表中新增資料？完成下表【4-2】的輸入。

日期	姓名	系所	科目名稱	學分	選必修	任課老師	上課教室
2017/2/8	宋雅慧	資工系	應用英文	3	必	Joyce Haughey	E203
2017/2/12	金田二	資訊媒體系	網路資料庫	2	選	Kathy Simpson	W202

表【4-2】 待輸入資料

範例《CH04B》新增記錄

Step 1 啟動範例，「選課單」資料表為資料工作表檢視。

Step 2 插入點移向「日期」欄位，可輸入日期或 ❶ 點選來展開選單，❷ 再以滑鼠選取所要的日期。

Step 3 按 Tab 鍵移至下一個欄位，依序輸入姓名，再按 Tab 鍵移向系所欄位，❶ 透過下拉式清單來 ❷ 選取系所名稱。

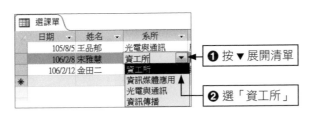

Step 4 由於科目名稱輸入的欄位值與前一筆記錄相同，使用「Ctrl +'（單引號）」來取得其值。

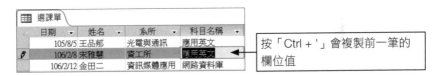

Step 5 「選必修」欄位是一個「是 / 否」的邏輯值，以勾選來表示必修。

系所	科目名稱	學分	選必修	任課老師
光電與通訊	應用英文	3	✓	Joyce Haughey
資工所	應用英文	3	✓	Joyce Haughey
資訊媒體應用	網路資料庫	2		Kathy Simpson

以勾選表示「必修」

如何知道資料已儲存

Access 2016 以記錄為儲存單位，輸入資料過程中，從資料工作表最左側的「列選取器」來判斷資料是否已經儲存。

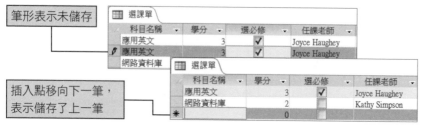

圖【4-3】 筆形表示資料未存

如圖【4-3】所示,插入點停留在「任課老師」欄位,未按下【Enter】鍵,而左側「列選取器」可看到筆形圖案;表示資料是暫時存放在記憶體,而非電腦中的硬碟。按下【Enter】鍵後,筆形圖案不存在的當下,表示資料已被儲存。而插入點移向下一筆,列選取器顯示「*」形符號,表示正要新增一筆資料。

輸入資料的快速鍵

Access 2016 提供快速鍵,讓重複性資料,能加快處理速度,下表【4-3】是常用的設定值。

快速鍵	作用
Ctrl + '(單引號)	在欄位中,插入與上一筆資料相同的欄位值
Ctrl + ;(分號)	在欄位中插入日期
Ctrl + :(冒號)	在欄位中插入時間
Ctrl + -(減號)	刪除滑鼠游標所在的記錄
Ctrl + +(加號)	滑鼠游標移向新記錄
Ctrl + Alt + 空白鍵	插入欄位的預設值
Ctrl + Enter 鍵	在簡短文字或長文字欄位插入新行

表【4-3】 快速鍵

4.2.3 更新記錄

更新的動作是以某筆記錄的某個欄位值為對象,例如:學生資料表中,羅霖的電話有誤,須改為「0939-963-880」。由於修改的對象是儲存格的值,也有二種方式:

■ 選取儲存格後,重新輸入的資料會取代原來的值。

- **修改儲存格部份內容**：選取儲存格，按 F2 鍵進入編輯狀態，再移動方向鍵到修改處，輸入新值取代。

T I P S 隱藏多個欄位按鍵【F2】的作用

選取儲存格後：

- 儲存格為文字資料：按第 1 次【F2】鍵，插入點會移向字元末端；按第 2 次【F2】鍵，會將儲存格內容反白 (選取整個儲存格資料)。

- 儲存格資料若含設定格式，如電話號碼：按第 1 次【F2】鍵，第 1 個字元呈反白；按第 2 次【F2】鍵，會將儲存格內容全選。

範例《CH04B》更新記錄

Step 1 延續前一個範例，關閉「選課單」並開啟「學生」資料表為資料工作表檢視。

Step 2 由於只修改部份內容，利用 F2 按鍵。❶ 當指標形成白色箭頭，選取電話欄的儲存格；❷ 按鍵盤 F2 鍵會選取儲存格的第一個數字；❸配合向右方向鍵 ➡，移至倒數第 2 個數字；❹ 再輸入數字「80」會覆蓋原有的數值。

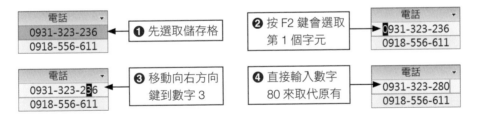

Step 3 輸入新資料來取代舊有的資料。由於金田二的電話有誤；❶ 選取儲存格後，直接輸入新的值 ❷「0912-457-632」(設有遮罩精靈，只要把數字輸入即可)。

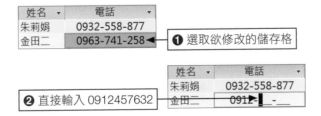

Step 4 請記得儲存檔案。

4.2.4 刪除記錄

刪除的作用是把不適用的資料剔除。因此,可能是針對一筆或多筆記錄來執行。為了不破壞原有的資料表結構,先將員工資料表複製後,再說明刪除的程序。

複製資料表

資料表複製時,它有三種選擇來產生不同的結果。

- **只有結構**:表示只複製資料表的欄位名稱及相關屬性的設定,不包含記錄。
- **結構和資料**:將欄位名稱、相關屬性設定、所有記錄都會複製到新的資料表。
- **新增資料至現存資料表**:將現有記錄複製到指定資料表。

範例《CH04B》複製資料表

Step 1 複製選課單資料表。在 ❶「選課單」資料表按滑鼠右鍵,開啟快顯功能表,❷ 執行「複製」指令。

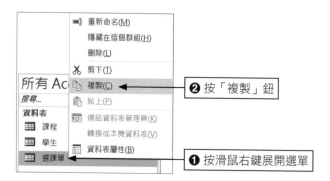

Step 2 在 ❶ 功能窗格空白處,按滑鼠右鍵來展開快顯功能表,❷ 再執行「貼上」指令。

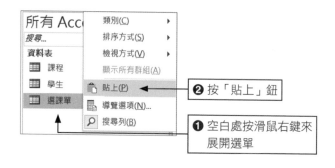

Step 3 ❶ 資料表名稱輸入「刪除記錄」，❷ 貼上選項使用預設值「結構及資料」；❸ 按「確定」鈕結束設定。

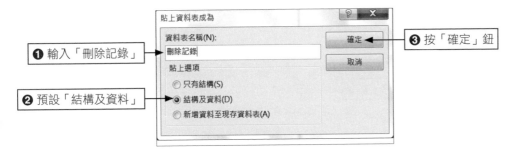

❶ 輸入「刪除記錄」

❷ 預設「結構及資料」

❸ 按「確定」鈕

Step 4 功能窗格加入一個「刪除記錄」資料表。

刪除一筆記錄

　　當記錄被刪除時就無法再復原；所以按下「刪除」指令，會顯示一個刪除記錄的交談窗來提醒使用者。此外，要刪除記錄時，得將整列選取，否則「刪除」指令無法有作用。要注意的是若資料型別採用「自動編號」，並不會因為某一筆記錄被刪除，下一筆記錄會隨著刪除而自動調整其編號。

範例《CH04B》刪除一筆記錄

Step 1 延續前述操作，將「刪除記錄」資料表開啟為資料工作表檢視。

Step 2 刪除第二筆記錄；滑鼠移向列選取器，當指標形成 ➡ 時，單擊滑鼠左鍵來選取整列記錄。

刪除記錄					
日期 ▾	姓名 ▾	系所 ▾	科目名稱 ▾	學分 ▾	選必修
105/8/21	王品郁	光電與通訊	資料庫系統管理	3	✓
105/8/23	王品郁	光電與通訊	程式設計(一)	3	✓
105/8/23	宋雅慧	資工所	應用英文	3	✓
106/2/8	宋雅慧	資工所	應用英文	3	✓

選取第 2 筆記錄

Step 3　執行刪除指令。切換**常用**索引標籤，❶ 找到**記錄**群組的「刪除」指令，會彈出交談窗；❷ 按「是」鈕，會把第二筆記錄刪除。

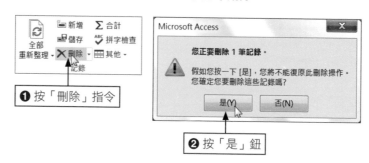

❶ 按「刪除」指令

❷ 按「是」鈕

TIPS 　按【Delete】鍵也能刪除記錄

- 選取某一筆記錄，使用鍵盤【Delete】鍵，也會開啟「刪除記錄」交談窗，詢問使用者是否要進一步刪除記錄。

刪除多筆記錄

如果要刪除連續的多筆記錄；配合列選取器先選取多筆記錄，再執行刪除程序。例如，把「刪除記錄」資料表的第 3~5 筆記錄進行刪除。

範例《CH04B》刪除多筆記錄

Step 1　❶ 滑鼠以拖曳方式來選取第 3~5 筆記錄，並按下滑鼠右鍵來開啟快顯功能表，❷ 執行「刪除記錄」指令。

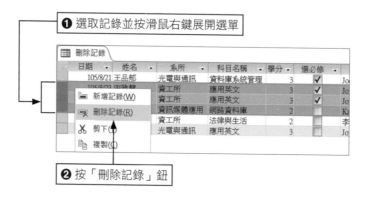

❶ 選取記錄並按滑鼠右鍵展開選單

❷ 按「刪除記錄」鈕

Step 2　同樣會彈出警告窗來提醒使用者，按「是」鈕就會刪除這 3 筆記錄。

4.3 將資料排序

資料工作表中的記錄是依鍵入順序來顯示，為了方便資料的查看，可針對資料的需求來進行排序。Access 2016 是以資料表設定的主索引為排序依據，若是沒有設定主索引，會以原始資料為排序依據。執行排序有二種選擇。

- **遞增排序**：資料由小而大。若為數字，則數字小的排在前面，若為英文字母，則是 A~Z，不過並不區分大小寫；中文則以筆劃少的為開頭。

- **遞減排序**：資料由大而小。

如何將資料工作表的記錄進行排序？位於**常用**索引標籤下，**排序與篩選**群組命令鈕，如圖【4-4】所示。

圖【4-4】 排序使用的指令

4.3.1 簡易排序

排序中最簡便的方式就是以單一欄位為對象，只要選取某一個儲存格，再按圖【4-4】的遞增排序或遞減排序命令，就能產生排序效果。如何進一步判斷欄位已產生排序！已排序欄位，觀察欄位名稱右側會多了一個箭頭向上（遞增）或向下（遞減）的小小符號來說明此欄位處於排序狀態，而欄位名稱本身會填滿色彩，由下圖【4-5】說明。

圖【4-5】 識別欄位的排序

範例《CH04C》單一欄位做排序

Step 1 開啟範例，「學生」資料表開啟為資料工作表檢視，功能區切換為**常用**索引標籤。

Step 2 將「姓名」欄位以遞增排序。❶ 插入點移向姓名欄任一儲存格；❷ 按**常用**標籤下，**排序與篩選**群組的「遞增」指令。

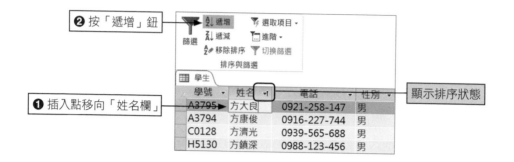

4.3.2 解除排序

進行排序的欄位必須予以解除，資料工作表才能回復原狀。若排序的對象是單一欄位，「移除排序」指令就能解除排序。若為多欄位排序，得進入查詢視窗，執行「清除格線」指令。

範例《CH04C》清除排序

Step 1 延續前面步驟的操作，確認「學生」資料表為資料工作表檢視；功能區已切換為「常用」索引標籤，執行**排序與篩選**群組的「移除排序」指令即可。

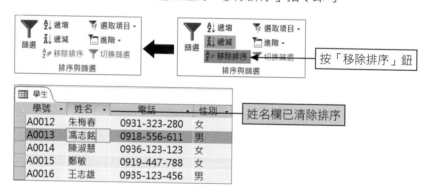

4.3.3 多欄位排序

多欄位排序是指排序對象是多個欄位；例如：學生資料表想要以性別和生日分做遞增、遞減排序；須從「性別」開始，再進行「生日」的排序。由於是多欄位排序，必須透過「排序與篩選」命令群組的『進階』命令，進入「查詢設計」視窗。

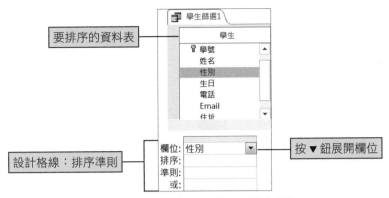

圖【4-6】 進入篩選／排序視窗

　　圖【4-6】是 Access 2016 提供的查詢設計視窗（詳細內容請參考章節 8-1-3），此處只用來執行篩選或排序。視窗分為二部份：上半部會顯示欲篩選或排序的資料表，例如：學生資料表；下半部稱為「設計格線」，有四列：欄位、排序、準則、或。

- **欄位**：欲排序的欄位；按欄位右側的 ▼ 鈕，展開欲排序資料表的欄位清單，再以滑鼠選取。

- **排序**：同樣有下拉式選單來選擇遞增或遞減；或者選擇「不排序」。

- **準則**：配合運算子做條件設定。

範例《CH04C》多欄位排序

Step 1　延續前面步驟，確認「學生」資料表為資料工作表檢視，功能區已切換為「常用」索引標籤。

Step 2　執行排序指令。滑鼠移向**排序與篩選**群組的 ❶「進階」指令，展開選單後，再以滑鼠左鍵單擊 ❷「進階篩選／排序」指令。

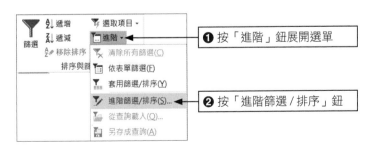

Step 3 產生「學生篩選1」視窗：設定欄位「性別、生日」的排序。視窗下方欄位，按
▼鈕來展開欄位選單，❶ 以滑鼠選取「性別」欄；做「遞增」排序；❷ 第二欄
為「生日」做 ❸「遞減」排序，❹ 再按功能區**排序與篩選**群組的「切換篩選」
指令。

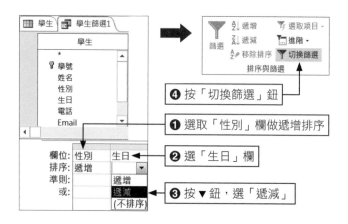

Step 4 檢視排序結果。性別、生日欄分別有一個向上↑和向下箭頭↓的排序符號。

Step 5 清除排序：❶ 執行「移除排序」指令 ❷ 讓資料工作表恢復原有設定。

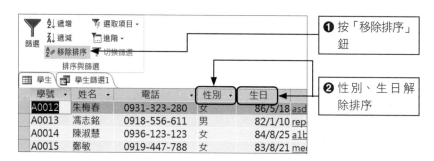

步驟說明

⊃ 步驟 3：按「切換篩選」命令，其實是「套用篩選」；畫面會轉換成學生的「資料工作表檢視」。

⊃ 步驟 5：雖然按「移除排序」鈕，但「學生篩選 1」依然停留在視窗上，表示排序狀態依然存在，它會保留到學生資料表關閉為止。

Step 6 執行清除格線指令。❶ 先切換到「學生篩選 1」，再按功能區，**排序與篩選**群組的 ❷「進階」指令來展開選單，❸ 再按「清除格線」鈕。

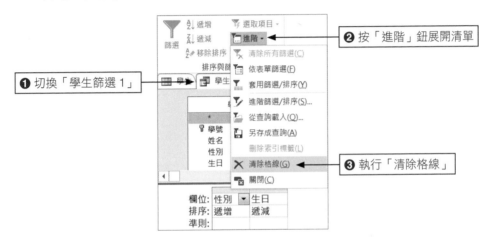

Step 7 雖然已解除了排序，不過這個臨時的查詢視窗會一直保留，直到學生資料表被關閉為止。

4.4 依欄位值篩選

　　篩選的作用是讓資料經過特定條件的搜尋之後，剔除不符合條件，只顯示篩選後的資料。這裡以一般篩選、依選取範圍篩選和表單篩選來闡述篩選的概念。

　　「篩選」指令位於**常用**標籤的**排序與篩選**群組中；若要移除篩選，最快速的方法就是按下狀態列「　▼ 已篩選　」鈕或是「排序與篩選」群組命令鈕的「▼ 切換篩選」鈕。「切換篩選」鈕在篩選狀態下，是執行「移除篩選」；若是一般狀態則是執行「套用篩選」。當按鈕為灰色狀態（沒有作用），則表示沒有設定任何篩選條件。

4.4.1 一般篩選

　　一般篩選是依據欄位值篩選出符合條件的資料。除了資料類型為「OLE 物件」外，皆能產生篩選。除了**常用**標籤下，**排序與篩選**群組中的「篩選」指令，資料工作表檢視中，每個欄位名稱右側也有 ▼ 形的篩選鈕，按下滑鼠左鍵會展開篩選清單，不同的欄位值會產生不同的欄位清單。

- **篩選特定的值**：篩選清單中，「全選」（全部勾選）是預設值，顯示所有欄位值，某一個欄位值取消勾選則不會顯示；要篩選特定的值，可以從展開的篩選清單中核取某一個值，例如：☑ 方大良，就會篩選出有關的記錄。

- **篩選值範圍**：篩選特定的值，依據特定範圍來找出指定的值，不過它會因資料類型做區別。由於「姓名」欄位屬於簡短文字，所以篩選範圍就有：等於、不等於、開始於、不開始於、包含、不包含、結束於、不結束於。

操作步驟中，會因選取值而產生不同的篩選條件，常見準則説明如下：

- **等於 "方大良"**：以「方大良」為篩選值，找出『等於 "方大良"』的欄位值。
- **不包含 "方大良"**：同樣地以「方大良」為篩選值，找到的欄位值會排除「方大良」。
- **開始於 "方"**：表示篩選的欄位值，要找出姓氏為「方」的學生。
- **結束於 "良"**：表示篩選的欄位值，結尾有「良」這個字。

範例《CH04D》一般篩選

Step 1 開啟範例，將「學生」資料表切換為資料工作表檢視，功能區已切換為「常用」索引標籤。

Step 2 將欄位「性別」依欄位值「女」進行篩選。❶ 按性別欄位右側的 ▼ 來展開篩選單；❷ 按一下滑鼠左鍵來取消全選的勾選；❸ 再以滑鼠勾選「女」；按 ❹「確定」鈕來執行篩選；找出 41 筆記錄。

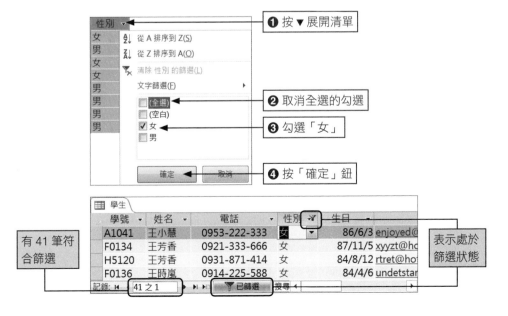

Step 3 移除篩選。按狀態列的「已篩選」鈕會暫時移除篩選。它只是暫時移除了目前的篩選值，篩選狀態依然存在，只要再按一次「切換篩選」就會執行『性別 = "女"』的篩選。

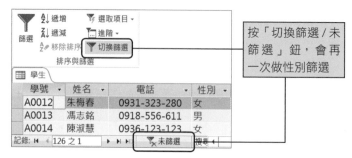

Step 4 使用文字篩選找出姓氏為「陳」的所有學生。❶ 按「姓名」欄位旁 ▼ 鈕來展開篩選清單；❷ 按「文字篩選」開啟下層選單；❸ 執行「開始於」指令。

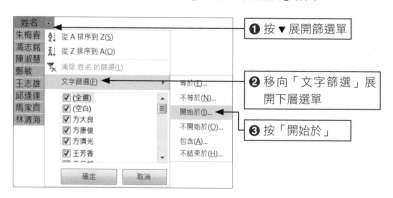

Step 5 進入自訂篩選交談窗；❶「姓名 開始於」輸入『陳』；按 ❷「確定」鈕完成設定；會篩選出 11 筆姓氏為「陳」的記錄。

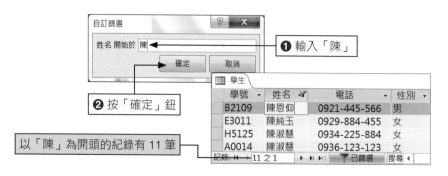

Step 6 移除篩選。同樣地按狀態列的「已篩選」鈕來移除篩選值。

4.4.2 選取範圍篩選

「依選取範圍篩選」表示篩選時，欄位值須有一筆符合的資料才能執行。它能依據儲存格選取的範圍，或者將不同的條件累加，執行不同範圍的篩選。另一種方式就是以整個欄位值作為篩選的條件，找出與此欄位值相同的記錄。此外，欄位值選取的位置不同，篩選項目展開的篩選值也不相同，由下表【4-4】說明。

選取欄位值的開始	選取中間欄位值	選取欄位值的結尾
高雄市 三民區	林 **清** 海	1997/5/ **18**
開始於 "高雄市"	包含 "清"	結束於 "18"
不開始於 "高雄市"	不包含 "清"	不結束於 "18"
包含 "高雄市"		介於 "18"
不包含 "高雄市"		

表【4-4】 篩選值依欄位值的選取

範例《CH04D》依選取項目做篩選

Step 1　延續前述操作，確認學生資料表已移除篩選。

Step 2　選取「志」字元產生選取項目。❶ 先選取姓名「馮志銘」的『志』字；❷ 再按**排序與篩選**群組的「選取項目」指令來展開項目值，❸ 再執行「包含 "志"」指令；會篩選出 7 筆記錄。完成後記得移除篩選，才能繼續後述的練習。

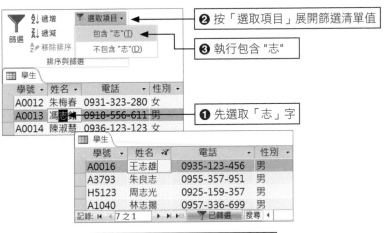

找出 7 筆記錄，名字中有「志」者

Step 3 找出住址不屬於「高雄市」。❶ 先選取住址的『高雄市』；❷ 再按**排序與篩選**群組的「選取項目」指令來展開項目值，❸ 再執行「不包含 "高雄市"」指令，共篩選出 45 筆住址不是高雄市的記錄。

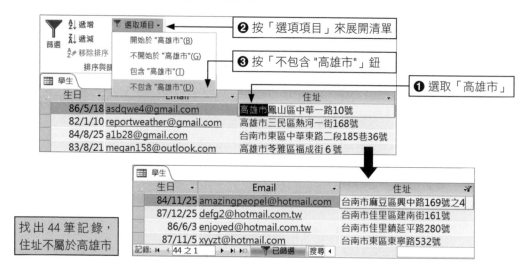

找出 44 筆記錄，
住址不屬於高雄市

Step 4 找出生日日期「25」者。❶ 選取生日欄，日期『25』；❷ 執行排序與篩選群組的「選取項目」指令展開其項目值；❸ 選取「結束於 25」指令；篩選出 19 筆記錄。

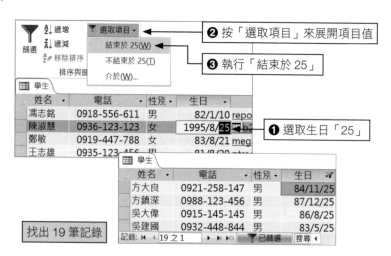

找出 19 筆記錄

Step 5 為了不影響後續的操作，執行「清除所有篩選」命令。❶ 按**排序與篩選**群組的「進階」指令來展開清單；❷ 執行「清除所有篩選」指令。

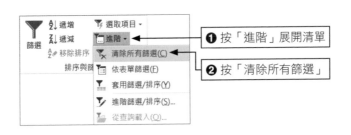

4.4.3 依表單篩選

Access 2016 提供「依表單篩選」，讓欄位值變成篩選值，配合下拉式清單做選取；依據自己喜好，設定多個條件來執行篩選。使用「依表單篩選」必須配合運算子，才能篩選出更多的內容，運算子簡介於下表【4-5】。

運算子	說明	運算子	說明
>	大於	<	小於
>=	大於等於	<=	小於等於
=	等於	< >	不等於

表【4-5】 條件運算子

此外，位於同列的欄位所下的篩選條件，視同使用「And」運算子；表示篩選時要找出符合第一個儲存格的篩選值，才能找出第二個儲存格的篩選值，依此類推。

範例《CH04D》表單篩選

Step 1 延續前述範例的操作；關閉學生資料表。開啟「課程」資料表為資料工作表檢視，功能區已切換為「常用」索引標籤。

Step 2 依表單篩選。❶ 按**排序與篩選**群組的「進階」指令來展開清單；❷ 執行「依表單篩選」指令。

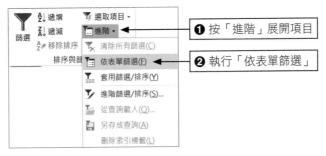

Step 3 進入「課程：依表單篩選」畫面。❶ 展開學分欄的選單，選取「3」；按**排序與篩選**群組的「切換篩選」指令；共找出 18 筆符合篩選值的記錄。

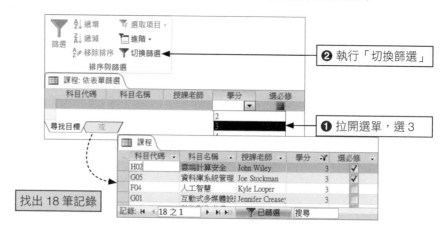

Step 4 移除篩選。按狀態列的「已篩選」鈕或**排序與篩選**群組的「切換篩選」指令。

Step 5 依表單篩選；「學分 = 3」And「選必修 = ☑（必修）」。❶ 選取學分欄清單中的「3」；❷ 勾選選必修欄位；❸ 按**排序與篩選**群組的「切換篩選」指令；共找出 9 筆記錄。

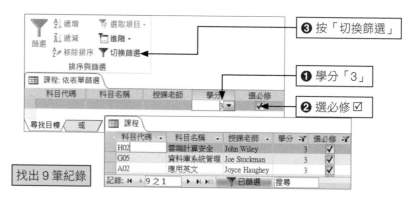

Step 6 為了不影響後續操作，執行**排序與篩選**群組的「進階」指令中的『清除所有篩選』。

「或」篩選條件

　　想要知道學分「3」和「4」有哪些科目，可配合「或」條件。在「表單檢視」畫面中，要將學分「3」和「4」分不同列；做法是先篩選出學分「3」，再切換「或」頁籤，加入第二個篩選條件學分「4」，才能完成上述要求。

範例《CH04D》加入「或」做篩選

Step 1 　延續前述範例的操作；開啟「學生」資料表為資料工作表檢視，功能區已切換為「常用」索引標籤。

Step 2 　依表單篩選：學分「3」或學分「4」；先執行**排序與篩選**群組的「進階」指令的『依表單篩選』。

Step 3 　表單篩選畫面中，❶ 學分欄選取「3」；❷ 切換視窗底部「或」標籤來新增第二個表單篩選，❸ 把學分欄選取「4」；❹ 按「切換篩選」指令；共找出 27 筆記錄。

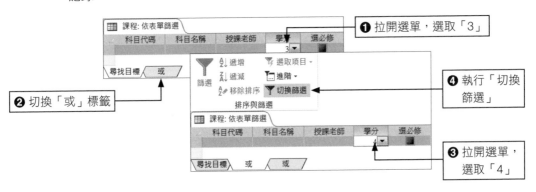

4.4.4 儲存篩選結果

當資料工作表排序、篩選時,為了方便於下一次使用,會保留其查詢準則。若要清除篩選,都要在查詢視窗下,執行「清除格線指令」。如果沒有清除篩選,結束資料工作表檢視時,會顯示一個是否儲存結果的畫面,如圖【4-7】所示。

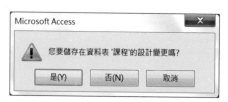

圖【4-7】 執行篩選不做儲存的訊息

- 按「是」鈕,會保留排序或篩選的設定值,此處會儲存依表單篩選的結果。當資料表以「資料工作表檢視」開啟時,只要執行群組命令「排序與篩選」的「切換篩選」(執行套用篩選)命令,就能篩選出所需結果。

- 按「否」鈕,表示不儲存排序或篩選結果,資料工作表會恢復原來內容。

- 按「取消」鈕則是回到原來資料工作表檢視。

自我評量

一、選擇題

( ) 1. 在資料工作表的列選取器上，若該記錄標示為筆形，則表示：❶ 可在此新增一筆記錄 ❷ 已修改完畢，且正在存檔 ❸ 正在修改中，且尚未存檔 ❹ 此列為最後一筆記錄。

( ) 2. 如果要在資料工作表輸入今天的日期，可使用哪一個快速鍵：❶ Ctrl ＋ ＋ ❷ Ctrl ＋： ❸ Ctrl ＋ － ❹ Ctrl ＋；。

( ) 3. 若目前資料表中已經加入 4 筆記錄，則使用自動編號的欄位應為 1~4，如果將第 3 筆記錄刪除後，再新增一筆記錄時，其編號為：❶ 5 ❷ 4 ❸ 3 ❹ 2。

( ) 4. 按下資料工作表的記錄瀏覽按鈕的 ◄|，表示：❶ 移動到第一筆記錄 ❷ 移動到上一筆記錄 ❸ 移動到最後一筆記錄 ❹ 移動到下一筆記錄。

( ) 5. 若將某一個欄位凍結後，再取消凍結，則該欄位的位置會有什麼改變？❶ 回復到原來的位置，且不能移動 ❷ 保持在最左邊，且不能移動 ❸ 回復到原來的位置，但可移動 ❹ 保持在最左邊，但可移動 ❹。

( ) 6. 若希望某個欄位在捲動資料工作表視窗時，能保持不動，可將該欄位設定為：❶ 主索引 ❷ 凍結欄位 ❸ 移至最左邊 ❹ 隱藏欄位。

( ) 7. 直接利用滑鼠在欄選取器的右邊界雙按，即可將該欄位調整為：❶ 標準寬度 ❷ 最適欄寬 ❸ 最小欄寬 ❹ 平均欄寬。

二、填充題

1. 在輸入資料的過程中，列選取器若顯示＊符號，表示＿＿＿＿＿＿＿＿＿＿，若筆形圖案變成了
▶，表示資料＿＿＿＿＿＿＿＿＿＿。

2. 如果選取某筆記錄要進行刪除，可按下鍵盤的＿＿＿＿＿＿鍵，或者工具列的＿＿＿＿＿＿按鈕，也可以執行＿＿＿＿＿＿＿＿＿指令。

3. 將輸入焦點移至欄位中，按下＿＿＿＿＿鍵可選取整個欄位的內容，輸入的資料會取代原有的內容；若只想修改部分的內容，可再按＿＿＿＿＿鍵，將輸入游標移動到要修改的起始位置上作修改。

4. 執行＿＿＿＿＿＿＿＿篩選時，必須有一筆符合條件的資料，篩選才能產生作用。

5. 執行篩選後，如果解除篩選，應執行功能區的 ＿＿＿＿＿＿＿＿＿ 指令或者是狀態列的 ＿＿＿＿＿＿＿＿＿ 指令。

6. 一般篩選時，可勾選 ＿＿＿＿＿＿＿＿＿ 來篩選出相關的記錄，而 ＿＿＿＿＿＿＿＿＿ 是依特定範圍來找出指定的值。

三、問答題

1. 在 Access 資料表中提供哪二種方式來新增記錄？二者有何不同？

2. 請說明資料工作表中「新增」、「更新」、「刪除」的作用為何？

3. 請說明篩選和排序有何不同？

四、實作題

1. 完成第 3 章的資料表建立後，請新增 10 筆資料，並依照下列方式來完成：

   ❶ 新增第一筆記錄，並將第二筆記錄除了姓名之外，以複製方式來完成第二筆記錄。

   ❷ 將學號欄位進行凍結。

   ❸ 將第 6 筆記錄進行刪除動作。

   ❹ 隱藏「國文」、「英文」欄位。

2. 請完成下列的版面設定：

   ❶ 將列高調整為 20，欄寬為「最適」。

   ❷ 將「國文」、「計算機概論」執行遞減排序。

   ❸ 執行篩選，找出英文成績不及格的人數。

姓名	國文	英文	網頁設計	程式語言	計算機概論
陳秀雲	85	86	78	65	88
蔡德旺	80	86	87	78	90
李佳美	62	65	66	65	95
鄭沛思	78	45	78	50	65
吳英誠	65	90	65	45	74
王如花	60	56	88	48	66
許梅雪	65	86	87	66	90
蔡全和	92	65	66	80	95
王玉玲	94	54	67	50	65

05

Chapter

關聯式資料庫

學習導引

➡ 面對關聯式資料庫，談其定義，認識主索引和外部索引、關聯種類

➡ 由功能相依談起，討論資料庫的正規化

➡ 以 Access 2016 資料庫工具「資料表分析」，分割已有記錄的資料表

➡ 建立關聯後，探討資料的參考完整性，和子資料工作表使用

5.1 話說關聯式資料庫

　　Access 資料庫是由多個物件組合，當使用者以 Access 做為資料庫系統的開發時，必須對資料庫的設計流程有所認識。一般而言，設計一個資料庫大概分為二個部份，一個是邏輯設計，將收集的資料轉化為實體的設計；另一個是實體設計，將建置的資料表，以正規化概念檢視資料，初步完成資料庫的建置。

　　由於使用的是「關聯式資料庫」（RDBMS, Relational Database Management System），對於它的運作原理要有更具體的認識，才能以 Access 建置更好的資料庫。

5.1.1 關聯式資料庫的定義

　　關聯式資料庫，當然是以關聯式資料模型來運作，它定義了資料的結構（Data Structure）、資料完整性（Data Integrity）及資料運作（Data Manipulation）。它是一個行列組合的二維表格，每一行（垂直）視為一個欄位，為屬性值的集合，每一列（水平）稱為值組（tuple），就是一般所說的「一筆記錄」。使用關聯式資料庫，須具有下列特性：

- 表格內的屬性值都必須單純化（atomic）；也就是一個儲存格只能有一個數值。
- 每行的名稱都必須有一個單獨的名稱；表示使用的欄位名稱須有獨特性。
- 每列資料不能重覆；表示每筆記錄都是不相同的。

5.1.2 認識關聯名詞

　　關聯式資料庫模型的相關名詞皆是用來說明資料庫系統的相關理論，Access（或 SQL Server）資料庫管理系統（DBMS）會把這些相關名詞通過自己的系統來表達，表【5-1】將它們整理、歸納，讓它們代表的意義更清楚。

Access	關聯式資料模型
表格或資料表（Table）	關聯表（Relation）
資料列（Row）或記錄（Record）	值組（Tuple）
資料欄（Column）或欄位（Field）	屬性（Attribute）
記錄值（Number of Record）	基數（Cardinality）
主索引	主鍵（Primary Key）
符合屬性的值	值域（Domain）

表【5-1】 關聯式資料庫相關名詞

　　想要對關聯式資料庫模型認識多些，以二維表格來組織資料的話，把關聯式資料庫視為一組關聯表（Relations）的集合；而每一個關聯表需要指定關聯表名稱。關聯表的一列是一筆記錄，也是一個「值組」（Tuple），而每一個值組的欄位稱為「屬性」（Attribute）。以屬性值組成的集合，其數目決定了關聯基數。圖【5-1】表示有 3 個基數（或是 3 筆記錄值）；因為是集合，所以關聯表的屬性並不能重複。

　　資料表由欄位名稱、欄位值所構成；換句話說，每個欄位都代表不同屬性的「值域」（Domain）。以圖【5-1】的「科目名稱」欄位來說，是把相同性質的數值集合在一起。不過，值域不能與「資料型別」混為一談，例如：學分是值域，為邏輯概念；而 3 學分是數字，為資料型別，它以實值存在。

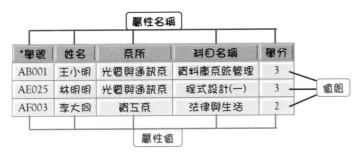

圖【5-1】　關聯式資料庫的基本組件

5.1.3　主索引和外部索引

　　同一實體中，主索引用來識別欄位的值，建立資料庫後，必須為每個資料表設定一個主索引鍵。設定主索引時，可使用一個或多個欄位，要注意的是：

- 設定主索引的欄位值要具有唯一性，而且不能有重覆性。

- 欄位值須有代表性。

　　想想看！最能代表我們個人的是什麼？有人會說：「名字」。可是名字有可能會跟他人相同；有人會講：「身分證字號」，沒有錯！「身分證字號」就符合上述的條件，所以醫院看診時需要它，去銀行開戶也要填寫它。

外部索引（Foreign Key）

外部索引是關聯式資料庫中關聯二個或多個實體的屬性。當某一個實體的主索引鍵也是另一實體的屬性時，無論此屬性或屬性組是否具為主索引鍵，都必須藉助「外部索引」為關聯，才能保護資料的完整性。以圖【5-2】來說，學生資料表的主索引鍵是【學號】，選課單資料表的主索引是【選課序號】，將學生與選課單這兩個資料表建立關聯時，表示學生要有一個欄位與選課單形成對應，所以選課單須設置一個【學號】欄位，此欄位就是一個外部索引。

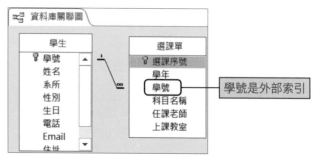

圖【5-2】 關聯式資料庫的外部索引

5.1.4 關聯種類

在關聯式資料庫中，關聯的種類分為三種：

■ **一對一的關聯（1：1）**：一個實體（Entity）的記錄只能關聯到另一個實體的一筆記錄。如一間教室裡只能配置一位助教；相同地，每位助教只能到一間教室做協助。

■ **一對多的關聯（1：M）**：指一個實體的記錄關聯到另一個實體的多筆記錄。就像每位老師能為多位學生上課。

■ **多對多的關聯（M：N）**：指一個實體的多筆記錄關聯到另一個實體的多筆記錄。如同每門課能有多位學生選修，每位學生能選修多門課。

5.2 認識實體關係圖（ERD）

設計資料庫時，最常引用的概念性資料模型就是「實體 - 關係資料模型」（Entity-Relation Model，簡稱 ER 模型），由 M. E. Senko 於 1973 年提出。ER 模型最簡單的說法就是「資料庫的」的設計圖，包含了①實體關聯圖（ERD）、②實體定義書、③屬性定義書三種。

「實體關聯圖」（ERD）是以圖形來表達資料庫的結構。而「實體定義書」是設計系統時須考量的資料數量、每天資料庫進出的資料筆數等；「屬性定義書」則針對邏輯設計的部份做進一步的定義，有哪些資料表？有哪些欄位等。在實體關係圖中，包含了多項圖形符號，表【5-2】先介紹一些常用圖形的方法與意義。

符號	說明
▭	實體描述真實世界的物件，代表欲建立的資料表
◯	屬性描述實體的性質，代表資料表的欄位
◇	關係體，表示一個實體與另一個實體關聯的方式

表【5-2】 ER 模型常用符號

5.2.1 實體和屬性

實體（Entity）用來描述真實世界的人、事、物；一般來說可分成強實體（Strong entity）和弱實體（Weak entity）二種。

- **強實體（Strong entity）**：能單獨存在，以矩形符號表示，例如：選課單。
- **弱實體（Weak entity）**：需要依賴其他實體才能存在，以雙框矩形符號表示，例如：選課明細。由於選課明細是隨著選課單所產生。選課單是強實體，選課明細是弱實體，沒有選課單，選課明細不會發生；如下圖【5-3】。

圖【5-3】 ER 模型的強弱實體

　　屬性（Attribute）用來描述資料實體的本質（Property）或特性（Characteristic）。上述的選課單實體中，包含了學號、姓名、系所、科目名稱等。此外，還可以將屬性概分為簡單屬性、複合屬性、多值屬性和鍵值屬性。

- **簡單屬性（Simple Attributes）**：以橢圓形符號表示不可再分割的屬性，其值域是相同型態的單元值（Atomic）集合。例如：學生實體的電話（圖 5-5）。

- **複合屬性（Composite Attributes）**：由簡單屬性所組成。例如：學生實體的生日，由年、月、日等多個簡單屬性組合；如下圖【5-4】。

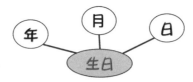

圖【5-4】 ER 模型的複合屬性

- **多值屬性（（Multi-Valued Attribute）**：以雙橢圓符號表示某一個屬性具有一個以上的值。例如：學生實體的住址，有可能是高雄、台北，或其他城市（參考圖 5-5）。

- **鍵值屬性（Key Attribute）**：在實體關係圖中，鍵值屬性是將某一個屬性或多個屬性（以橢圓形符號表示）加上底線以示區別。鍵值屬性通常具有唯一性，關聯式資料庫稱為主索引；如下圖【5-5】的學號。

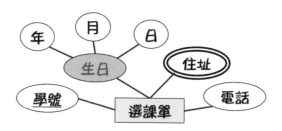

圖【5-5】 ER 模型的實體與屬性

5.2.2　實體關係模式（ER Model）的概念

　　關係（Relationship）模型是指實體間存有自然連接情形，以菱形符號表示；透過 ER Model 工具能描述實體和實體間的關係。依據實體屬性形成的對應，亦可將實體與實體之間的關係分為一對一、一對多及多對多三種。

- **一對一**：最簡單的關係，具有關係的兩個實體中，甲實體的任一實例只能對應到乙實體的單一實例；而乙實體中的任一實例也只能對應到甲實體的單一實例。例如：一個學系配置一位系主任；每位系主任只能管理一個學系；如下圖【5-6】。

圖【5-6】 ER 模型的一對一關係

- **一對多**：具有關係的兩個實體，甲實體的任一實例可對應到乙實體的多個實例；但乙實體的任一實例只能對應到甲實體的單一實例。例如：老師可以教授多門課程，而老師只能選擇一個科目來授課。以 ER 模型表示時「1」代表一對多關係的一，「M」代表一對多關係的多；如下圖【5-7】。

圖【5-7】 ER 模型的一對多關係

- **多對多**：具有關係的兩個實體，甲實體的任一實例能對應到乙實體的多個實例；而乙實體的任一實例也可對應到甲實體的多個實例。例如：每位學生能選購多門課，每一門課也能被多位學生選修，以英文字母「M」和「N」代表多對多的兩方；如下圖【5-8】。

圖【5-8】 ER 模型的多對多關係

如何運用這些 ER 模型？藉由下圖【5-9】選課管理系統，有一個概念性了解。

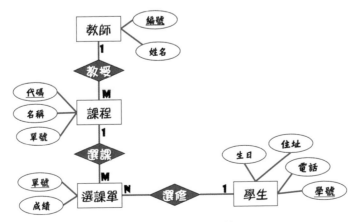

圖【5-9】 選課管理系統 ER

5.3　資料庫的正規化

　　介紹了關聯式資料庫的基本概念後，要對資料庫進行正規化的動作，「正規化」作用是將資料組織，其目的是為了避免重覆性的資料，及維持資料的相依性。為何要避免重覆性資料？範例中使用的選課管理系統，「學生」資料表有學生的姓名，「選課單」資料表同樣也有學生的姓名，假如姓名有誤，表示這二個資料表的姓名都必須進行修改；萬一姓名未做同步更正，會造成資料維護的不便。

　　資料的相依性要如何維持？規劃資料表欄位時，儘可能把性質相關的資料放在同一個資料表，當使用者要查詢學生的姓名時，應該利用「學生」資料表，而不是「選課單」資料表，這樣的資料管理才更具意義。

　　資料庫的正規化可依據系統的需求來進行。在此，只介紹三種正規化；一般而言，資料表須滿足第一正規化的要求後，才能進行第二正規化的資料，滿足第二正規化的要求後，才能進行第三正規化。正規化之間的關係，由圖【5-10】表示。

圖【5-10】　正規化關係示意圖

5.3.1　淺談功能相依

　　在進行資料庫的正規化之前，先來談一談「功能相依」（Functional Dependencies，簡稱 FD）的概念。它是資料庫正規化過程中，每個階段以不同相依性（Dependence）之類型做為分割表格的依據。功能相依是表示資料表中 B 欄位必須和 A 欄位一起存在，稱則A、B 這兩個欄位具有功能相依。以圖【5-11】來說，「課程」資料表，有了科目才有學分和選必修。表示科目決定了學分和選必修。

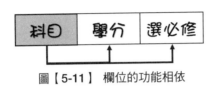

圖【5-11】 欄位的功能相依

功能相依概分三種型式：①完全功能相依（Full Functional Dependency）；②部份功能相依（Partial Functional Dependency）；③遞移相依（Transitive Dependency）。

5.3.2 第一正規化

第一正規化（1NF, First Normal Form）的作用是去除重覆性資料。第一正規化中，須將不同屬性的資料分為不同的資料表。規劃資料表時，可以把資料表分為二大類，一種是基本屬性資料（或稱主資料表），不會隨著時間或空間來增加。選課管理系統中，如學生、課程。第二種是延伸性資料（或稱從屬資料表），會具有時間性或空間性，如選課單資料表。通常是春、秋二季開學才會有選課動作，它可能有時間或空間的限制。資料表如何符合第一正規化的要求，必須達到下列二點：①資料表須設定主索引，②每個欄位只能儲存單一值。

資料表必設定主索引

完成資料表的建置後，必須為每個資料表設定主索引，這也是 Access 2016 資料庫理系統的基本要求，並且規定一個資料表只能設定一個主索引鍵。設為主索引的欄位，能做為資料搜尋或排序的依據。因此，將選課單加入一個「課單序號」欄位為主索引。

課單序號	學號	姓名	系所	科目名稱	學分	選必修	任課老師	教室

表【5-3】 課單序號為主索引

每個欄位只能儲存單一值

所謂「屬性值須為純量」指的是每個欄位只能儲存一個值。表【5-4】選課單是一個非正規化的資料表。有 3 位學生選了課，仔細一看，除了學號、姓名和系所之外，每個欄位都存放了多個資料，這就不符合第一正規化的要求！

課單序號	學號	姓名	系所	科目名稱	學分	選必修	任課老師	教室
1	A1033	宋雅慧	資工系	應用英文	3	必	Joyce Hughley	E203
				資訊研討	2	選	胡文宇	W103
				程式設計（一）	3	必	Annie Sullivan	W508
2	A1036	金田二	資訊媒體系	網路資料庫	2	選	Kathy Simpson	W202
				應用英文	3	必	Joyce Hughley	E203
				資訊研討	2	選	胡文宇	W103
				程式設計（二）	3	必	Kathleen Nebenhaus	W521
3	C0131	王品郁	光電與通訊系	資料庫系統管理	3	必	Joe Stockman	E305
				程式設計（一）	3	必	Annie Sullivan	W508

表【5-4】 選課單原始資料

如何解決上述問題？先將存放在同一個欄位的多個資料變成單一欄位值，表【5-4】修改後如表【5-5】。

課單序號	學號	姓名	系所	科目名稱	學分	選必修	任課老師	教室
1	A1033	宋雅慧	資工系	應用英文	3	必	Joyce Hughley	E203
2	A1033	宋雅慧	資工系	資訊研討	2	選	胡文宇	W103
3	A1033	宋雅慧	資工系	程式設計（一）	3	必	Annie Sullivan	W508
4	A1036	金田二	資訊媒體系	網路資料庫	2	選	Kathy Simpson	W202
5	A1036	金田二	資訊媒體系	應用英文	3	必	Joyce Hughley	E203
6	A1036	金田二	資訊媒體系	資訊研討	2	選	胡文宇	W103
7	A1036	金田二	資訊媒體系	程式設計（二）	3	必	Kathleen Nebenhaus	W521
8	C0131	王品郁	光電與通訊系	資料庫系統管理	3	必	Joe Stockman	E305
9	C0131	王品郁	光電與通訊系	程式設計（一）	3	必	Annie Sullivan	W508

表【5-5】 修改後課選單

5.3.3 第二正規化

第二正規化（2NF, Second Normal Form）的作用是去除部份相依。基本上，第二正規化必須符合第一正規化的要求，經過了第一正規化的執行後，會發現選課單的姓名、系所是相依於學號，與選課單無直接的相依關係，表示要針對這些資料進行第二正規化的動作。

將非相依性的欄位獨立成資料表

第二正規化的目的是為了確立每一個欄位與主索引的相依性，因此將這些非相依性的欄位獨立成資料表。由表【5-5】得知，可以將學號、姓名、分割成一個新的資料表「學生」，再依據第一正規化的要求，設定一個主索引「學號」（學號前上 * 字元），如下表【5-6】。

* 學號	姓名	系所
A1033	宋雅慧	資工系
A1036	金田二	資訊媒體系
C0131	王品郁	光電與通訊系

表【5-6】 學生資料表

建立外部索引

為了讓原來的資料表與新的資料表之間建立關聯。表【5-7】將「學生」資料表的『學號』設為外部索引（欄位前加上 # 符號）。如此一來，就能透過「選課單」資料表的『學號』來取得學生相關資料。

課單序號	# 學號	科目名稱	學分	選必修	任課老師	教室
1	A1033	應用英文	3	必	Joyce Hughley	E203
2	A1033	資訊研討	2	選	胡文宇	W103
3	A1033	程式設計（一）	3	必	Annie Sullivan	W508
4	A1036	網路資料庫	2	選	Kathy Simpson	W202
5	A1036	應用英文	3	必	Joyce Hughley	E203
6	A1036	資訊研討	2	選	胡文宇	W103
7	A1036	程式設計（二）	3	必	Kathleen Nebenhaus	W521
8	C0131	資料庫系統管理	3	必	Joe Stockman	E305
9	C0131	程式設計（一）	3	必	Annie Sullivan	W508

表【5-7】 學號設為外部索引

5.3.4 第三正規化

第三正規化（3NF, Third Normal Form）的作用是去除遞移相依。資料表必須符合第二正規化後，才能進行第三正規化。規劃資料表的欄位時，須思考各欄位與主索引之間有無「遞移相依」（Transitive Dependency）的關係。所謂的「遞移相依」是指兩個欄位間並非直接相依，而是利用第三個欄位來產生資料相依的關係。例如「學分」、「選必修」這二個欄位與「選課單號」（主索引）並非直接相依，它是伴隨「科目名稱」而來！因此得去除這些間接相依的欄位，而分割成一個新的資料表「課程」，並設課程代碼為主索引。

*課程代碼	科目名稱	學分	選必修
A02	應用英文	3	必
B05	資訊研討	2	選
B01	程式設計（一）	3	必
G06	網路資料庫	2	選
B02	程式設計（二）	3	必
G05	資料庫系統管理	3	必

表【5-8】 課程資料表

同樣地，在選課單加入選修課程作為外部索引，來取得「課程」資料表的關聯內容。所以經過一番調整後，選課單會以表【5-9】呈現。

課單序號	學號	選修課程	任課老師	教室
1	A1033	應用英文	Joyce Hughley	E203
2	A1033	資訊研討	胡文宇	W103
3	A1033	程式設計（一）	Annie Sullivan	W508
4	A1036	網路資料庫	Kathy Simpson	W202
5	A1036	應用英文	Joyce Hughley	E203
6	A1036	資訊研討	胡文宇	W103
7	A1036	程式設計（二）	Kathleen Nebenhaus	W521
8	C0131	資料庫系統管理	Joe Stockman	E305
9	C0131	程式設計（一）	Annie Sullivan	W508

表【5-9】 經分割後的選課單

5.4 　分割資料表

　　介紹過資料庫正規化的觀念後，Access 資料庫也有提供類似分割資料表的功能「分析資料表」。它可以將建好資料表分割成數個，再配合資料庫關聯圖產生資料表之間的關聯。

5.4.1　分析 Access 資料表

　　Access 2016 的資料表分析精靈，對於已含有記錄的資料表是一個好用的工具，功能有：

- 分析目前資料表中有哪些欄位應該被分割，以增加資料庫的執行效能。

- 資料表分析精靈提供「自動」或「手動」方式來分割資料表。

- 原有資料表會以「外部索引」與分割後新建立的資料表，自動建立關聯。

5.4.2　將資料表分割

　　Access 的「資料表分析精靈」，位於**資料庫工具**索引標籤下，**分析**群組的「分析資料表」指令。除此之外，「資料庫工具」索引標籤還提供管理資料庫各項命令鈕，包含「資料庫關聯圖」等指令。利用它們將資料表設成數個不重複的資料表，再配合關聯式資料庫的作法，讓兩個資料表之間共同的欄位值產生關聯。使用資料表分析精靈完成資料表的分割，圖【5-12】簡單說明它代表的意義。

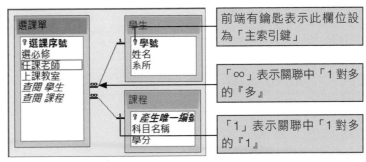

圖【5-12】　完成分割的資料表

　　《Ch05D.accdb》只有一個「分割選課」資料表，利用資料表分析精靈將資料表分割成三個：學生、課程和選課單；完成分割後，原有的「分割資料表」資料表依舊保留。一起實地練習資料表的分割。

範例《CH05D》分割資料表

Step 1 開啟範例《CH05D.accdb》，點選「分割選課」資料表，❶ 切換**資料庫工具**標籤，❷ 再執行「分析資料表」指令。

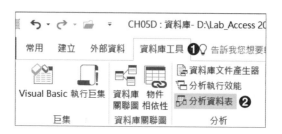

Step 2 進入資料表分析精靈畫面，說明可能產生的問題。連按二次「下一步」鈕移到下一個畫面。

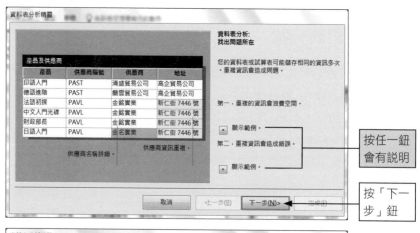

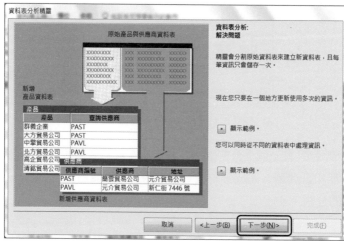

Step 3 ❶ 點選欲分割的資料表；❷ 取消「要顯示簡介頁嗎？」勾選，❸ 按「下一步」鈕。

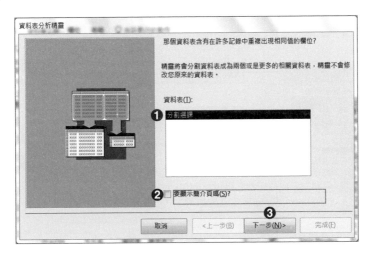

Step 4 以手動來分割資料表。選取 ❶「否，我要自己決定」；❷ 按「下一步」鈕，進入資料表分析精靈交談窗。

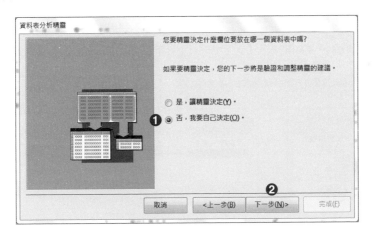

Step 5 進行第一次分割，建立「學生」資料表。❶ 先選取「學號、姓名、系所」欄位向空白處拖曳；當指標變更為 🎴 時，放開滑鼠左鍵，❷ 會開啟「資料表分析精靈」的另一個交談窗，輸入資料表名稱為「學生」；按 ❸「確定」鈕來結束設定。

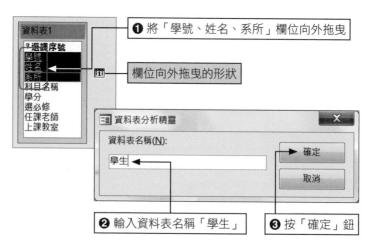

Step 6 將學生資料表的主索引鍵變更為學號。建立學生資料表後，Access 的「資料表分析精靈」會設立一個主索引鍵，不過它不是我們要的；❶ 先選取學生資料表的「學號」，❷ 再按下「設定唯一識別字」鈕，讓學號變更成主索引鍵。

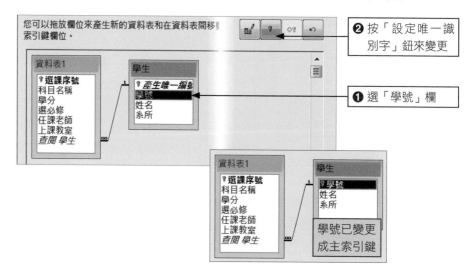

Step 7 做第二次分割,建立「課程」資料表。❶ 先選取「科目名稱、學分」欄位拖曳到空白處;當指標變更為 🖽 時,放開滑鼠左鍵,❷ 開啟「資料表分析精靈」的另一個交談窗,輸入資料表名稱為「課程」;按 ❸「確定」鈕結束設定。

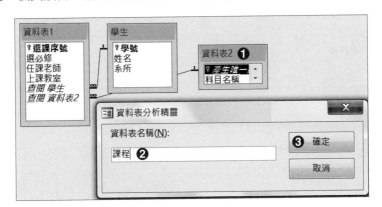

Step 8 把「選必修」欄放入課程資料表;❶ 選取「選必修」,❷ 拖曳到課程資料表。

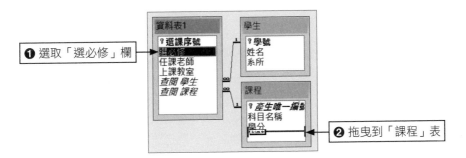

Step 9 將資料表 1 變更為「選課單」資料表。先點選 ❶ 資料表 1;❷ 按「變更資料表名稱」鈕;❸ 進入另一個資料表分析精靈交談窗;輸入資料表名稱「選課單」;❹ 按「確定」鈕來結束更改。

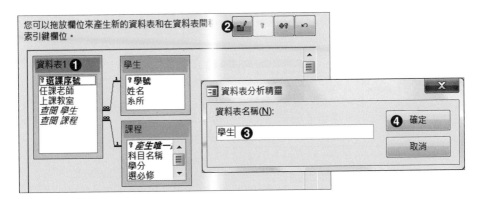

Step 10 分割已大致完成，按「下一步」鈕來進到下一個畫面。

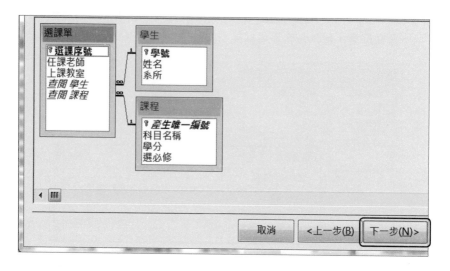

步驟說明

○ 外部索引參考主索引：資料表分割後，分析資料表精靈會以學生、課程的兩個主索引欄位，分別在**選課單**資料表建立「查閱 學生」和「查閱 課程」二個外部索引欄位來產生彼此之間的關聯。

○ 經由「查閱 學生」欄位能取得學生資料，而「查閱 課程」能查閱課程資料表。

Step 11 由於 Access 找到的欄位值非常相似，一一為這些欄位 ❶ 拉開校正欄位右側 ▼，從清單中選取「保留原式」，❷ 再按「下一步」鈕。

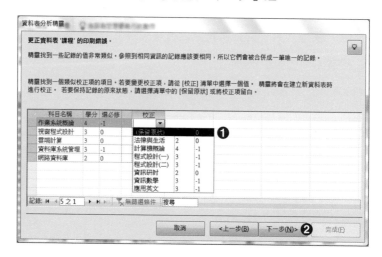

Step 12 準備結束資料表分析。選取 ❶「否，不要建立查詢」，再 ❷ 按「完成」鈕來完成資料表分析。

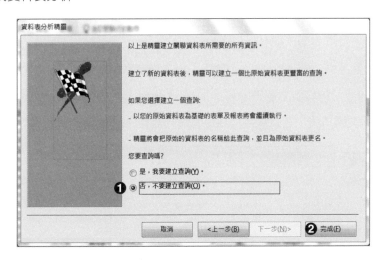

Step 13 最後一個畫面會出現一個適用於 Access 舊版的提示訊息，只要按「確定」鈕，就會回到 Access，完成分割的資料表以資料工作表檢視開啟。

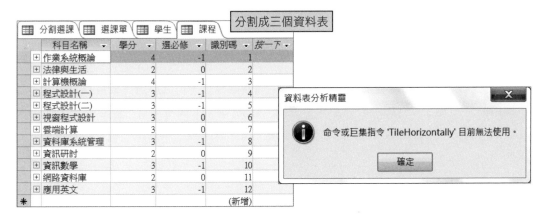

檢視資料表

完成資料表的分割，會發現課程資料表新加入一個「識別碼」欄位；而學生資料表的學號欄位右側多了一個「+」，這是選課單和學生資料表之間，透過外部索引「查閱 學生」欄位所產生的關聯。

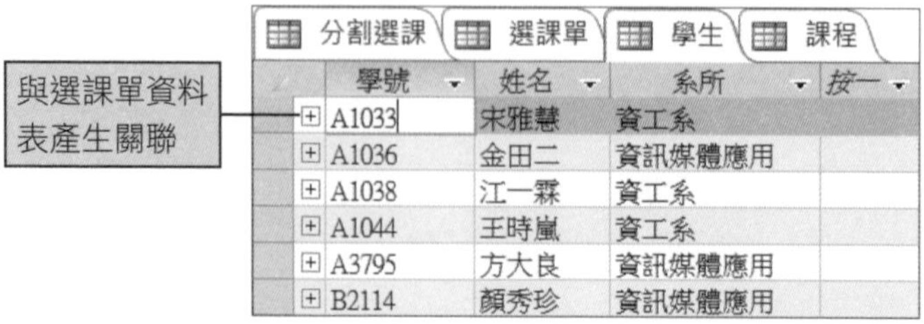

與選課單資料表產生關聯

分割選課	選課單	學生	課程

學號	姓名	系所	按一
A1033	宋雅慧	資工系	
A1036	金田二	資訊媒體應用	
A1038	江一霖	資工系	
A1044	王時嵐	資工系	
A3795	方大良	資訊媒體應用	
B2114	顏秀珍	資訊媒體應用	

切換「選課單」資料表，有二個查閱欄位：「查閱 學生」和「查閱 課程」。以「查閱課程」來說，拉開選單後，可以檢視與課程有關的資料，透過下圖【5-13】。

按「查閱 課程」可檢視課程資料

選課單					
選課序號	任課老師	上課教室	查閱 學生	查閱 課程	按一下以新增
1 Joe Stockman	E305	C0131, 王品郁, 光	資料庫系統管		
2 Annie Sullivan	W508	C0131, 王品郁, 光	科目名稱	學分	選必修
3 李家豪	E208	A1044, 王時嵐, 資	視窗程式設計	3	0
4 Annie Sullivan	W508	A1044, 王時嵐, 資	雲端計算	3	0
5 Joyce Haughey	E203	F0122, 王華光, 光	資料庫系統管理	3	-1
6 Kathleen Nebenhau	W521	F0122, 王華光, 光	資訊研討	2	0
7 Kathy Simpson	W202	F0122, 王華光, 光	資訊數學	3	-1
8 Jodi Jensen	E212	F0122, 王華光, 光	網路資料庫	2	0
9 李家豪	E208	E3013, 朱梅春, 光	應用英文	3	-1

圖【5-13】 查閱 課程欄位可以檢視選課資料

5.4.3 調整外部索引欄位

資料表完成分割後，先調整課程資料表的識別碼欄位。再調整選課單資料表的外部索引欄位的查閱屬性。例如：以外部索引這個「查閱 學生」欄位而言，儲存格只需顯示學生名稱，展開下拉式選單顯示的訊息有些凌亂，進入查閱屬性做調整，讓下拉式選單更簡潔些！

範例《CH05D》調整課程資料表的欄位

Step 1　將選課資料表以設計檢視開啟。❶ 將「識別碼」欄拖曳到第一列；❷ 變更欄名為「科目代碼」。

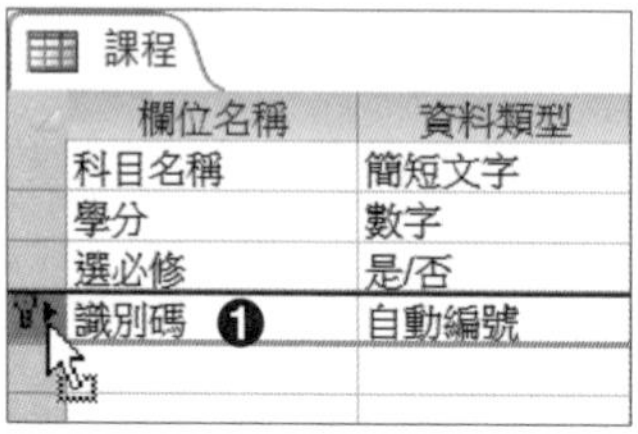

課程	
欄位名稱	資料類型
科目名稱	簡短文字
學分	數字
選必修	是/否
識別碼 ❶	自動編號

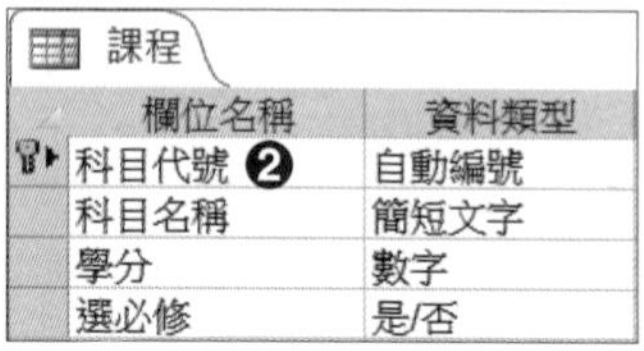

課程	
欄位名稱	資料類型
科目代號 ❷	自動編號
科目名稱	簡短文字
學分	數字
選必修	是/否

Step 2 「選必修」欄位由文字方塊改為核取方塊。❶ 插入點先移向「選必修」欄位，再將下方屬性視窗 ❷ 切換為「查閱標籤」；從展開清單中 ❸ 選取「核取方塊」。

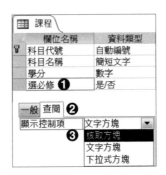

Step 3 將修改後的課程資料表予以儲存後，切換成資料工作表檢視，確認「選必修」欄位能以核取方塊做勾選，儲存後關閉此資料表。

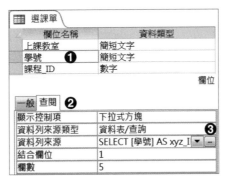

範例《CH05D》修改查閱屬性

Step 1 將選課單以「設計檢視」開啟。❶ 插入點移向「學號」欄位；將屬性視窗 ❷ 切換為「查閱」標籤；❸ 插入點移向「資料列來源」，再按『…』鈕進入查詢設計視窗。

Step 2 調整欄位的勾選；將視窗下方「顯示」列的第一、二欄的勾選取消後，進行儲存
並關閉此查詢視窗回到原有的查閱屬性視窗。

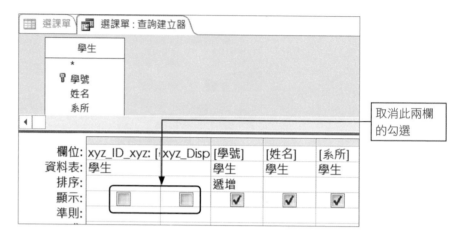

取消此兩欄
的勾選

Step 3 回到「設計檢視」，調整與查閱有關的屬性。❶ 欄數改為「3」；❷ 欄寬則刪除前
2 個，保留 3 個欄位的數值並把第一個設為 0cm，儲存修改結果。

一般	查閱	
顯示控制項	下拉式方塊	
資料列來源類型	資料表/查詢	
資料列來源	SELECT 學生.[學號], 學生.[:	
結合欄位	1	
欄數	3 ❶	
欄名	是	
欄寬	❷	0cm;1.129cm;2.085cm
清單允許列數	8	

步驟說明

⊃ 查詢設計視窗已將顯示的欄位由原來的 5 個變更成 3 個，所以屬性中的「欄數」須
變更成「3」。

⊃ 另一個屬性「欄寬」原有 5 個設定值，修改成 3 個。第 1 個欄寬「0cm」，表示學
生資料表第 1 個欄位「學號」不會顯示於查閱欄位。

Step 4 將選課單切回資料工作表檢視。

只顯示學生的姓名

展開選單可以看到姓名和系所

5.5 建立關聯資料表

已介紹過關聯式資料庫的關聯種類，現在就利用 Access 的資料庫關聯圖建立關聯。建立關聯圖要注意兩件事：

■ 資料表要關閉。編輯關聯時，未關閉資料表時，會顯示如下圖【5-14】的警告視窗。

圖【5-14】 未關閉資料表的警告視窗

■ 編輯資料庫關聯圖時，有可能建立錯誤的關聯，若要刪除關聯，必須按下滑鼠右鍵，透過快顯功能表來刪除關聯。

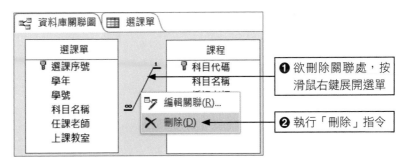

❶ 欲刪除關聯處，按滑鼠右鍵展開選單

❷ 執行「刪除」指令

5.5.1 建立一對多關聯

一對多的關聯:「指一個實體(Entity)的記錄只能關聯到另一個實體的多筆記錄」。表示 A 資料表的一筆記錄能對應到 B 資料表的多筆記錄,而 B 資料表的一筆記錄對應到 A 資料表時只有一筆記錄。

選課管理系統中,一對多的情形就比較多見;資料表中「學生」對「選課單」,同一時間,選課單會記載著多位學生的選課記錄,而每一張選課單只能讓一位學生來填寫。在「資料庫關聯圖」視窗中,如何建立學生和選課單資料表的關聯?表示學生資料表要有一個主索引鍵『學號』欄位,而選課單資料表要有外部索引『學號』欄位可以對應。透過下述範例的練習,建立資料表的關聯。

範例《CH05E》建立資料表的關聯

Step 1 開啟範例《CH05E.accdb》後,功能區 ❶ 切換資料庫工具索引標籤,滑鼠左鍵 ❷ 單擊「資料庫關聯圖」指令,進入資料庫關聯圖的編輯畫面。

Step 2 開啟顯示資料表交談窗。產生資料庫的空白關聯圖之後,功能區會自動加入「關聯工具」,並 ❶ 自動切換設計索引標籤,❷ 按「顯示資料表」鈕,開啟「顯示資料表」交談窗。

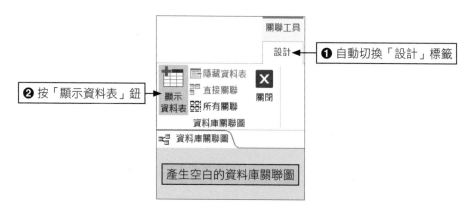

Step 3 在關聯圖中加入資料表。❶ 確認「資料表」標籤；❷ 滑鼠先選取第一個資料表，再按住 Shift 鍵，再點選最後一個資料表，就能選取所有資料表；❸ 按「新增」鈕，資料表加到資料庫關聯圖裡，❹ 再按「關閉」鈕。

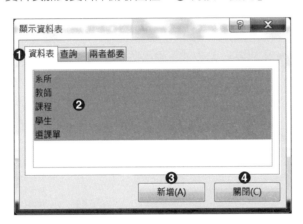

Step 4 編輯資料表的關聯：將 ❶ 學生資料表的「學號」欄位往選課單資料表的「學號」欄位方向拖曳；進入編輯關聯交談窗，❷ 勾選「強迫參考完整性」；❸ 按「建立」鈕。

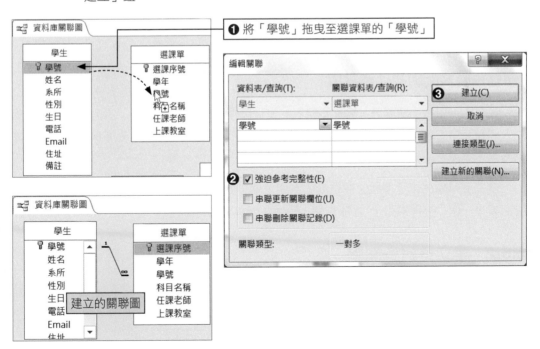

步驟說明

➲ 完成學生與選課單的關聯設定，其中學生這一端所顯示的「1」是一對多關聯中的「一」，選課單那一端「∞」則顯示一對多關聯的「多」。

Step 5 建立其他資料表的關聯。❶ 課程資料表的「科目代碼」與選課單資料表的「科目名稱」；❷ 教師資料表的「教師編碼」與選課單資料表的「任課老師」；❸ 系所資料表的「代碼」欄位與學生資料表的「系所」欄位；請記得將完成設定的資料庫關聯圖儲存。

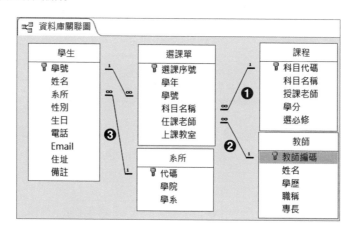

建立一對多關聯的注意事項

建立「一對多」關聯時，會從資料表的主從關係來認定，「主資料」具有獨立性，如學生、課程資料表，「從屬資料」是從「主資料」衍生出來。換句話說，要有學生選修課程才會產生「選課單」資料表。

當主資料學生以『學號』欄位為主索引，關聯到從屬資料選課單的『學號』欄位時，它必須是一個「外部索引」，才能查閱「學生」資料表的有關內容。

5.5.2 建立多對多關聯

一個實體的多筆記錄關聯到另一個實體的多筆記錄。表示 A 資料表的多筆記錄能對應到 B 資料表的多筆記錄，而 B 資料表中亦有多筆記錄對應到 A 資料表的多筆記錄。

選課管理系統中，學生可選修多門課程，課程也能讓不同的學生來選修，表示學生、課程資料表形成多對多關係。可是無法以「資料庫關聯圖」來建立多對多關聯，這二個資料表間須透過「中介關聯表」，此關聯表得包含這二個資料表的參與屬性，而且是以一對多的關聯存在。所謂「中介關聯表」，亦稱為「結合資料表」，要形成多對多的關聯，表示此結合資料表尚須包含「學生」資料表與「課程」資料表的外部索引欄位。

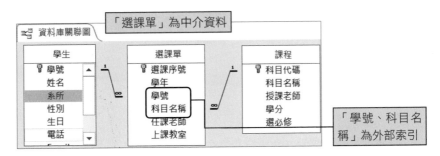

5.5.3 資料的參考完整性

簡單而言，「資料完整性」是指資料庫中運作的資料，能確保它的正確性及可靠性。建立關聯時，有四項須注意：

- **實體完整性（Entity Integrity Rules）**：資料表中設定主索引的欄位不能是空值（null）。

- **參考完整性（Reference integrity Rules）**：建立關聯後，其外部索引不能含有無法對應的欄位值。

- **區域完整性（Domain Integrity）**：為了確保資料在允許範圍內，例如：限制進價欄位的金額在 100~1000 元之間，若輸入超過此範圍的值就會被拒絕，讓資料的取得更為完整。

- **使用者定義完整性（User-defined Integrity）**：表示使用者自行定義，例如：客戶有三次以上的交易記錄，就能享受折扣優待，就可以透過使用者自行定義來確保交易記錄的完整。

以 Access 來說，關聯分為二種：①「暫時性」關聯，只存於查詢物件中，因應查詢需求產生；②「永久性」關聯，這會儲存於「資料庫關聯圖」中，建立表單、報表、或者查詢時，能套用此關聯來維持資料的「參考完整性」。當選課管理系統的選課單資料表新增一筆記錄，其學生必須是學生資料表的學生，才不致於造成日後資料維護的困難。

在 Access 中，要讓建立關聯的資料維持其完整性，有二項要求：

■ 建立關聯的主資料表欄位須為主索引。

■ 建立關聯的二個欄位，「資料類型」與「欄位大小」須相同。A 欄位是簡短文字，B 欄位也必須是簡短文字，否則建立關聯時會出現如下圖【5-15】的警告視窗。

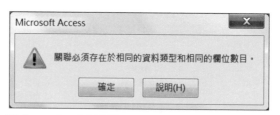

圖【5-15】 建立關聯，欄位的型別不同會發出警告

凡事皆可能有例外。若資料類型為「自動編號」，有三種數字類型：序號、隨機亂數及複製編號。設定「欄位大小」屬性時，可使用『長整數』（數字）建立其關聯。另一個情況是「主資料」的關聯欄位也為「自動編號」，其「欄位大小」屬性設定為『複製編號』時，「從屬資料」的對應欄位，其「欄位大小」屬性允許設定為『複製編號』（同樣是數字）。

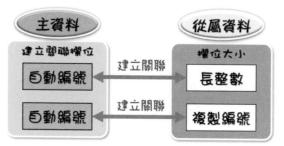

圖【5-16】 建立關聯，自動編號所對應的型別

關聯圖的強迫參考完整性

建立關聯時，位於「編輯關聯」畫面的「強迫參考完整性」也是維護資料完整的一環。如何進入？有二種方法：

■ 切換**資料庫工具**索引標籤，執行「資料庫關聯庫」指令，進入資料庫關聯圖的編輯畫面，當功能區帶出關聯工具的 ❶ **設計**索引標籤時；❷ 先選取某一條關聯線（線條變粗），❸ 再執行「編輯關聯」指令。

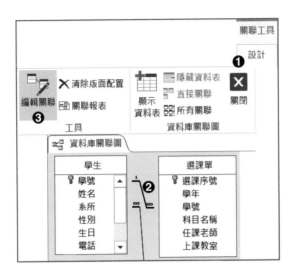

■ 將 ❶ 選取的關聯線按滑鼠右鍵，從展開的快顯功能表執行 ❷「編輯關聯」指令。

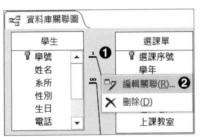

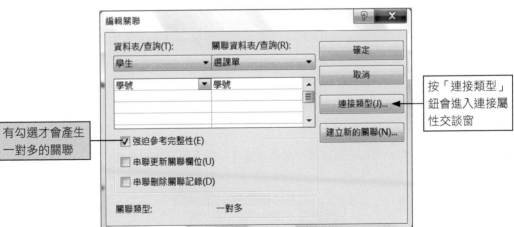

有勾選才會產生
一對多的關聯

按「連接類型」
鈕會進入連接屬
性交談窗

　　無論使用哪種方法，皆會進入「編輯關聯」交談窗。「強迫參考完整性」指的是建立關聯後，能確保二個資料表間資料的完整性。核取 ☑「強迫參考完整性」後，Access 會自動執行二種工作：

- **串接更新**：當主資料的記錄有修改時，會同時更新延伸性資料中的所有相關記錄。

　　未勾選 □ 時相關欄位不會進行更新；被勾選 ☑ 時，「主資料」的主索引鍵被變更時，會將「從屬資料」的主索引更新為新值。

TIPS 　當資料類型為「自動編號」

「主資料」的主索引其「資料類型」為『自動編號』時，核取 ☑ 重疊顯示更新相關欄位是沒有作用的，因為 [自動編號] 的欄位值是無法變更。

- **串接刪除**：當主資料的記錄被刪除時，會同時刪除延伸性資料中的所有相關記錄。

　　未勾選 □ 時相關欄位不會被刪除。被勾選 ☑ 時，「主資料」的記錄被刪除時，其「從屬資料」的相關記錄也會被刪除。進行刪除時，Access 亦會提出警告訊息！

強迫參考完整性的串接類型

　　編輯關聯的畫面中，還有一項設定是「串接類型」，用來設定兩個資料間建立關聯後的『連接屬性』，一般都是使用第一個選項的預設值，如下圖【5-17】所示。

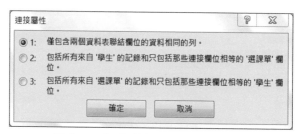

圖【5-17】　資料庫關聯圖的串接類型

　　這些「串接屬性」各有什麼意義？透過下圖【5-18】簡易資料表做說明。

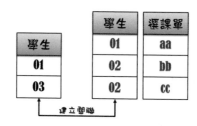

圖【5-18】　建立關聯的資料表

- 「串接屬性」為【僅包含兩個資料表連接欄位的資料相同的記錄】是表示「主資料」記錄（學生）和「從屬資料」記錄（選課單）相同時，才會顯示。

學生	選課單
01	aa

- 第 2 個選項會以「主資料」記錄為主，顯示「學生」的所有記錄，因此「選課單」的有些欄位值可能是空白。

學生	選課單
01	aa
03	

- 第 3 個選項會以「從屬資料」為主，顯示「選課單」所有記錄，因此「學生」的某些欄位值可能是空白。

學生	選課單
01	aa
	bb
	cc

5.6 查閱欄位獲關聯

一般而言，Access 只會在建立關聯的二個資料表間展開維護，如果要讓輸入的資料具有完整性，建議使用「查閱精靈」建立的「查閱欄位」，透過下拉式清單的選取，會更方便！透過建立「查閱欄位」時，Access 會自動產生關聯；若進一步檢視「資料庫關聯圖」，其『強迫參考完整性』也已勾選。

5.6.1 設定查閱欄位

建立關聯的另一個方法，就是使用資料表的「查閱精靈」，先前學過查閱精靈所建立的下拉式選單（請參考章節《3.5.4》）；此處介紹查閱精靈的第二個方法，它引用關聯理論中的外部索引鍵。範例《CH05F.accdb》透過選課單資料表的外部索引鍵「學生姓名」來啟動查閱精靈，完成後 Access 會自動產生關聯。

範例《CH05F》使用查閱精靈的第二種方法

Step 1 開啟範例後,「選課單」資料表切換為『設計檢視』模式,❶ 插入點移向「學號」的資料類型欄位;按 ▼ 鈕來開啟清單,❷ 按「查閱精靈」啟動其畫面。

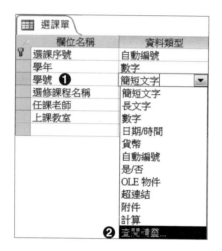

Step 2 進入查閱精靈畫面,❶ 使用預設值「我希望查閱欄位從另一個資料表或查詢取得值」;❷ 按「下一步」鈕。

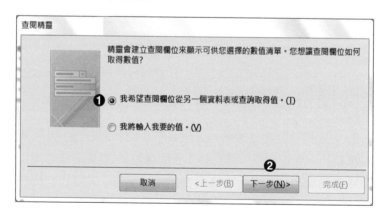

Step 3 選取學生資料表。❶ 以滑鼠左鍵單擊「資料表：學生」;❷ 檢視使用預設值「資料表」;❸ 按「下一步」鈕。

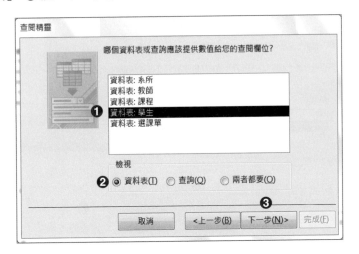

Step 4 從「可用的欄位」選取『學號、姓名』加入到「已選取的欄位」。❶ 選取「姓名」;❷ 按『>』鈕會把已選取的欄位加入到「已選取的欄位」;❸ 按「下一步」鈕。

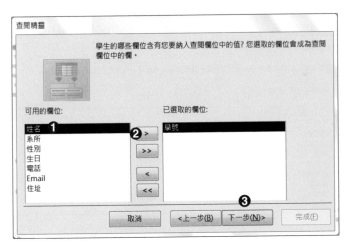

步驟說明

● **>** :將「可用的欄位」已選取的某個欄位,加到「已選取的欄位」。

● **>>** :將「可用的欄位」所有欄位,加到「已選取的欄位」。

● **<** :移除「已選取的欄位」某一個欄位。

● **<<** :移除「已選取的欄位」所有欄位。

Step 5 以學號為排序依據。❶ 按 ▼ 鈕來展開清單，點選「學號」為排序依據，以預設
值 ❷「遞增」為其方式；按 ❸「下一步」鈕。

查閱精靈

清單方塊中的項目要使用哪一種排序順序？

最多可以根據 4 個欄位來對記錄作遞增或遞減排序。

1	學號 ▼	遞增 ❷
	(無)	
2	學號 **1**	遞增
	姓名	
3	▼	遞增
4	▼	遞增

取消　<上一步(B)　下一步(N)> ❸　完成(F)

Step 6 勾選隱藏索引欄，所以不會顯示學號，只有姓名。❶ 確認有勾選「隱藏索引
欄」；❷ 按「下一步」鈕。

查閱精靈

您希望查閱欄位的欄位寬度為何？

要調整欄寬，請將右邊緣拖曳至您想設定的欄寬位置，或按兩下欄名的右邊緣處以自動調整。

☑ 隱藏索引欄 (建議)(H) ❶

| 姓名 |
| 朱梅春 |
| 馮志銘 |
| 邱淑敏 |
| 鄭敏 |
| 王志雄 |
| 邱達達 |
| 馬家齊 |
| 林清海 |
| 周惜 |

取消　<上一步(B)　下一步(N)> ❷　完成(F)

Step 7 ❶ 查閱欄位使用原有的欄名「學號」，❷ 勾選『啟用資料完整性』，會帶出 ❸ 預設值「限制刪除」，❹ 按「完成」鈕；❺ 最後按「是」讓資料表建立關聯。

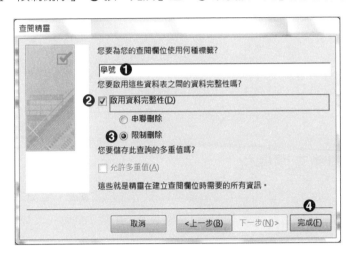

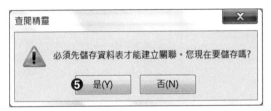

範例《CH05F》檢視查閱欄位的關聯

Step 1 延續前述步驟，關閉選課單資料表。

Step 2 開啟資料庫關聯圖。❶ 切換「資料庫工具」索引標籤；❷ 執行「資料庫關聯圖」指令，會開啟空白的資料庫關聯圖；功能區 ❸ 自動切換「設計」索引標籤；❹ 執行「所有關聯」指令，就可以看到前一個練習的關聯圖。

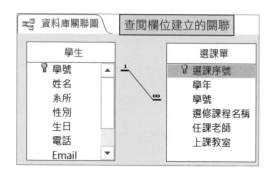

5.6.2 關聯圖和查閱欄位

使用查閱欄位建立的關聯和利用資料庫關聯圖所編輯的關聯，有何不同？使用查閱欄位會提供下拉式清單供使用者選擇；而資料庫關聯圖所編輯的關聯只單純地建立關聯。

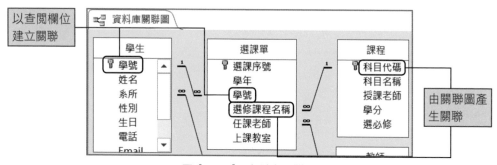

圖【5-19】 資料表關聯圖

以圖【5-19】來說，選課單資料表的「學號」是以查閱欄位和學生資料表的「學號」建立關聯，而選課單的「選修課程名稱」和課程資料表的「科目代碼」則是透過關聯圖來產生關聯。圖【5-20】就可以看到查閱欄位產生的關聯有下拉清單來選擇學生姓名，直接建立關聯的選修課程名稱必須輸入資料。

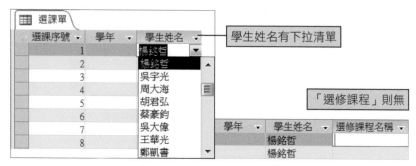

圖【5-20】 查閱欄位有下拉清單

　　那麼這些由資料庫關聯圖中手動建立關聯的資料表，如何變更為下拉式清單？方便於資料的輸入，通常得藉助欄位屬性視窗的查閱標籤。

範例《CH05F》修改查閱屬性

Step 1 將選課單資料表以設計檢視開啟，❶ 插入點移向「選修課程名稱」欄位，將屬性視窗 ❷ 切換成查閱標籤；❸ 按 ▼ 鈕拉開選單後，再以滑鼠點選「下拉式方塊」。

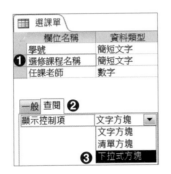

Step 2 展開查閱屬性後，❶ 插入點移向「資料列來源」，再按 ❷ 右側的『…』鈕，進入查詢視窗。

Step 3 加入課程資料表到查詢視窗。從「顯示資料表」交談窗，❶ 確認「資料表」標籤，以滑鼠選取 ❷「課程」；再 ❸ 按「新增」鈕，課程加入到查詢視窗後；再按 ❹「關閉」鈕。

Step 4 加入科目代碼和科目名稱欄位。從查詢視窗下方，欄位列右側，按▼鈕來展開選單，❶ 選取「科目代碼」，❷ 第二欄加入「科目名稱」；儲存後，按視窗右上角的「X」鈕來關閉視窗。

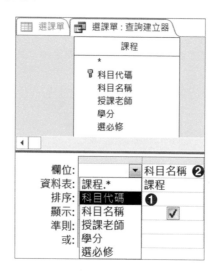

步驟說明

➲ 如果未儲存查詢結果，會彈出如下的警告視窗，要求使用者做儲存。

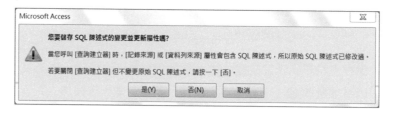

Step 5 回到查閱屬性，修改：❶ 欄數變更為「2」；❷ 欄寬輸入「0; 2.5」；❸ 清單允許列數變更「8」；❹ 限制在清單內，變更「是」。

一般 查閱	
顯示控制項	下拉式方塊
資料列來源類型	資料表/查詢
資料列來源	SELECT 課程.科目名稱 FR(
結合欄位	1
欄數	2 ❶
欄名	否
欄寬	0cm;2.501cm ❷
清單允許列數	8 ❸
清單寬度	自動
限制在清單內	是 ❹
允許多重值	否

Step 6 檢視結果。❶ 切換資料工作表檢視，移向選修課程名稱欄位右側，❷ 按 ▼ 鈕可拉開清單做選擇。

5.6.3 使用子資料工作表

完成關聯後，對於 Access 而言，會有什麼作用？產生關聯的外部資料表，稱為「子資料工作表」，用來顯示關聯部份的記錄。因為在一對多的關聯中，「主資料」為『一』，而「從屬資料」為『多』。在選課管理系統中，「學生」資料表為『一』，「選課單」資料表為『多』；藉由「學生」資料表來檢視「子資料工作表」的內容。

想要知道學生資料表中「朱春梅」選修了哪些課程，應用子資料工作表可以一覽無遺，透過範例來了解。

範例《CH05F》加入子資料表

Step 1 將學生資料表以資料工作表檢視開啟，將學號欄位前面「＋」，以滑鼠按下變成「－」時，會展開子資料表，可以進一步檢視修過的課程。

Step 2 　插入「子資料表」。將游標停留在子資料表「選課單」任一筆記錄上，切換常用標籤，找到記錄群組的 ❶「其他」指令，按下滑鼠左鍵展開選單；滑鼠 ❷ 移向「子資料工作表」來開啟下一層選單；❸ 執行「子資料工作表」指令。

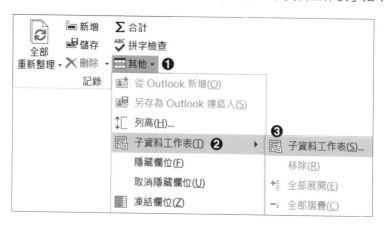

Step 3 　加入子資料工作表「教師」。❶ 確認「資料表」標籤；❷ 選取「教師」；❸ 連結子欄位選取「教師編碼」；❹ 連結主欄位選取「任課老師」，❺ 按「確定」鈕來完成設定。

Step 4 插入教師子資料表後，可以看到某一位任課老師的相關訊息，再按「李家豪」前面的「+」，還可以再展開下一個子資料表，看看有哪些學生選修了這個課程。

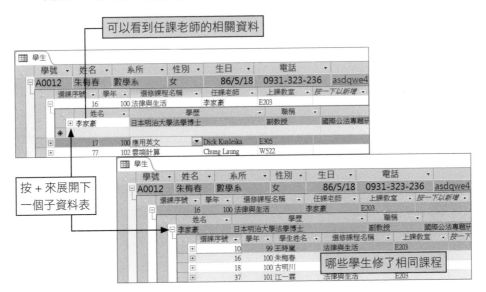

這裡先來回顧一下，學生、選課單、教師資料表的關聯，以圖【5-21】說明。以「＊」表示它是一個主索引鍵，如：學號、選課序號和教師編碼；以「#」表示外部索引，如學生姓名、任課老師。

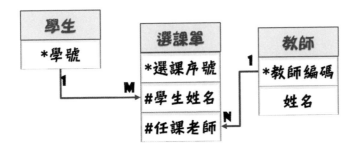

圖【5-21】 學生、選課單、教師的關聯

由學生資料表開始，主索引鍵「學號」展開（+），可以帶進選課單；加入教師資料表，透過「姓名」展開（+），會再帶回選課單，由外部索引「任課老師」，可看到參與此課程的學生。此處不能把建立關聯的「主」、「從屬」資料表與插入「子資料工作表」的觀念混為一談！步驟 3 須設定「連結子欄位」與「連結主欄位」，藉由表【5-10】說明。

	主資料表		從屬資料表	
	資料表	主索引鍵	資料表	外部索引
	學生	學號	選課單	學生姓名
加入子資料表	教師	教師編碼	選課單	任課老師
連結子欄位	教師	教師編碼		
連結主欄位			選課單	任課老師

表【5-10】子資料表與對應欄位

刪除子資料工作表

　　欲移除子資料工作表，必須回到上一層的資料表才能執行移除動作。上一個練習是加入子資料表「教師」，要移除的對象當然是它！而它的上一層資料表是「選課單」，所以須回到「選課單」才能把下層的子資料表移除。

範例《CH05F》移除子資料表

Step 1　接續前一個範例的操作，將 ❶ 插入點移向選課單任一個儲存格；切換**常用**標籤，找到 ❷ **記錄**群組的「其他」指令，展開選單後，滑鼠先移向 ❸ 第一層的「子資料工作表」指令，展開第二層選單後，❹ 按「移除」指令。

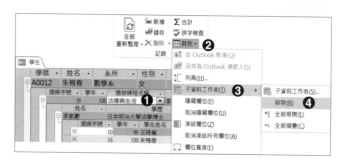

自我評量

一、選擇題

( ) 1. 在實體關係圖中,矩形代表的意義為:❶ 屬性 ❷ 實體 ❸ 關係體 ❹ 候選鍵。

( ) 2. 關聯式資料庫中,資料表的每一列稱為 ❶ 值域 ❷ 屬性 ❸ 基數 ❹ 值組。

( ) 3. 資料表由欄位名稱、欄位值所構成;換句話說,每個欄位都代表不同屬性的 ❶ 值域 ❷ 屬性 ❸ 基數 ❹ 值組。

( ) 4. 在實體關係圖中,菱形代表的意義為:❶ 屬性 ❷ 實體 ❸ 關係體 ❹ 候選鍵。

( ) 5. 在個人資料表中,下列欄位中,設定單一欄位為主索引時,誰最具有代表性:❶ 身分證字號 ❷ 電話號碼 ❸ 姓名 ❹ 生日。

( ) 6.「資料完整性」是指資料庫中的資料在運作時能確保它的:❶ 參考性 ❷ 正確性 ❸ 精確性 ❹ 可靠性(複選)。

二、填充題

1. ER 模型最簡單的說法就是「資料庫的」的設計圖,它包含了三部份:❶ ＿＿＿＿＿＿＿＿＿＿ 、 ❷ ＿＿＿＿＿＿＿＿＿＿ 、 ❸ ＿＿＿＿＿＿＿＿＿＿ 。

2. 實體(Entity)用來描述真實世界的人、事、物,能單獨存為＿＿＿＿＿＿＿＿,賴其他實體才能存在,稱＿＿＿＿＿＿＿＿＿ 。

3. 屬性(Attribute)用來描述資料實體的本質(Property),概分為四種: ❶ ＿＿＿＿＿＿＿＿＿＿ 、❷ ＿＿＿＿＿＿＿＿＿＿ 、❸ ＿＿＿＿＿＿＿＿＿＿ 、❹ ＿＿＿＿＿＿＿＿＿＿ 。

4 在關聯式資料庫中,所謂一對一的關聯是:＿＿＿＿＿＿＿＿＿＿＿＿＿＿＿＿＿＿＿＿＿＿ 。

5. 在關聯式資料庫中,所謂多對多的關聯是:＿＿＿＿＿＿＿＿＿＿＿＿＿＿＿＿＿＿＿＿＿ 。

6. 資料的第一正規化的作用:❶ ＿＿＿＿＿＿＿＿＿＿ 、❷ ＿＿＿＿＿＿＿＿＿＿ 。

三、問答題

1. 請說明設計一個資料庫的流程。

2. 請簡單說明功能相依的概念。

3. 請說明關聯式資料庫具有的特性。

四、實作題

1. 將「學生成績」資料表利用正規化的觀念,將資料表進行分割。

Note

06
Chapter

操作介面 - 表單

學習導引

➡ 認識製作表單的相關群組指令：自動產生表單、表單、分割表單等

➡ 在表單上輸入資料、產生排序，進行篩選

➡ 檢視：表單、版面配置和設計；利用不同檢視，靈活製作表單

➡ 設計檢視下，透過表單的屬性表，連結資料表；配合版面調整控制項

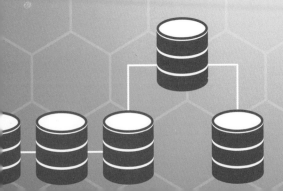

6.1 自動產生表單

Access 2016 提供的表單物件,其操作介面能幫助使用者加速資料的輸入!如何快速產生表單,就從自動產生表單開始吧!產生表單之後,一起認識表單群組指令和能達事半功倍的表單精靈。

6.1.1 表單的運作

表單提供一個使用者介面來控制資料的存取,連結資料表與 Access 應用程式。透過表單輸入資料時,會直接儲存於資料表中,所以使用者能在表單上進行資料的新增、修改、刪除。依據應用程式的需求,擷取某些特定欄位,提供使用者做資料的查詢。一般來說,表單的用途主要可分為三種:

- **提供使用者輸入表單**:這是表單中較常使用,透過表單的輸入介面,提供資料的輸入或顯示。Access 提供的「表單精靈」,或者利用「表單設計」建立此類表單。
- **建立切換表單**:利用表單開啟 Access 應用程式,通常是資料庫設計完成,配合巨集或是模組,執行設定程序或顯示某些資料。
- **依據操作建立自訂對話方塊**:依據應用程式的操作而隨處顯現的訊息對話方塊,也是表單的應用範圍。例如:警告使用者操作產生錯誤或是提醒使用者繼續操作的訊息。

6.1.2 認識表單群組指令

未進入表單操作前,先認識 Access 2016 於建立表單時提供了哪些命令鈕!要產生一個表單,須藉助功能區「建立」索引標籤中『表單』群組命令,而「其他表單」命令,還能建立另類風格表單,如圖【6-1】所示。

圖【6-1】 表單群組提供的指令

「表單」群組提供的指令，説明如下：

- **表單**：能快速產生一個有母、子畫面的表單。
- **空白表單**：顧名思義只提供一個空白表單，在『版面配置檢視』下，使用者能自行決定表單內容。
- **表單精靈**：只要依循步驟提示，就能建立表單。
- **表單設計**：直接進入「設計檢視」，使用者可配合控制項來產生表單內容。
- **其他表單**：提供資料工作表、分割表單和樞紐分析表等。

6.1.3 一指搞定表單

利用「表單」群組指令中的「表單」，和「其他表單」的「多個項目」、「分割表單」指令，快速產生一個表單。產生表單要有資料來源，過程中必須選取某一個資料表，產生的表單會以「版面配置檢視」顯示；透過範例《CH06A》做練習。

範例《CH06A》「表單」建立學生表單

Step 1 開啟範例《CH06A.accdb》，確認功能窗格以「物件類型」顯示。❶ 按功能窗格的 ▼ 鈕展開功能表；❷ 確認「物件類型」已做勾選。

Step 2 快速建立系所表單。❶ 選取系所資料表，❷ 切換「建立」索引標籤，❸ 再執行「表單」指令，就會快速產生一個表單。

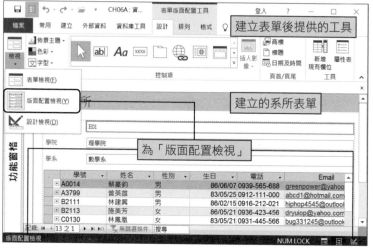

步驟說明

◯ 產生表單後，功能區自動啟用「表單版面配置工具」關聯索引標籤，並切換為設計索引標籤，表單也會以「版面配置檢視」模式開啟；由於設定關聯之故，表單上方是學院和學系，下方是資料工作表，顯示就讀此科系的學生。

Step 3 儲存表單。按快速存取工具列的「🔒 儲存檔案」鈕，進入「另存新檔」交談窗，輸入表單名稱「學生選修課程」；按「確定」鈕完成儲存動作。

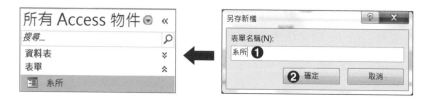

範例《CH06A》以「分割表單」建立選課單

Step 1 使用「分割表單」指令。❶ 切換「建立」索引標籤;❷ 選取「選課單」資料表;❸ 找到表單群組的「其他表單」鈕來展開選單;❹ 執行「分割表單」指令;產生上半部是表單,下半部是資料工作表的「分割表單」。

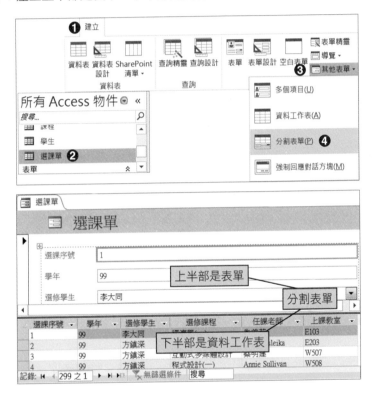

Step 2 移動資料工作表的插入點到第 3 筆,上方的表單也會依據第 3 筆記錄的內容做更新;將檔案儲存為「分割選課單」並關閉之。

TIPS 「表單」和「分割表單」建立的表單並不相同

- 「表單」指令會建立一個有母、子畫面的表單,改變上方母表單的資料,會更新下方子資料表的資料。
- 分割表單的作用是把視窗「分割」成上、下二個;但內容是一致;當下方的記錄指標移到某一筆時,會以不同方法顯示於視窗上部。

範例《CH06A》以「多個項目」建立表單

Step 1 切換「建立」索引標籤並選取「教師」資料表。

Step 2 使用「多個項目」指令。❶ 找到表單群組的「其他表單」指令,展開選單;❷ 執行「多個項目」指令;產生一個能顯示多筆記錄的表單。

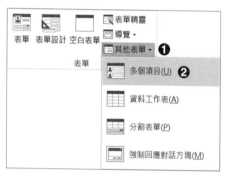

Step 3 儲存表單為「教師多筆」並關閉此表單。

6.1.4 表單精靈

使用表單精靈也是快速產生表單的方法之一。執行「表單精靈」指令會進入「表單精靈」畫面，處理欄位時，共有四個按鈕，説明如下：

- ■ > ：選取「可用的欄位」某個欄位到「已選取的欄位」裡。
- ■ >> ：選取「可用的欄位」所有欄位到「已選取的欄位」裡。
- ■ < ：選取「已選取的欄位」某個欄位歸回到「可用的欄位」中。
- ■ << ：選取「已選取的欄位」所有欄位歸回到「可用的欄位」中。

範例《CH06A》以「表單精靈」建立表單

Step 1 啟動「表單精靈」。點選功能窗格的「學生」資料表，切換「建立」索引標籤；執行表單群組的「表單精靈」指令，進入交談窗。

Step 2 選取學生資料表所有欄位。❶「資料表 / 查詢」確認「資料表：學生」；❷ 按 >> 鈕把所有欄位加到已選取欄位；❸ 按「下一步」鈕。

Step 3 選取版面配置。❶ 表單的版面配置選取「單欄式」；❷ 按「下一步」鈕。

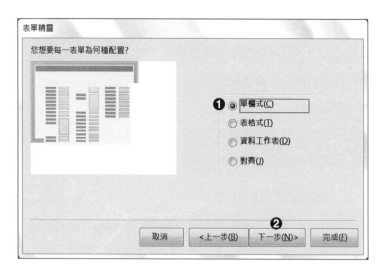

Step 4 ❶ 表單標題以預設值「學生」，❷ 再以預設「開啟表單來檢視或是輸入資訊」來開啟表單，❸ 按「完成」鈕。

Step 5 完成的學生表單會以「表單檢視」顯示，順便查看功能窗格，也多了一個學生表單，表示它已自動完成儲存。

TIPS 以來源資料表為表單標題

一般來說，表單標題會以選取的資料表物件為預設名稱，此處以「學生」資料表為資料來源，表單標題就採用「學生」為預設標題。

表單的其他版面配置

表單精靈亦另外提供三種版面配置：表格式、資料工作表和對齊，除了前述範例所介紹的單欄式，其他的如下圖所列。

學號	姓名	系所	性別	生日	電話	Email
A0012	李大同	地球科學系	男	85/02/08	0921-258-147	amazingpeopel@ho
A0013	方鎮深	資訊工程系	男	87/12/25	0916-227-744	applepie1245@hotn
A0014	蔡豪鈞	數學系	男	86/06/07	0939-565-688	greenpower@yahoo
A0015	何茂宗	資訊傳播學系	男	83/05/04	0988-123-456	defg2@hotmail.com
A0016	謝明達	資訊多媒體應用學系	男	83/10/12	0953-222-333	enjoyed@hotmail.c
A0025	陳淑慧	光電與通訊學系	女	84/08/25	0935-123-456	ptregfd14@gmail.c
A0026	楊銘哲	資訊傳播學系	男	87/12/21	0921-333-666	xyyzt@hotmail.com
A0027	張財全	資訊多媒體應用學系	男	86/08/16	0934-252-528	happyness1515@gn
A0028	施易	資訊傳播學系	男	85/08/02	0914-225-588	undetstand@gmail.

記錄： 126 之 1　無篩選條件　搜尋

圖【6-2】 表格式表單

圖【6-3】 表單是資料工作表版面

圖【6-4】 對齊式表單

6.2 表單的操作

產生表單後,當然要了解如何在表單上輸入資料。首先,先認識表單的操作介面,以圖【6-5】說明。

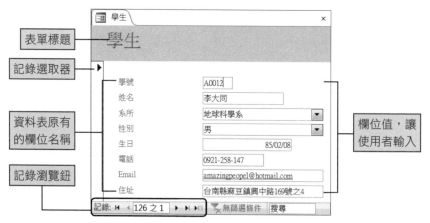

圖【6-5】 表單的操作介面

輸入時,可配合鍵盤的操作,在欄位與欄位之間進行切換。表【6-1】即是一些常用鍵盤按鍵的說明。

鍵盤	說明	鍵盤	說明
Tab 或 Enter	向下一個欄位移動	End	目前記錄最後一個欄位
Shift + Tab	向上一個欄位移動	Page Up	移向上一筆記錄
向下方向鍵 ↓	向下一個欄位移動	Page Down	移向下一筆記錄
向上方向鍵 ↑	向上一個欄位移動	Ctrl + Home	移向第一筆記錄第一欄
Home	目前記錄第一個欄位	Ctrl + End	移向最末筆記錄最末欄

表【6-1】 常用鍵盤按鍵

6.2.1 輸入資料

表單的操作和資料工作表並沒有很大的差異。藉由新增記錄的動作來了解表單所包含的物件。要新增記錄除了可利用功能區的「建立」索引標籤；執行記錄群組的「新增」指令，或是表單底部「記錄瀏覽鈕」，都會新增一筆空白記錄。

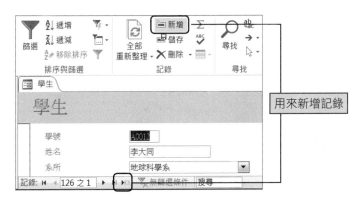

範例《CH06B》以表單新增記錄

Step 1　開啟範例《CH06B.accdb》，❶ 在「學生」表單上雙擊滑鼠或按下滑鼠右鍵，展開快顯功能表，❷ 執行「開啟」指令。

Step 2 按「新（空白）記錄」鈕會新增一筆空白記錄，插入點移向學號欄位，準備輸入資料。

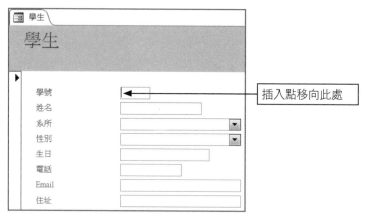

Step 3 輸入資料：學號「B2231」和姓名「郭玉鈴」，按 Enter 鍵可移向下一欄；❶ 插入點第 3 欄，展開系所的下拉式清單，❷ 選取「光電系」。

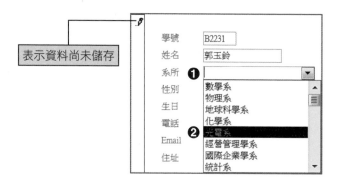

Step 4 繼續資料輸入。❶ 性別以下拉式清單來選取「女」；❷ 生日輸入西元格式「1998/5/8」，按 Enter 鍵會轉換中華民國格式；❸ 直接輸入電話「0988444555」會顯示已設好的輸入遮罩。

Step 5 完成資料的輸入後,按快速存取工具列的「儲存檔案」鈕,就會發現筆形已不存在,記錄由 126 筆變成 127 筆。

6.2.2 產生排序

表單亦有「資料工作表」,其外觀和資料表「資料工作表」大致相同;這說明排序與篩選的動作能在表單上進行。使用的命令還是「常用」索引標籤的『排序與篩選』群組指令。

先將「選課單」資料表利用「表單精靈」來建立表單,再進行排序的演練。

範例《CH06B》產生資料工作表表單

Step 1 啟動表單精靈:選取選課單資料表,切換「建立」索引標籤,執行表單群組的「表單精靈」指令來進入其設定畫面。

Step 2 ❶「資料表 / 查詢」確認「資料表:選課單」;❷ 按 >> 鈕把所有欄位加到已選取欄位;❸ 按「下一步」鈕。

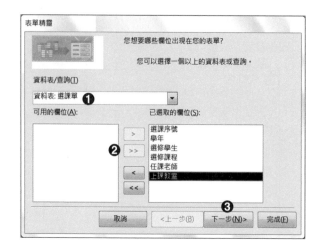

Step 3 選取版面配置。❶ 表單的版面配置選取「資料工作表」；❷ 按「下一步」鈕。

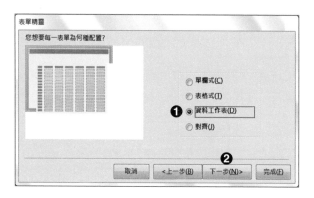

Step 4 ❶ 表單標題以預設值「選課單」；❷ 以預設「開啟表單來檢視或是輸入資訊」來開啟表單；❸ 按「完成」鈕。

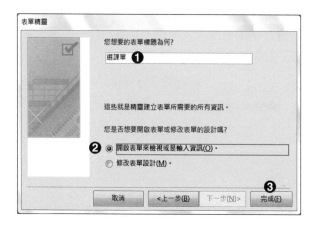

TIPS ▶ **以來源資料表為表單標題**

這裡使用「表單精靈」來產生資料工作表檢視,才有多種檢視模式。如果直接以**建立**標籤**表單**群組中「其他表單」的『資料工作表』指令,它的檢視模式只有資料工作表檢視和設計檢視兩種。

範例《CH06B》產生排序

Step 1 確認「選課表」表單以資料工作表檢視開啟;切換「常用」索引標籤。

Step 2 插入點移向「學年」欄位任何儲存格,執行「遞增」指令,就可以看到「學年」欄位右側多了一個排序記號。

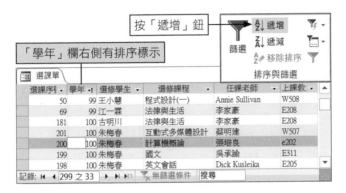

Step 3 移除排序。同樣是常用索引標籤;找到排序與篩選群組的『移除排序』鈕來移除排序。

6.2.3 進行篩選

　　表單的篩選與「資料工作表檢視」的篩選並無軒輊,不同之處在於它會以「表單工具」的資料工作表來帶出相關工具按鈕。一同複習「一般篩選」、「依選取範圍篩選」和「表單篩選」吧!

一般篩選

　　執行一般篩選時,滑鼠移向某個欄位值,按「排序與篩選」群組的「篩選」命令,會列出某個欄位的所有內容,使用者只需勾選欲篩選的某個項目,就能列出相關記錄。篩選時,不但可以資料工作表檢視進行,即使表單檢視下,也是通暢無礙。

範例《CH06B》一般篩選

Step 1 確認「選課單」表單以「資料工作表檢視」模式開啟。

Step 2 找出 99 學年的選課記錄。❶ 按「學年」欄位的 ▼ 展開篩選清單；❷ 先取消「全選」的勾選；❸ 再勾選「99」；❹ 按「確定」鈕。

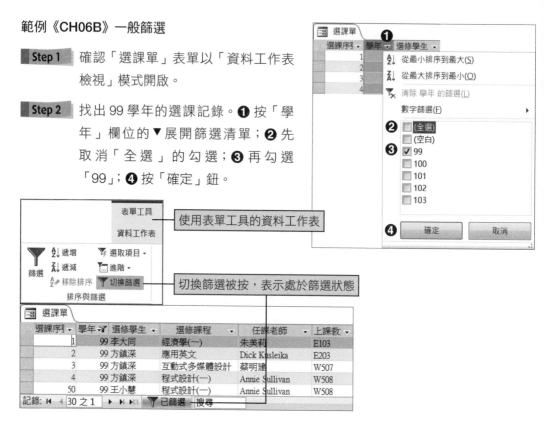

使用表單工具的資料工作表

切換篩選被按，表示處於篩選狀態

Step 3 清除篩選：按排序與篩選群組命令鈕的「切換篩選」命令鈕。

Step 4 將選課單切換為表單檢視。❶ 切換常用索引標籤；❷ 按「檢視」鈕下方的 ▼ 展開選單；❸ 執行「表單檢視」指令。

Step 5 篩選出選修經濟學有哪些學生？ ❶ 插入點先移向「經濟學」欄位；❷ 按**排序與篩選**群組的「篩選」鈕來展開清單；❸ 取消「全選」勾選，只勾選「經濟學（一）」；❹ 最後按「確定」鈕。

Step 6 表示找到 7 筆記錄，移動記錄瀏覽鈕的 ❶ 鈕 ▶（下一筆記錄）來查看選修經濟學（一）的學生；按 ❷「已篩選」鈕來清除篩選。

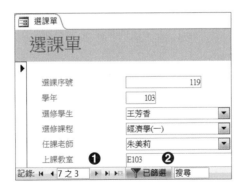

依選取範圍篩選

依選取範圍篩選，是以整個欄位值或是部份欄位值為篩選依據，配合「排序與篩選」群組命令鈕的「選取項目」命令，找出符合條件的記錄。

範例《CH06B》依選取範圍篩選

Step 1 將「學生」表單以「表單檢視」開啟,並已切換為常用索引標籤。

Step 2 找出生日為「1997」年的學生。❶ 插入點移向「生日」欄位;❷ 按「排序與篩選」群組的「選取項目」鈕展開清單;❸ 執行「介於」來展開下一個交談窗。

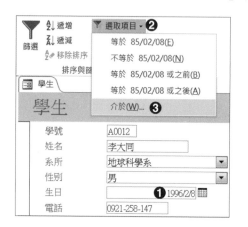

Step 3 ❶ 最舊的輸入「1997/1/1」;❷ 最新的輸入「1997/12/31」;❸ 按下「確定」鈕;結果生日 1997 年有 12 位學生。

Step 4 清除篩選:找到表單下方的「已篩選」鈕,單擊滑鼠左鍵做清除。

依表單篩選

依表單篩選是以表單的欄位值,產生下拉式清單,再選取要篩選的項目;此外,透過「或」索引標籤能不斷地加入篩選條件。

範例《CH06B》依表單篩選

Step 1 確認「學生」表單為「表單檢視」模式並已清除篩選。

Step 2 找出系所為「光電系」或「光電與通訊學系」的學生。切換常用標籤;按「排序與篩選」群組的 ❶「進階」指令展開清單;❷ 執行「依表單篩選」指令,進入其篩選作業。

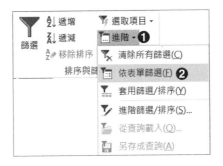

Step 3 「或」第一個篩選。❶ 按系所右側 ▼ 鈕來開啟選單;選「光電系」。❷ 按「或」標籤來開啟第二個表單篩選;❸ 再一次按系所右側 ▼ 鈕來開啟選單;選「光電與通訊系」。

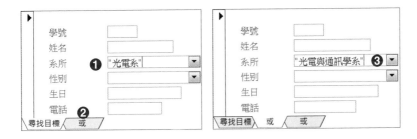

Step 4 取得篩選結果。❶ 切換常用索引標籤;❷ 執行「排序與篩選」群組的「切換篩選」指令;篩選出 19 筆記錄;按「已篩選」來移除篩選。

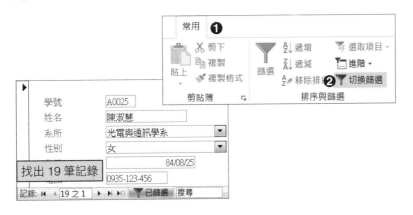

6.3　表單的檢視模式

表單檢視模式有多種，常見的有：表單檢視、版面配置檢視和設計檢視。

- **表單檢視：**預設的開啟模式，能輸入資料，或者依據資料的設定來產生排序及篩選。

- **版面配置檢視：**提供視覺式導引，能直接變更表單外觀；由於控制項會顯示實際內容，調整控制項大小能有所依據。

- **設計檢視：**檢視表單的結構，提供表單區段，能進一步了解控制項的存放位置。

6.3.1　進入檢視模式

使用表單時，除了「表單檢視」之外，尚有其他模式可供切換。「常用」索引標籤的「檢視」鈕，讓使用者在「表單檢視」和「版面配置檢視」切換。

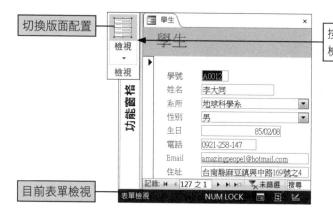

也就是説位於「表單檢視」時，按『檢視』會進入版面配置檢視（由視窗下方的狀態列左側也可以查看其模式）；在「版面配置」模式下，按『檢視』指令，會切換為表單檢視。

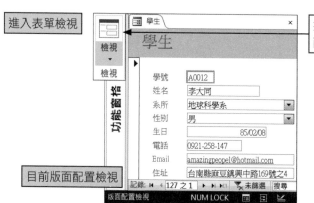

如果要進入表單的「設計檢視」，須按下方 ▼ 鈕來展開清單，選取其他的檢視模式。

產生表單的過程若沒有特別指定，表單檢視、版面配置檢視和設計檢視最為常見。當表單物件進入某一個檢視模式，也能利用視窗底部的狀態列，位於右下角的檢視做切換。

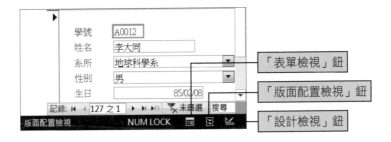

6.3.2 版面配置

「版面配置檢視」能讓使用者以直覺方式來修改表單的外觀。進入「版面配置檢視」，功能區會帶出表單版面配置工具，並自動切換「設計」索引標籤，提供使用者進行表單外觀的調整。

「版面配置檢視」的格式索引標籤能進行字型設定和字型大小調整。

在版面配置下，選取對象可分單一儲存格和所有儲存格，分述如下。

■ **選取單一儲存格**：滑鼠指標改變成 時，按下滑鼠來選取儲存格；被選取儲存格會呈橘黃色外框。

■ **選取所有欄位**：利用「格式」索引標籤的『全選』命令，選取包含標題的所有儲存格。要取消選取，在表單空白處按一下滑鼠左鍵即可。

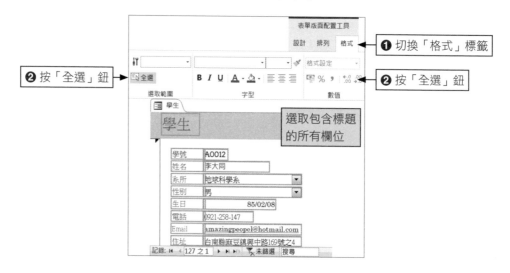

6.3.3 資料工作表檢視

　　表單的「資料工作表檢視」，能讓表單以多筆記錄來呈現其內涵，雖然外觀上與資料表的『資料工作表檢視』一模一樣，但卻各自隸屬不同的資料庫物件。表單的「資料工作表檢視」為表單物件所有，所有的設定均會反應於表單物件中，儲存於表單內，與資料表的「資料工作表」並無任何關係，使用時要注意！

　　「選課單」以「資料工作表」為表單，表示它是表單預設的開啟模式。滑鼠雙擊「選課單」表單時，會以「資料工作表檢視」模式開啟。

選課序號	學年	選修學生	選修課程	任課老師	上課教
1	99	李大同	經濟學(一)	朱美莉	E103
2	99	方鎮深	應用英文	Dick Kusleika	E203
3	99	方鎮深	互動式多媒體設計	蔡明建	W507
4	99	方鎮深	程式設計(一)	Annie Sullivan	W508
5	101	方鎮深	數位影像處理	朱彰彤	W505
6	101	方鎮深	人機系統	Kathleen Nebenhaus	W502

預設檢視為資料工作表

記錄: ◄ ◄ 　299 之 1　 ► ►► ►＊　未篩選　搜尋

　　從檢視清單中，還可以看到選課單多了一個『資料工作表檢視』，不過，可別忘記！它是表單物件的「資料工作表檢視」。

6.4　設計檢視

　　表單的「設計檢視」能進一步瞭解表單的結構。包含表單的屬性表、表單區段等；同樣地，也能針對表單的格式、外觀予以修改。一同巡禮表單的設計檢視！

6.4.1　表單的屬性表

　　表單的屬性表提供表單物件的屬性。例如，產生的表單物件一次只顯示一筆記錄；若要顯示多筆記錄，雖可指定資料工作表檢視；若排除了資料工作表檢視，就得利用表單的屬性表。表單屬性中，其「預設檢視方法」設『單一表單』。若變更為『連續表單』，表示在「表單檢視」下，能同時顯示多筆記錄。

　　如何進入表單屬性表？進入表單的設計檢視後，功能區會自動切換「設計」索引標籤，透過「工具」群組命令的『屬性表』命令；或者滑鼠雙擊「表單選取器」皆能進入表單的屬性表。究竟屬性表能提供哪些屬性？藉由範例《CH06C》探討之。

範例《CH06C》表單屬性表

| Step 1 | 將選課單表單以「設計檢視」開啟。❶ 在選課單上按滑鼠右鍵，開啟快顯功能表後，❷ 執行「設計檢視」指令。 |

| Step 2 | 叫出屬性表。❶ 確認「設計」索引標籤；❷ 按「屬性表」指令。 |

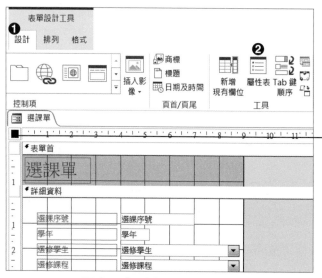

圖【6-6】　表單的設計檢視

Step 3 以多筆記錄顯示。❶ 切換「格式」標籤；❷ 按 ▼ 鈕展開選單，選取「連續表單」；變更為「表單檢視」模式就能看到多筆記錄；設定完成關閉選課單。

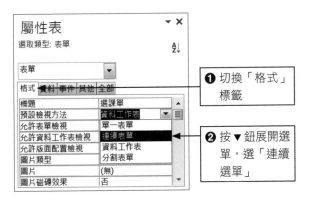

❶ 切換「格式」標籤

❷ 按 ▼ 鈕展開選單，選「連續選單」

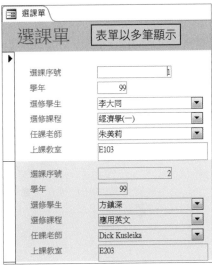

6.4.2 表單區段

進入「設計檢視」後，會發現表單是由不同區段所組成，以圖【6-6】的選課單表單為例，有二個區段：表單首和詳細資料。由於表單也屬於資料庫物件的一環，表單上的區段、控制項也納入物件中，透過「屬性表」能針對表單做更細部的設定（包含表單本身）。表單各區段有何作用？解說如下：

- **表單首 / 表單尾**：表單首及表單尾分別位於表單的最上方及最下方。這二個區段所加入的控制項，其位置固定不變，並不會因表單的捲動而移動。通常使用「表單精靈」產生的表單，最後一個步驟中所加入表單標題，會放在表單首區段。

- **頁首 / 頁尾**：頁首及頁尾只會顯示於設計檢視畫面，當表單的畫面超過一頁時，頁首 / 頁尾才會產生作用。

- **詳細資料**：將來自於資料表的資料或透過查詢產生的資料，利用不同的控制項來顯示其資料內容，會隨表單做上下捲動。位於詳細資料的控制項，以「選課單」表單為例，位於左側的是「標籤」控制項，對應於來源資料的欄位；右側則是「文字方塊」控制項，提供使用者輸入資料，對應於來源資料的欄位值。

使用「表單設計」指令產生的空白表單只含詳細資料區段,其他區段必須進入表單的「設計檢視」,利用滑鼠右鍵的快顯功能表來增加,透過範例說明。

範例《CH06C》表單加入其他區段

Step 1 以「設計檢視」建立空白表單。❶ 切換建立索引標籤;❷ 按「表單設計」指令;進入表單設計檢視,產生一個只有詳細資料區段的空白表單。

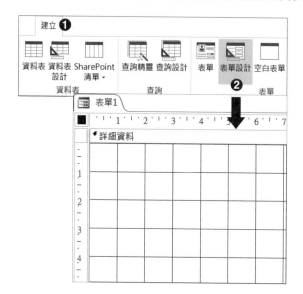

Step 2 加入表單區段。❶「詳細資料」區段按滑鼠右鍵來展開快顯功能表,❷ 執行「表單首/尾」指令。以相同方式加入「頁首/頁尾」區段;❸ 在表單首按滑鼠右鍵展開選單,❹ 執行「頁首/頁尾」指令。

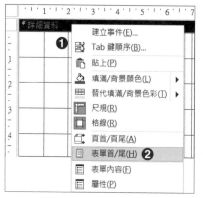
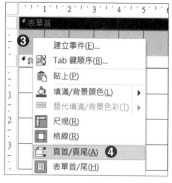

圖【6-7】 表單各區段

➲ 加入的『表單首 / 尾』或『頁首 / 頁尾』區段，若想要移除
某一個區段，在任一區段上 按滑鼠右鍵，從快顯功能表中
取消某一個區段的勾選即可。

按一下滑鼠來取消某區段的顯示

調整表單區段

要調整表單各區段的間距，必須在區段上方的邊界處按住滑鼠，以拖曳方式調整。例如
要將「頁首」與「詳細資料」之間的區段間距加大。將滑鼠移向「詳細資料」區段上方，游
標變成 ✛ 形狀時，按住滑鼠向或向下拖曳，就能縮小或是加大「頁首」區段的間距。

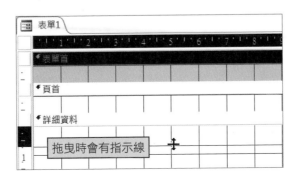

拖曳時會有指示線

一般而言，表單首 / 尾是同時存在，若不想讓表單尾區段佔住空間，可採取下述做法。

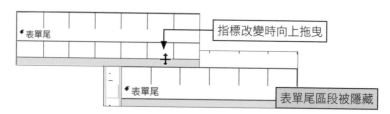

6.4.3　新增現有欄位

表單還是一個空白表單，必須進一步與資料表產生連結，表單上才能加入欄位；透過表單的屬性表，以「記錄來源」與資料表產生連結；在版面配置檢視下，將現有欄位加入表單。

範例《CH06C》以版面配置加入欄位

Step 1　延續前一個練習，只保留表單首、詳細資料和表單尾三個區段；將空白表單由「設計檢視」切換為 ❶「版面配置檢視」，功能區 ❷ 切換為「設計」索引標籤；❸ 執行「屬性表」指令。

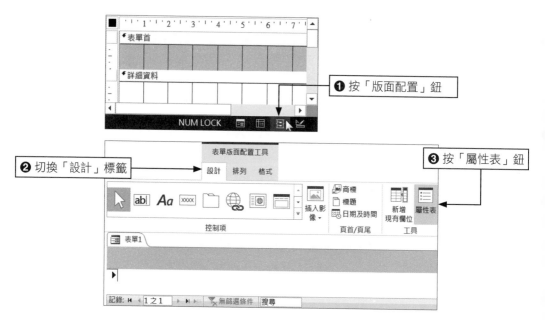

Step 2 開啟表單屬性表；❶ 切換「資料」標籤；❷ 按▼拉開「記錄來源」選單，選取
課程資料表。

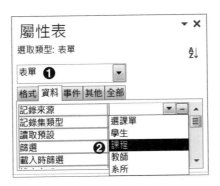

Step 3 執行「新增現有欄位」指令。❶ 切換「設計」標籤；執行工具群組的 ❷「新增
現有欄位」指令。

Step 4 加入欄位。在開啟的欄位清單裡，找到課程，❶ 按住 Shift 鍵選取所有欄位；❷
往空白版面拖曳時會看到矩形紅色虛線框（版面配置框）。

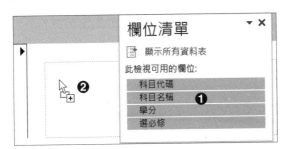

Step 5 調整字型。加入的欄位呈現全選狀態（呈橘黃色外框），❶ 切換「格式」索引標
籤；透過 ❷「字型」群組鈕來調整字型和字體大小。

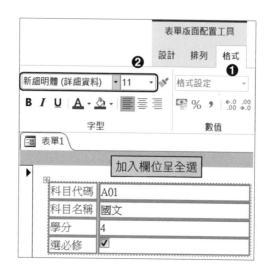

Step 6 加入標題。❶ 確認設計索引標籤；❷ 執行「標題」指令後，表單首區加入 ❸ 標題並修改為「課程」。

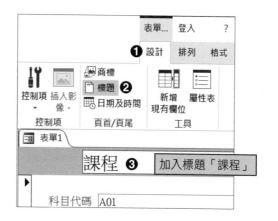

Step 7 儲存表單，名稱為課程。

6.4.4 控制項與版面配置

表單欄位以控制項為主。以課程表單為例，左側欄位名稱是「標籤」控制項，為資料表的欄位名稱；右側則讓使用者輸入文字的文字方塊或選取項目的下拉式方塊控制項。由於加入的欄位清單以版面配置為主，這意味著所有的控制項要配合版面配置的調配，有著牽一髮而動全局的作用！無論是以「版面配置檢視」或「設計檢視」模式，只要調整其中某一個欄寬，全部的欄寬都會跟著改變！

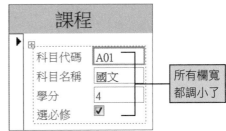

這樣的好處是調整欄位順序時，不會打亂版面！以課程表單為例：想把選必修欄位放到學分上方，還是以「設計檢視」進行！

圖【6-8】說明表單要調整、排列控制項，無論是表單的設計檢視或版面配置檢視皆能提供表單設計工具或表單版面配置工具，它位於排列索引標籤，位置群組的「控制邊界」指令可用來調整文字和控制項的距離；「控制項邊框距離」指令則是用來調整控制項與控制項之間的距離。

圖【6-8】 調整控制項的指令

範例《CH06C》改變欄位位置

Step 1 延續前述範例的操作，將課程表單切換為「設計檢視」，利用「上移」或「下移」來調整控制項位置。

Step 2 ❶ 當指標變成 ➡ 時，再以滑鼠選取「選必修」欄位；❷ 拖曳到「科目名稱、學分」欄位之間（有紅色┝━━━━┥符號）；放開滑鼠後就可以看「選必修」欄位已改變位置。

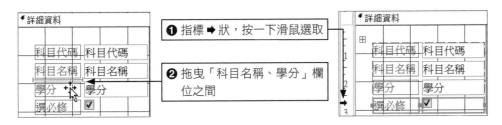

選必修位置已做調整

Step 3 選取控制項,切換表單設計工具的排列索引標籤,執行移動群組的「下移」指令。

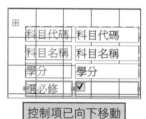

控制項已向下移動

Step 4 ❶ 選取所有控制項後;按「位置」群組的 ❷「控制邊界」指令;展開選單後,執行『窄』指令,調整控制項與邊框的距離;❹ 按「控制項邊框距離」指令,展開選單後;❺ 按『中』指令,拉開控制項與控制項之間的距離。

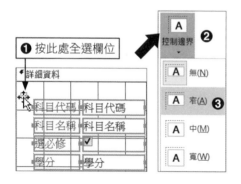

欄位與欄位的間距加大了

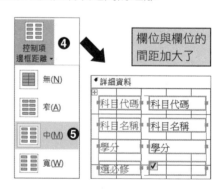

移除控制項的版面配置

在版面配置下,所有控制項皆受版面配置的影響。要如何判斷所有控制項是否在版面配置範圍內?以圖【6-9】①而言,在版面配置下,左上角會有一個全選符號,所有欄位皆被灰色虛框所包圍。如果欄位脫離了版面配置,左上角就看不到全選符號,選取某個欄位,它的左上角會多了灰色實心方形,如圖【6-9】②。

圖【6-9】 版面配置與欄位

　　若只想調整某一個控制項的欄寬，必須先取消版面配置，再針對某一組控制項做調整。那麼「移除版面配置」指令位於何處？它位於排列索引標籤；找到表格群組就能看到「移除版面」指令。

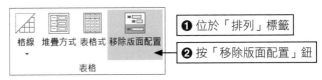

　　在「設計檢視」下，移除了版面配置，會發現選取單一控制項時，與在版面配置下選取某一個控制項並不相同，不同的控制項，其左上角的灰色實心方形，代表不同的移動方法。

- **標籤控制項位置控制**：用來移動標籤控制項（參考圖【6-9】②）。
- **文字方塊控制項位置控制**：同時移動標籤與文字方塊控制項（參考圖【6-9】②）。

　　即使轉換成「版面配置檢視」模式，也能輕鬆調整某一個欄位的欄寬！

圖【6-10】 無版面配置能調整單一欄位

6.4.5　控制項的移動、調整

　　移除版面配置後，選取某一個控制項除了顯示橘黃色外框外，四周會有八個橘黃色控制點（參考圖【6-9】②）。滑鼠移向此八個控制點的任一點，當指標改變成雙箭頭 ↔ 時能用來調整控制項的高度和寬度（參考圖【6-10】）。

若要同時移動標籤和文字方塊控制項，只要將滑鼠移向控制項四周外框，指標形成 ✥ 時就能拖曳控制項。改變控制項大小，選取控制項的八個控點，滑鼠變成 ↔ 或 ↕ 再做拖曳動作。

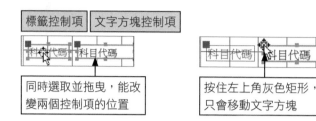

選取控制項

當控制項不受版面配置的影響，在「設計檢視」模式下，想要選取多個控制項，可搭配下列方式實施。區段空白處按一下滑鼠即可取消選取。

- 先按住 Shift 鍵，再以滑鼠針對要選取的控制項一一選取。
- **選取整列**：將滑鼠移到列的左側（尺規），指標變成時 ➡，就能選取整列欄位。
- **選取整欄**：將滑鼠游標移到欄位上方（尺規處），當游標變成 ⬇ 時，垂直選取整個欄位。

- **以滑鼠拖曳**：按住滑鼠左鍵，拖曳產生方框，方框之內的控制項就會被選取。

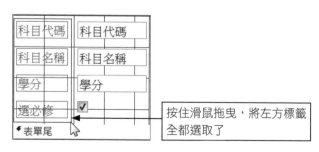

調整控制項

　　若要調整多個控制項，配合功能區「排列」索引標籤中『調整大小和排序』群組，其中的「大小 / 空間」指令能用來調整控制項的大小和控制項彼此之間的間距。

　　執行「大小 / 空間」指令，會有下拉式選單展開，如圖【6-11】；使用此指令，必須選取兩個以上的控制項才有作用。

圖【6-11】　調整控制項的大小

　　將這些**大小**指令解說如下：

- **最適**：依據字的大小來調整控制項的高和短。
- **調成最高**：選取控制項後，以控制項高度最高者為調整的值。
- **調成最短**：選取控制項後，以控制項高度最短者為調整的值。
- **調成最寬**：選取控制項後，以控制項欄寬最寬者為調整的值。
- **調成最窄**：選取控制項後，以控制項欄寬最窄者為調整的值。

　　若想回復控制項的版面配置，選取所有控制，再執行「排列」索引標籤的『堆疊方式』命令，即能將控制項納入版面配置，當然這也意味著原來對控制項的調整也都回復原狀。

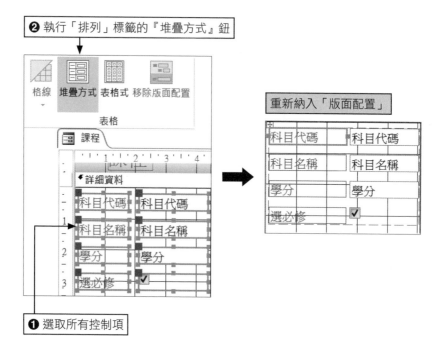

❷ 執行「排列」標籤的『堆疊方式』鈕

重新納入「版面配置」

❶ 選取所有控制項

一、選擇題

( )　1. 如果要快速產生一個表單，可在資料庫物件下，執行：❶ 利用表單的設計檢視　❷ 自動產生報表指令　❸ 利用表單精靈來製作　❹ 自動產生表單指令。

( )　2. 開啟表單後，如果想要一次顯示多筆記錄，可使用哪種檢視模式：❶ 表單檢視　❷ 樞紐分析表　❸ 資料工作表　❹ 以上皆非。

( )　3. 在表單中輸入資料時，若要移動到下一筆時，可按鍵盤哪個按鍵：❶ Ctrl + Home　❷ Ctrl + End　❸ PageDown　❹ PageUp。

( )　4. 如果要顯示表單的標題，可在哪個區段加入標籤控制項：❶ 詳細資料　❷ 頁首　❸ 表單首　❹ 表單尾。

( )　5. 表單要進行篩選，除了以表單檢視外，還可利用哪個檢視模式來進行：❶ 資料工作表檢視　❷ 版面配置檢視　❸ 設計檢視　❹ 以上皆可。

( )　6. 使用「表單設計」指令產生的空白表單只含 ❶ 表單首區段　❷ 表單尾區段　❸ 詳細資料區段　❹ 以上皆非。

二、填充題

1. 表單的檢視模式，共分為設計檢視、表單檢視、＿＿＿＿＿＿＿＿＿＿、＿＿＿＿＿＿＿＿＿＿＿。

2. 在表單檢視中，如果要將單一表單變更為連續表單，必須透過表單屬性中的＿＿＿＿＿＿＿＿＿＿，將單一表單變更為連續表單。

3. 在表單的設計檢視中，要將欄位清單中的欄位放入＿＿＿＿＿＿＿＿＿＿區段，才能顯示資料的內容。

4. 在表單設計檢視中，選取某個欄位時，如果要移動整個欄位，滑鼠游標須改變為＿＿＿＿＿＿＿形狀，若只想移動欄位中的某個控制項，滑鼠游標須變成＿＿＿＿＿＿＿形狀。

5. 在表單的區段中，表單超過一頁時，＿＿＿＿＿＿＿區段才能有作用。

6. 表單還是一個空白表單，必須進一步與資料表產生連結，必須利用屬性表的＿＿＿＿＿＿＿標籤，透過＿＿＿＿＿＿＿＿＿＿做設定。

三、問答題

1. Access 的表單提供哪些用途？請說明之。

2. 在表單設計檢視中，一個完整的表單共含有幾個區段？如何顯示其他區段？每個區段的用途為何？

3. 表單的**資料工作表檢視**與資料表的**資料工作表檢視**有何不同？請說明之。

四、實作題

1. 延續第 3 章的資料建立後，並依照下列方式來完成：

   ❶ 依照資料表的內容產生一個單欄式表單，儲存為「單欄式表單」。

   ❷ 請利用「自動產生表單：表單式」建立一個表單，儲存為「表格式表單」。

   ❸ 將完成的單欄式表單，進行如下的設定：將標籤部份「前景色彩」為『黃色』,「填滿色彩」為『藍色』,文字方塊部份「框線色彩」為『橘色』,「特殊效果」為『陰影』。

07

Chapter

彙整資料 - 報表

學習導引

➡ 列印其他的資料庫物件

➡ 快速產生報表不同:使用精靈或標籤

➡ 以不同檢視來閱覽報表:報表檢視、預覽列印、版面配置、設計檢視

➡ 學會設計報表,了解報表區段,加入日期和頁碼,設定格式化條件

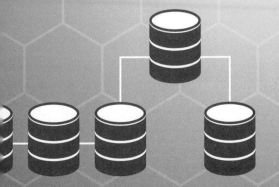

7.1 輸出資料庫物件

這裡的列印對象包含了資料表、表單和資料庫關聯圖。究竟要如何把這些資料庫物件列印出來？一同探究竟吧！

7.1.1 認識預覽列印

想要進一步列印資料表內容，透過 Access 2016 後台管理模式的「列印」指令，執行「檔案 / 列印」指令後，選擇預覽列印功能。它也是本章節應用最頻繁的畫面之一；先介紹一些常用指令！

版面配置指令群

設定列印版面，要以「直向」或「橫向」指令來決定報表列印方向，如圖【7-1】所示。

圖【7-1】 版面配置指令群

「欄」指令用來決定輸出欄數。若是一般報表，預設欄數為「1」。欄大小則是指實際資料於報表的總欄寬，如圖【7-2】所示的欄大小「19.725cm」。

圖【7-2】 欄代表的作用

顯示比例指令群

用來決定報表的顯示比例，啟動預覽列印後，滑鼠指標會呈放大鏡形狀，🔍 將報表縮小，而🔍 會將報表放大，這與執行「顯示比例」命令的結果相當。「單頁」指令為預設值，報表會以單頁顯示。

圖【7-3】 顯示比例指令群

■ 「雙頁」指令會讓報表以雙頁呈現。

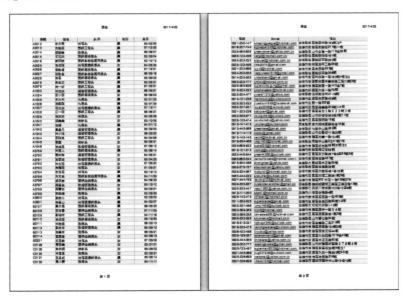

■ 「多頁」指令則有下拉式清單提供數值做選擇。

7.1.2 列印資料表

列印資料前，可利用篩選功能找出特定範圍的資料，例如：想要知道「選課單」資料表 100 學年有多少人次選修，配合聚合函數「計數」找出。

範例《CH07A》列印資料表

Step 1 開啟範例《CH07A.accdb》，將**選課單**資料表開啟為「資料工作表檢視」，功能區切換為「常用」索引標籤。

Step 2 進行 100 學年的篩選。❶ 選取「學年」欄位值『100』；❷ 執行「選取項目」指令的 ❸「等於 100」。

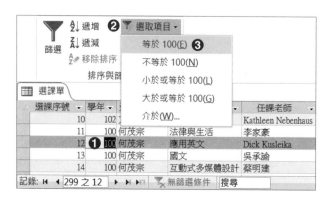

Step 3 進入篩選狀態，按 ❶ **記錄**群組的「合計」指令，會在最後一筆記錄加上**合計**列；拉開選單，❷ 選取**計數**函數。

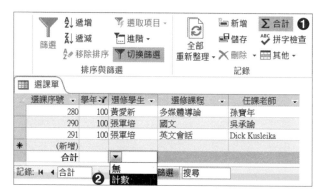

Step 4 進入預覽列印。❶ 切換**檔案**索引標籤；進入檔案管理區，❷ 執行「列印」指令，讓視窗右側變更列印畫面，❸ 按『預覽列印』鈕；進入預覽列印模式。

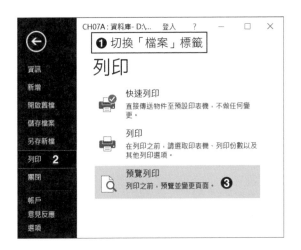

Step 5 進入預覽列印後，功能區會轉換預覽列印標籤，版面配置為「直向」，顯示比例
是「單頁」。進入到第 2 頁，可以看到最後一列是合計，表示 100 學年共有 65
筆。要關閉預覽列印，可按功能區右上方的『關閉預覽列印』指令。

Step 6 關閉預覽列印，回到資料工作表檢視模式；要移除篩選則關閉選課單資料表，不
做儲存。

7.1.3 輸出表單

除了輸出資料表之外，也能將表單物件輸出。不過，為了避免列印頁面的不協調，先
針對表單的屬性做細部修改。此外，將輸出欄數變更為「3」，讓版面空間能充份利用，就
以實例操作做說明。

範例《CH07A》列印表單

Step 1 　將課程表單以「設計檢視」模式開啟。

Step 2 　按 F4 鍵叫出屬性表；將選取類型 ❶ 透過清單變更為「詳細資料」；❷ 保持同頁，從選單中選取「是」；❸ 按右上角的「×」鈕來關閉屬性表。

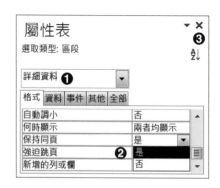

Step 3 　將課程表單變更為「表單檢視」，參考前一個範例步驟 4，進入預覽列印模式。可以看到畫面有一半是空白，會造成空間的浪費，要做調整。

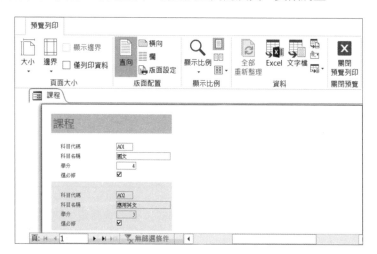

Step 4 　欄數調為「3」。還是預覽列印索引標籤；❶ 按「欄」指令，進入版面設定交談窗的欄標籤；❷ 將欄數變更「3」，列距「0.1cm」，欄距「0.5cm」；❸ 版面配置變更「循欄排列」；按 ❹「確定」鈕來結束設定。

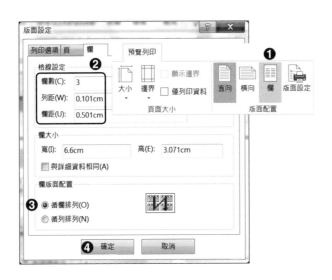

Step 5 重新設定邊界值。❶ 按「邊界」指令來開啟選單;❷ 執行「標準」指令;在預覽列印模式,課程表單已做大幅修改。

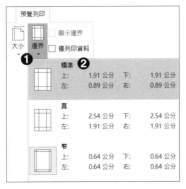

Step 6 先關閉課程表單的預覽列印模式,並關閉課程表單。

7.1.4 輸出關聯圖

同樣地，也可以輸出關聯圖，以範例做說明。

範例《CH07A》列印關聯圖

Step 1 打開關聯圖。❶ 切換資料庫工具索引標籤，❷ 執行「資料庫關聯圖」指令。

Step 2 輸出關聯報表。❶ 確認關聯工具的設計索引標籤；❷ 按「關聯報表」鈕。

Step 3 產生一份「CH07A 的關聯」報表並進入預覽列印模式。要儲存此報表，可快速存取工具列的「儲存檔案」鈕，以預設名稱儲存；結束時，先關預覽列印視窗；再關閉資料庫關聯圖。

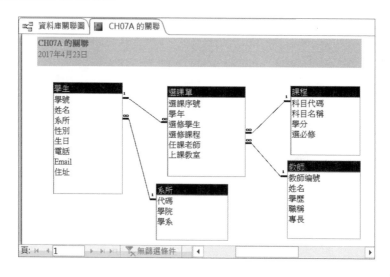

7.2 製作報表

彙製報表的首要步驟，得取得資料來源！其資料來源可能是來自資料表或查詢。藉由報表顯示多筆記錄的作用，依據欄位值的特性來排序、分組，或者針對資料產生歸納、彙總。

7.2.1 有哪些報表？

製作報表時能以自訂、固定的外觀來展現結果，透過預覽列印功能預視輸出內容。若要控制資料的輸出，還可以將資料分類後再進行排序，以群組的次序顯示結果，配合合計、加總、計算平均與其他統計的功能，佐以圖表來豐富報表的內容。報表上的圖片、圖表或者備忘欄位都能透過印表機輸出，各位所能想到的報表，Access 2016 皆能以報表物件完成。有哪些報表類型？有三種基本類型的報表經常被使用。

- **表格式報表**：這是較為常見的報表形式，會將資料以表格的行列方式列印，包括了群組與總計在內，因而衍生出摘要報表與群組 / 總計報表。

- **郵寄標籤**：將資料以標籤形式輸出連續性內容，便於郵寄作業。

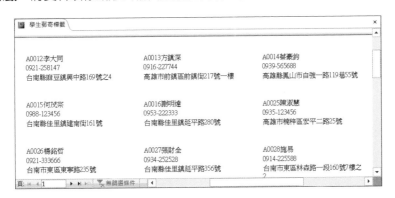

■ **群組報表**：以欄位值為群組依據進行匯集，檢視報表時更能一目了然。

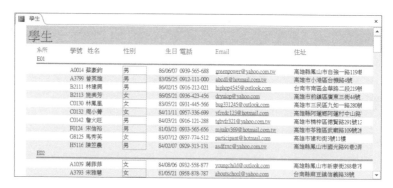

報表與表單的差異

第六章介紹了表單，表單由多個不同的控制項組成，而報表也是經由控制項來展現結果；以下表列出它們的相異處。

	表單	報表
資料處理	輸入資料	輸出資料
計算處理	• 採用計算欄位 • 配合欄位資料計算	• 以群組記錄為依據 • 統計每頁的結果值 • 輸出彙總結果

7.2.2 建立報表程序

建立一個報表時，應該要思索如何把資料庫的原始資料轉化為有意義的資訊，建立步驟如下：

(1) 定義報表的版面，是一般報表或是有特殊用途報表，像標籤。

(2) 利用屬性表或欄位清單結合來源資料。

(3) 以報表的設計檢視來修改報表內容。

(4) 列印或預覽列印報表，才輸出其結果。

報表協作精靈

要產生報表,其資料來源當然要有「資料表」物件的配合,使用與報表有關的命令。因此,須藉助功能區的「建立」索引標籤,透過『報表』群組相關指令來建立報表。

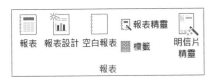

- **報表**:快速產生一個報表。
- **報表設計**:直接進入「設計檢視」,使用者可配合控制項來產生報表內容。
- **空白報表**:顧名思義表示只提供一個空白表單,在『版面配置檢視』中,使用者能自行決定報表內容。
- **報表精靈**:只要依據提示步驟就能快速完成一份報表。
- **明信片精靈**:依據提示步驟加入收信者和寄件者的資料就會產生一封封的信封。

7.2.3 快速產生報表

要快速產生一份報表,只要選取功能窗格的某一個資料表物件,利用「報表」群組的各項指令,再佐以「版面配置檢視」顯示報表內容。

範例《CH07B》「報表」指令建立報表

Step 1 開啟範例《CH07B.accdb》,功能區切換為「建立」索引標籤。❶ 功能窗格選取課程資料表,❷ 執行「報表」指令。

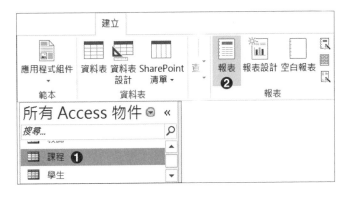

Step 2 產生一份課程報表;功能區會帶出報表版面配置工具,切換為設計索引標籤,以版面配置檢視模式呈現。

報表版面配置工具			
設計	排列	格式	版面設定

控制項　　　　　　　　插入影像　頁碼　　商標 / 標題 / 日期及時間　頁首/頁尾

課程

科目代碼	科目名稱	學分	選必修
EC1	經濟學(一)	3	☑
EC2	經濟學(二)	3	☑
EC3	會計(一)	3	☑
EC4	會計(二)	3	☑
EC5	管理學	4	☑
H02	雲端計算安全	3	☑

Step 3 按快速存取工具列的儲存檔案指令,檔名以預設「課程」做存檔動作。

7.2.4 報表精靈

製作報表的另一個方法就是利用「報表精靈」,啟動報表精靈後,須確認資料來源並加入欄位,直接以範例來說明。

範例《CH07B》「報表精靈」產生報表

Step 1 功能區切換為「建立」索引標籤。功能窗格選取教師資料表;按「報表精靈」鈕進入交談窗。

報表　報表設計 空白報表　標籤　　明信片精靈

報表

Step 2 加入所有欄位。❶ 資料表 / 查詢確認是「資料表：教師」；❷ 按「>>」鈕來加入
所有欄位；❸ 按「下一步」鈕進到下一個畫面。

Step 3 先不做群組層次的設定，直接按「下一步」鈕進入下一個畫面。

Step 4 設定排序。❶ 選取「教師編號」做『遞增』排序；❷ 按「下一步」鈕。

Step 5 ❶ 版面配置使用預設值「表格式」；❷ 列印方向選「直印」；❸ 確認「調整所有的欄位寬度，…」已勾選；❹「下一步」鈕。

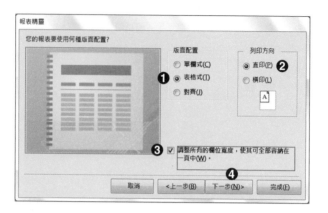

Step 6 ❶ 報表標題以預設「教師」；也是使用 ❷ 預設「預覽這份報表」；❸ 按「完成」鈕。

Step 7 以預覽列印模式開啟；按報表右側「×」鈕關閉教師報表。

7.2.5 製作標籤

　　標籤也是報表物件之一，使用者依據資料內容，建立商用標籤，員工識別證，或者是汽機車通行證。Access 2016 提供標籤製作，依據提示步驟，設定標籤的大小，將資料表或查詢結果，由標籤中的欄位一一選出，就能產生標籤報表。

　　按「標籤」鈕之後，會進入標籤精靈設定畫面，使用者可以先從「依製造商篩選」找出製造商名稱，再從「產品編號」尋得適用的標籤規格。若無適用者，則按「自訂」鈕，自行設定標籤規格。

範例《CH07B》製作標籤

Step 1 功能區切換為「建立」索引標籤。功能窗格選取學生資料表；執行「標籤」指令進入交談窗。

Step 2 自訂標籤。按「自訂」鈕進入『新標籤大小』交談窗；先選取製造商，再選產品編號和規格。

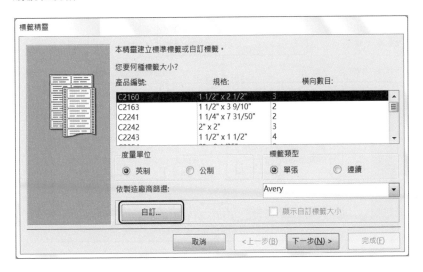

Step 2-1 先暫以預設值選取 ❶ 度量單位「英制」和標籤類型「單張」；❷ 按「新增」鈕進入新增標籤交談窗。

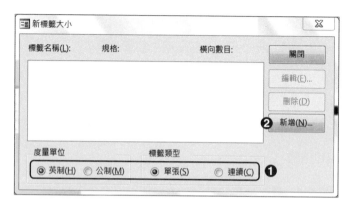

Step 2-2 設定自訂標籤。❶ 標籤名稱輸入「學生標籤」；❷ 度量單位變更「公制」；❸ 標籤類型「單張」和列印方向「直列」皆以預設值為主；❹ 橫向數目變更「3」；❺ 自訂標籤的參數值如下所述；❻ 按「確定」鈕來結束設定。

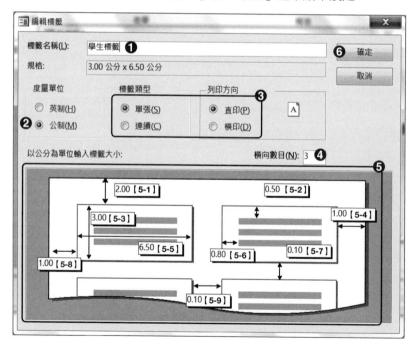

- 【5-1】：標籤與上邊界距離「2.00」cm。
- 【5-2】：標籤內文字與標籤上、下方的距離「0.50」cm。

- 【5-3】：標籤的垂直高度「3.00」cm。
- 【5-4】：標籤與右邊界距離「1.00」cm。
- 【5-5】：標籤的水平寬度「6.50」cm。
- 【5-6】：標籤內文字到標籤側邊的距離「0.80」cm。
- 【5-7】：上、下方標籤垂直距離「0.10」cm。
- 【5-8】：標籤與左邊界距離「1.00」cm。
- 【5-9】：左、右標籤水平距離「0.10」cm。

Step 2-3 回到步驟 2-1 畫面，加入學生標籤，按「關閉」鈕。

Step 3 ❶ 確認「顯示自訂標籤大小」有勾選；❷ 按「下一步」鈕。

Step 4 調整字型。❶ 變更字型大小「10」，其餘為預設值；❷ 按「下一步」鈕。

Step 5 ❶ 將可用的欄位「學號」，❷ 按「>」鈕加到標籤原型中；❸ 依序加入姓名，按 Enter 鍵讓插入點移到第二行，再加入電話，按 Enter 鍵移到第三行，再加入住址；❹ 按「下一步」鈕。

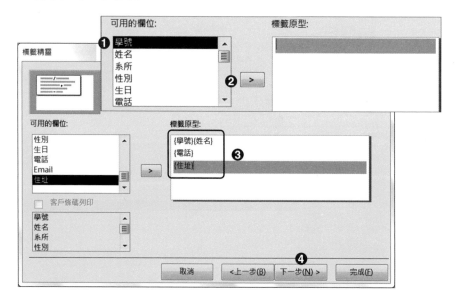

Step 6 設定排序依據。❶ 選取可用欄位「學號」，按「>」鈕加到「排序依據」；❷ 按「下一步」鈕。

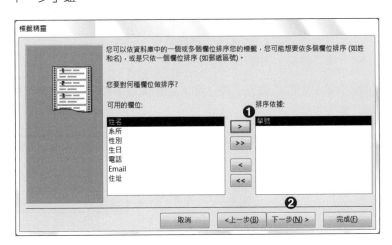

Step 7 ❶ 變更報表名稱「學生郵寄標籤」；❷ 以預設值「預覽列印您的標籤」；❸ 按「完成」鈕。

7.3 閱覽報表

報表也跟表單一樣，提供多樣化的檢視：報表檢視、預覽列印、版面配置檢視和設計檢視。產生的報表物件，其預設檢視會以「報表檢視」為主；當滑鼠移向功能窗格，雙擊「課程」報表，以「報表檢視」開啟。

直接按「檢視」鈕，會在「報表檢視」和「版面配置檢視」互換，要切換其他檢視，必須展開「檢視」指令清單。

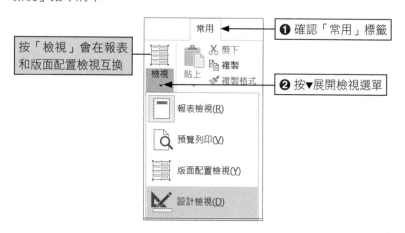

除了「檢視」鈕之外，視窗狀態列的右下方亦有提供各種檢視模式的切換！

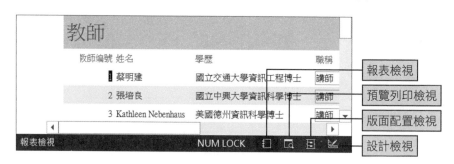

7.3.1 檢視報表

報表未列印前，想要修正的資料，均可依據實際需求在「報表檢視」中進行。例如，「教師」報表中，想要列印的資料是講師以外的；利用「常用」索引標籤的『排序與篩選』群組命令鈕，透過「依選取範圍篩選」，就能完成上述要求。

範例《CH07C》先篩選再列印

Step 1 開啟範例《CH07C.accdb》，滑鼠雙擊功能窗格的「教師」報表，並將功能區切換為「常用」索引標籤。

Step 2 ❶選取「講師」這兩個字；❷執行「選取項目」指令展開選單；❸選取「不包含 "講師"」這個項目；會篩選出 16 筆記錄（參考《7.1.2》在報表尾區段加入合計列就能統計筆數）。

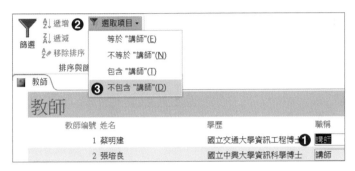

Step 3 直接按教師報表右側的「×」鈕做關閉，只要不儲存，不會保留篩選記錄。

7.3.2 預覽報表

「預覽列印」模式，顧名思義能預覽報表列印時的模樣！進一步調整列印版面，達到良好的列印效果。配合選課報表，介紹預覽列印的相關設定與操作！

預覽列印的開啟和關閉

任何的報表物件上，按滑鼠右鍵展開快顯功能表，可執行「預覽列印」指令。

進入「預覽列印」後，功能區會自動切換「預覽列印」索引標籤，想要關閉預覽列印，執行「關閉預覽列印」命令即可。若以其他模式開啟，再進入預覽列印模式，按「關閉預覽列印」指令，會回到原有的檢視；若按預覽列印視窗右上角的「×」鈕，則是關閉報表物件。

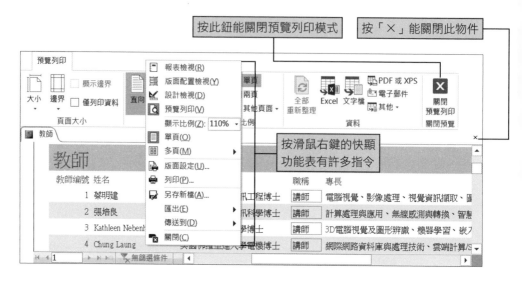

列印指令

在預覽列印模式下，想要輸出報表，執行「列印」命令，進入列印交談窗，選取印表機型式，再按「確定」鈕就能輸出報表。

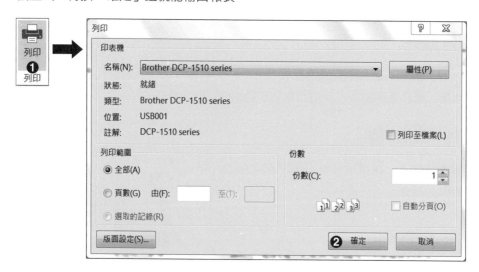

頁面大小群組指令

「大小」指令提供紙張大小，預設值以 A4 紙張為主；「邊界」指令提供標準、寬和窄三種，用來設定物件列印時的邊界值。所有的設定值都會反應於「版面設定」命令。

執行「版面設定」指令會進入其交談窗，而執行「邊界」命令的設定值，皆會反應於此。例如：邊界選取「標準值」。不過要注意的「列印選項」索引標籤，其上、下、左、右的邊界值，數值「19.05」為「19.05mm」（公釐）而非交談窗所示的公分。

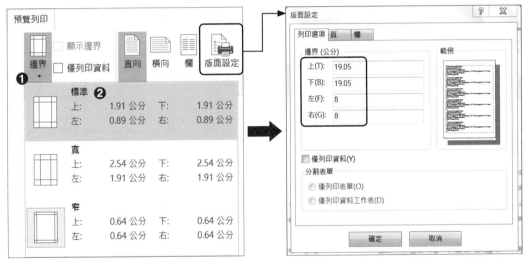

直接按「顯示比例」鈕，會在設定比例（如 75%，預設值「縮放 100%」）和「調整成視窗大小」之間切換。按下方 ▼ 鈕會展開清單，可選取欲顯示的比例值。

此外，報表內容為多頁情形，透過下方的瀏覽按鈕，按「下一頁」鈕，能依序檢視報表內容，而「1」則顯示報表停留的頁碼。

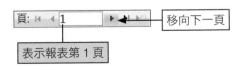

7.3.3 版面配置

在「版面配置檢視」下能修飾報表外觀。例如,針對「教師」報表的欄位調整其欄寬,透過範例說明。

範例《CH07C》調整列印版面

Step 1 將教師報表以「版面配置檢視」開啟,功能區切換為「格式」索引標籤。

Step 2 觀察版面,已超出版面邊界(灰色虛線),須做欄寬調整。

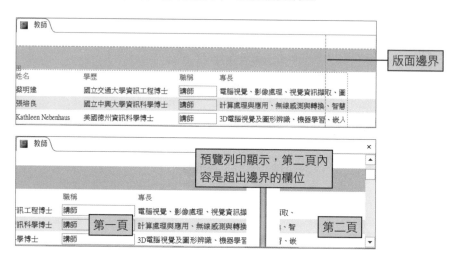

Step 3 以滑鼠拖曳調整欄寬。版面配置檢視下,❶ 滑鼠移向「姓名」欄位,指標改變成 ⁺ᵥ 做選取;❷ 滑鼠移向右側,指標改變為 ↔,拖曳做調整。

Step 4 依步驟 3 的方法將教師編號、職稱欄位做調整，使它們放在邊界內。再以預覽列印查看時，即使利用「兩頁」預覽，也只會以一頁顯示。

7.4 報表設計

想要瞭解報表結構，得藉助報表的設計檢視！它配有屬性表、控制項和報表區段，為了讓報表展現更條理化的內涵，還能設定「條件式」。

7.4.1 報表區段

因為輸出結果的不同，會提高報表的複雜度。方便於內容說明，將報表區段分成五個：報表首、報表尾、頁首、頁尾、詳細資料；以及不定數目的群組區段，它包含「群組首」與「群組尾」區段。各區段的作用，說明如下：

- **報表首**：位於報表開頭，由於只出現一次，適合放置標題或日期。若要合計整份報表，會在報表首加入計算控制項，設定相關的彙總函數。
- **頁首**：當報表為多頁時，它位於報表每頁頂端；用於顯示標題、欄名、日期或頁碼。
- **詳細資料**：定義報表主體，結合了記錄來源，以控制項顯示欄位與內容，因此能把欄位或是由欄位所組成的運算式擺在此區段中。
- **頁尾**：位於報表每頁的底部，用於顯示頁摘要、日期或頁碼。
- **報表尾**：位於報表最末頁，只顯示一次，用來存放整份報表之相關資訊。
- **群組區段**：報表資料經過分組後所產生。

對於報表區段有初步了解後，透過範例來說明！

範例《**CH07D**》報表中加入群組區段

Step 1 開啟範例《CH07D.accdb》，點選功能窗格的學生資料表，功能區切換為「建立」索引標籤：啟動報表精靈，進入交談窗。

Step 2 加入學生資料表的所有欄位。❶ 資料表 / 查詢確認是「資料表：學生」；❷ 按「>>」將可用的欄位裡所有欄位加到已選取欄位；❸ 按「下一步」鈕。

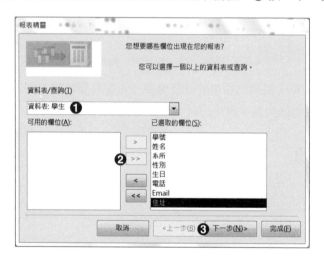

Step 3 自動以「系所」欄位為群組，直接按「下一步」鈕。

Step 4 設定排序欄位。❶ 展開選單，選「學號」做遞增排序；❷ 按「下一步」鈕。

Step 5 選取版面配置。❶ 版面配置選「分層式」；❷ 列印方向選「直印」；❸ 按「下一步」鈕。

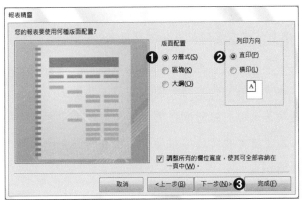

Step 6 設定報表標題。❶ 標題使用預設值「學生」；❷ 選「修改這份報表的設計」；❸ 按「完成」鈕。

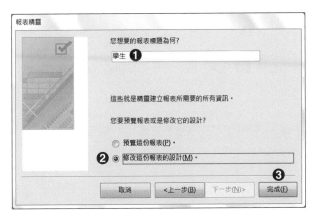

Step 7 進入報表的設計檢視。

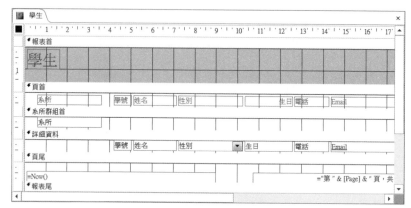

圖【7-4】 報表的設計檢視

步驟說明

由圖【7-4】報表結構中,可以看到報表的不同區段:

- ⊃ 「報表首」存放報表的標題,是一個標籤控制項;
- ⊃ 「頁首」顯示來源資料的欄位名稱,使用標籤控制項;
- ⊃ 「詳細資料」連結著來源記錄的欄位值,大部份是文字方塊控制項;
- ⊃ 「系所群組首」為步驟 4 設定的群組層次,以系所為主;
- ⊃ 「頁尾」顯示日期和頁碼。

Step 8 為了凸顯系所,加入線條。❶ 切換設計索引標籤;❷ 按「控制項」群組右側的 ▼ 鈕捲動到下一層選項,找到「線條」控制項。

Step 9 按住滑鼠左鍵,在系所文字方塊下方拖曳一條橫線。

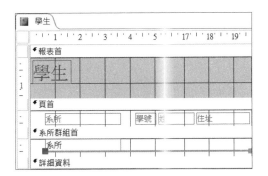

Step 10 切換成報表模式，查看結果。

7.4.2 日期和頁碼

日期能讓報表顯示製作日期；在多頁情形下，頁碼能提供適當標示，以報表的版面配置檢視產生空白報表，並演練日期和頁碼的添加。

範例《CH07D》讓報表從無到有

Step 1 將功能區切換為建立索引標籤，執行「空白報表」指令；會建立一個以版面配置檢視開啟的空白報表，並開啟欄位清單；功能區會切換設計索引標籤。

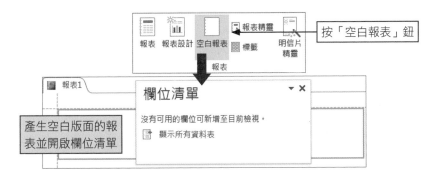

Step 2 在空白版面新增欄位。按欄位清單的「顯示所有資料表」展開所有資料表；❶ 將
教師資料前面的「+」變更「-」，展開所有欄位；❷ 拖曳「教師編號」到空白版面。

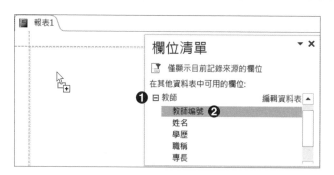

Step 3 繼續新增欄位；❶ 選取其他欄位拖曳到教師編號欄位右側（產生紅色 I 形）；❷
完成後，按欄位清單右上角「×」鈕做關閉。

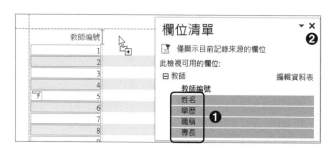

Step 4 把加入的欄位，在版面配置下，❶ 將欄寬做調整；儲存檔名為 ❷「教師」並按
❸「確定」鈕。

Step 5 加入日期。在設計索引標籤下；❶ 按頁首 / 頁尾群組的「日期及時間」指令；開
啟日期及時間交談窗，❷ 勾選「包含日期」；❸「包含時間」取消勾選；❹「確
定」鈕結束交談窗。

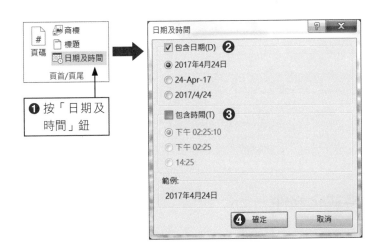

Step 6 插入頁碼。按頁首 / 頁尾群組的「頁碼」指令。

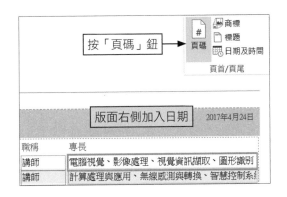

Step 7 設定頁碼格式。進入頁碼交談窗，❶ 格式選「第 N 頁，共 M 頁」；❷ 位置選「頁的底端 [頁尾]」；❸ 對齊方式使用預設值「置中」；❹ 按「確定」鈕。關閉交談窗可以看到報表底部顯示「第 1 頁，共 1 頁」的頁碼訊息。

Step 8 切換預覽列印，查看最後的結果。

教師				
				2017年4月24日
教師編號	姓名	學歷	職稱	專長
1	梁明建	國立交通大學資訊工程博士	講師	電腦視覺、影像處理、視覺資訊擷取、圖形識
2	張焙良	國立中興大學資訊科學博士	講師	計算處理與應用、無線感測與轉換、智慧控制系
3	Kathleen Nebenhaus	美國德州資訊科學博士	講師	3D電腦視覺及圖形辨識、機器學習、嵌入式系
4	Chung Laung	美國佛羅里達大學電機博士	講師	網際網路資料庫與處理技術、雲端計算/Social

7.4.3 設定格式化條件

格式化條件是將報表或表單中符合條件的欄位值，套用於所設定的格式。例如，將「教師」報表的「職稱」欄位值做區分，「講師」字型以藍色來表示，「教授」以紅色字型來顯示。

進行格式化條件時，必須將報表或表單切換為「設計檢視」模式，當功能區切換為「格式」索引標籤，執行「控制項格式條件」群組的「設定格式化條件」指令，交談窗簡介如下：

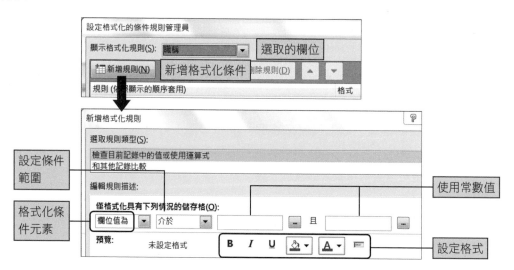

- **格式化條件元素**：有二種；①欄位值為：必須設定條件範圍和常數值。②運算式為：必須加入運算式。

- **設定條件範圍**：評估條件的特定範圍，例如：等於、大於、小於，或介於某個範圍之間。

- **常數值**：輸入數值或字串。

例如：欄位值「職稱 = "講師"」。條件設定的格式化條件元素「欄位值為」，設定條件範圍「等於」，常數值「"講師"」；透過範例操作說明。

範例《CH07D》格式化條件（一）

Step 1 延續前面步驟的操作，教師報表切換為設計檢視，功能區切換為「格式」索引標籤。

Step 2 ❶ 選取下方的「職稱」欄位，再執行 ❷「設定格式化的條件」指令，開啟「設定格式化的條件規則管理員」交談窗。

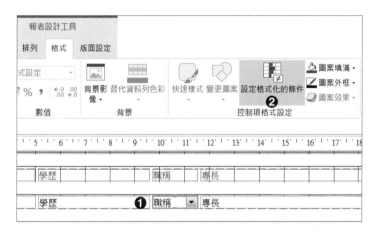

Step 3 新增規則。❶ 顯示格式化規則是「職稱」欄位；❷ 按「新增規則」鈕，開啟「新增格式化規則」交談窗。

Step 4 設定規則一。❶ 條件範圍從清單選取「等於」；❷ 常數值輸入「" 教授 "」；❸ 將背景色彩設為「灰」，字型色彩設為「白」；❹ 按「確定」鈕回到「設定格式化的條件規則管理員」交談窗。

Step 5 新增規則二。按「新增規則」鈕，開啟「新增格式化規則」交談窗；依據步驟 4 的設定，將講師設為藍底黃字。

Step 6 切換為報表檢視，就可以看到格式化條件因職稱不同而有所變化。

Step 7 欲刪除格式化條件時，將報表切換成「設計檢視」，依據步驟 2 再一次進入「設定格式化的條件規則管理員」交談窗。❶ 選取某一規則；❷ 按「刪除規則」鈕；❸ 按「確定」鈕。

如何使用格式化條件元素：「運算式為」？就如同前文所提，找出「學歷」欄位值為「美國」，其運算式「Eval([學歷]like" 美國 *"))」，以下列範例說明。

範例《CH07D》格式化條件（二）

Step 1 接續前面操作，教師報表切換為設計檢視，功能區切換為「格式」索引標籤，選取「學歷」欄位，執行「設定格式化的條件」指令，進入「設定格式化的條件規則管理員」交談窗。

Step 2 設定規則。❶ 格式化條件元素變更「運算式為」；❷ 輸入運算式 Eval([學歷]Like("美國*"))」；❸ 格式條件設「背景色彩」為『淺色』，字型色彩為「藍色」；❹ 按「確定」鈕回到上一層「設定格式化的條件規則管理員」交談窗。

Step 3 可以看到新增一個條件運算式，按「確定」鈕關閉此交談窗。

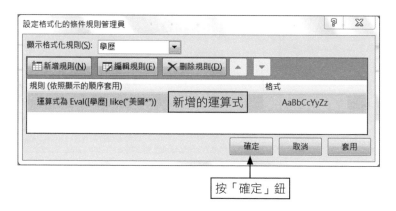

Step 4 切換報表檢視，檢視設定結果。

自我評量

一、選擇題

( ) 1. 完成的報表,可利用哪種模式來檢視報表內容? ❶ 設計檢視 ❷ 預覽檢視 ❸ 表單檢視 ❹ 版面配置預覽。

( ) 2. 如果要列印 Access 其他物件的內容,進入「檔案」索引標籤,執行哪一個選項來找到預覽列印指令:❶ 列印 ❷ 資訊 ❸ 新增 ❹ 以上皆可。

( ) 3. 要輸出關聯圖,需執行哪個指令來產生報表? ❶ 預覽列印 ❷ 關聯報表 ❸ 編輯關聯 ❹ 以上皆非。

( ) 4. 如果要在多頁的報表顯示頁碼,透過「頁首 / 頁尾」群組的哪個指令? ❶ 日期 / 時間 ❷ 頁碼 ❸ 物件 ❹ 特殊符號。

( ) 5. 設定列印版面,要以「直向」或「橫向」指令來決定報表列印方向,要透過:❶ 頁面大小群組 ❷ 列印群組 ❸ 版面配置指令群組 ❹ 顯示比例指令群組。

二、填充題

1. 一般來說,報表有哪四種檢視? ❶ _____ 、❷ _____ 、❸ _____ 、❹ _____ 。

2. 預設的報表共分為_____區段、_____區段、_____區段、_____區段、_____區段。

3. 「大小」指令提供紙張大小,預設值以_____紙張為主。

4. 格式化條件的格式化元素有二種:❶ _____ 、❷ _____ 。

三、問答題

1. 在 Access 中可用來製作哪些基本的報表?請說明之。

2. 報表與表單即使用了不同的區段,也必須加入控制項,請說明二者有何不同?

四、實作題

1. 完成第 4 章的表單後,依照下列方式來完成:

   ❶ 產生一份報表,除了學號外,其餘的欄位都必須列印。

   ❷ 在報表首加入一個標籤控制項,輸入報表名稱「學生成績」。

   ❸ 將版面設定中的「頁」設為『橫向』。

   ❹ 比較「預覽列印」和「版面配置預覽」有何不同?

08

Chapter

選取查詢和運算式

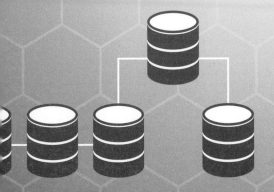

8.1 Access 提供的查詢

查詢是操作資料庫時必備的技能，Access 2016 提供「查詢」（Query）物件，訂定準則，找尋符合條件的資料。最簡單的例子，尋找某學年的選課記錄，或者統計某個學生的選修多少學分，這都得經由查詢取得相關結果。此外，查詢對象，並沒有限定單一資料表，即使是多個資料表，透過關聯的運作，也能擷取結果。

8.1.1 查詢種類

前面章節中，使用「資料工作表檢視」來資料篩選。不過，查詢與篩選不太一樣！「篩選」時是以單一資料表為特定對象，設定條件來進行。查詢須透過查詢視窗，輸入準則，建立關聯，所以能保存查詢結果。Access 2016 提供的查詢物件，概分為四種：

- **選取查詢**：查詢中最常採用，查詢對象可以是一個或多個資料表，再將所得結果以資料工作表顯示。由於使用動態集合，所以能依據條件執行計算、分析並檢視結果。因此，它儲存的是查詢條件而非查詢結果，如此才能隨著來源資料而更新內容。

- **動作查詢**：此查詢會改變資料表的欄位值或記錄。它包含：資料表查詢、新增查詢、刪除查詢和更新查詢。

- **參數查詢**：必須設定參數值。執行時會以交談窗提示使用者輸入相關訊息，藉此縮短重複的動作。

- **SQL 查詢**：使用 SQL 語言，為關聯式資料庫用來查詢資料的一種結構化語言。

8.1.2 查詢指令與查詢精靈

Access 2016 提供的查詢指令！位於功能區的建立索引標籤，「查詢」群組中；提供二項命令鈕：查詢精靈和查詢設計，如下圖【8-1】所示。

圖【8-1】 查詢指令

　　「查詢精靈」提供操作步驟的協助；啟動時會進入「新增查詢」畫面，可以進一步選擇所需的查詢類型精靈。而「查詢設計」當然是進入查詢物件的設計檢視，加入資料表或其他的資料庫物件來制訂查詢類型，按「執行」鈕來檢視其結果。

使用查詢精靈

　　「查詢精靈」啟動後會進入「新增查詢」交談窗，如圖【8-2】所示。

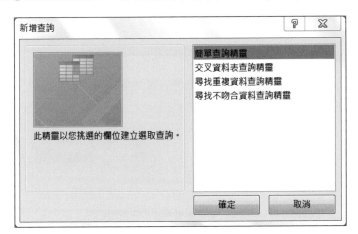

圖【8-2】 查詢精靈提供的查詢

- **簡單查詢精靈**：依據提示步驟，就能取得查詢結果。

- **交叉資料表查詢**：一種特殊形式的選取查詢，它會將資料以欄、列的二維方式顯示出來，就像 Microsoft Excel 樞紐分析表，具有分析、摘要資料的功能。

- **尋找重複資料查詢精靈**：找出被重複使用的資料，例如：哪些科目被學生多次選修！

- **尋找不吻合資料查詢精靈**：比對兩份資料表，例如：以學生來比對選課單，找出沒有選課的學生。

8.1.3　查詢設計檢視

　　查詢設計視窗可以執行各類查詢，設定準則，並以別名取代原有欄名！無論是使用哪一種查詢方法，皆會進入查詢的「設計檢視」，功能區會帶出相關的查詢工具，並切換設計索引標籤。

設計索引標籤有四大類群組：結果、查詢類型、查詢設定和「顯示和隱藏」。將查詢條件設定好之後，執行**結果**群組的「執行」命令能取得查詢結果。

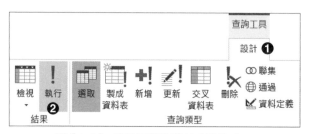

圖【8-3】 設計標籤提供的查詢指令一

查詢類型群組則是 Access 2016 所支援的查詢類型，其中的「選取」鈕被按下（參考圖 8-3），表示預設的查詢會以選取查詢為主。

圖【8-4】 設計標籤提供的查詢指令二

圖【8-4】**查詢設定**群組的「顯示資料表」指令能選取來源資料，包含資料表和其他的查詢物件，通常只要進入「查詢設計」畫面，就會彈出「顯示資料表」交談窗。

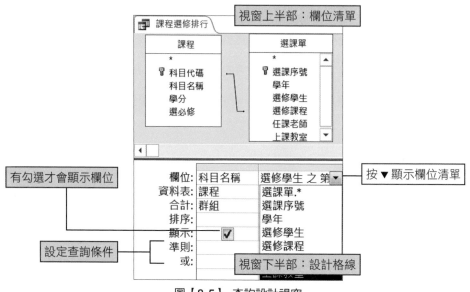

圖【8-5】 查詢設計視窗

查詢設計視窗分為二部份：上半部「欄位清單」。透過「顯示資料表」指令來取得資料表或查詢物件，或者將功能表的資料庫或查詢物件以拖曳加入。下半部稱為「設計格線」，共含六列：欄位、資料表、排序、顯示、準則、或。

■ **欄位、資料表**：欄位與資料表息息相關！如何加入欄位！

方法一：直接按「欄位」右側 ▼ 來展開欄位清單，再選取所需欄位即可加入，如圖【8-5】加入「學系」欄位。

方法二：採用拖曳，將視窗上半部欄位清單的某一個欄位加到「設計格線」『欄位』。

方法三：滑鼠雙擊某一個欄位，也會加到「設計格線」『欄位』，如圖【8-6】。

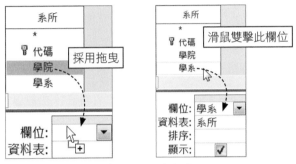

圖【8-6】 加入欄位方法

■ **排序**：用來設定欄位要使用「遞增」或「遞減」排序，預設值是「不排序」。

■ **顯示**：決定欄位是否顯示於查詢結果畫面，有勾選符號 ☑ 才會顯示。

■ **準則、或**：設定查詢條件於「準則」列，同列準則以 And 運算，加入「或」列的準則視為 Or 運算。

使用查詢物件時，如何切換檢視模式！一般來說，直接按「檢視」鈕後，會在「資料工作表檢視」和「查詢設計」顯示切換。要切換 SQL 檢視，要展開下拉式清單，圖【8-7】可做說明。

圖【8-7】 展開選單才有 SQL 檢視

8.2 活用查詢精靈

選取查詢能提供下列功能：

- 指定準則：從一個或多個資料表擷取資料，依指定順序顯示資料。

- 當來源資料有異動時，能隨時更新其結果。

- 在合計功能中，利用群組記錄來計算總合、筆數、平均值以及其他合計的類型。

8.2.1 建立排行表

使用「查詢精靈」產生的查詢，以「選取查詢」為主，其結果以資料工作表呈現。下述操作以查詢建立課程排行榜，由查詢精靈來完成。

範例《CH08B》建立選課排行

Step 1 開啟範例《CH08B.accdb》，點選課程資料表，功能區切換為「建立」索引標籤，執行查詢群組的「查詢精靈」指令。

Step 2 進入新增查詢交談窗；❶ 查詢類型選「簡單查詢精靈」；❷ 按「確定」鈕。

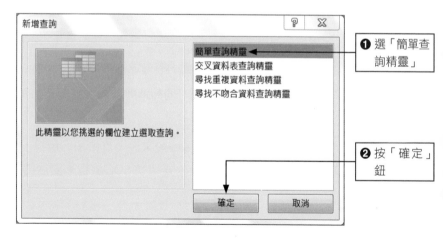

Step 3 加入欄位。❶ 確認資料表／查詢是「資料表：課程」；❷ 可用的欄位選「科目名稱」；❸ 按「>」鈕將科目名稱加到已選取的欄位；❹ 變更資料表／查詢為「資料表：選課單」；❺ 將「選修學生」欄位加到已選取的欄位；❻ 按「下一步」鈕。

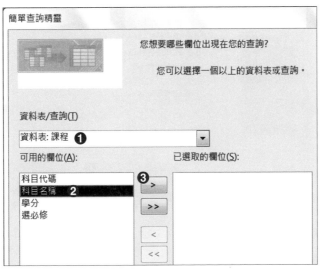

Step 4 製作摘要。❶ 改選「摘要」；❷ 按「摘要選項」鈕，進入其交談窗；❸ 勾選「計算在 選課單 中的記錄」；❹ 按「確定」鈕回到簡單查詢精靈交談窗；❺ 按「下一步」鈕。

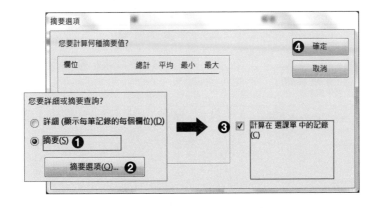

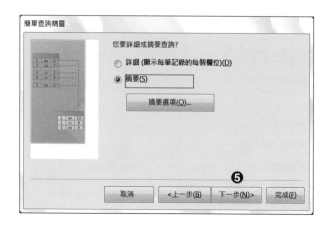

Step 5 ❶查詢標題變更「課程選修排行」；❷以預設值「開啟查詢以檢視資訊」；❸按「完成」鈕來結束查詢精靈。

Step 6 做遞減排序。❶在「選課單之筆數」欄位上按滑鼠右鍵，展開快顯功能表；❷執行「從最大排序到最小」指令；就可以看到選修最多的科目是國文。

Step 7 儲存查詢結果並關閉此查詢。

8.2.2 尋找重複的值

假如想要知道某一個年份至少選修二科以上的學生，要如何進行？首先，進入查詢設計視窗，以「準則」列取得某個年份的記錄；再配合 Access 2016 提供的「尋找重複資料查詢精靈」，找出重複性資料。

範例《CH08B》找出 101 學年選課單

Step 1 將功能區切換為「建立」索引標籤，執行查詢群組的「查詢設計」指令。

Step 2 啟動查詢設計視窗，先彈出「顯示資料表」交談窗；❶ 確認「資料表」標籤；❷ 選取「選課單」資料表；❸ 按「新增」鈕；❹ 再按『關閉』鈕關閉交談窗。

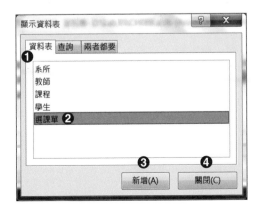

Step 3 設計格線加入欄位。❶ 加入欄位：選課序號、學年、選修學生、任課老師；❷ 在學年欄位的準則列輸入「101」。

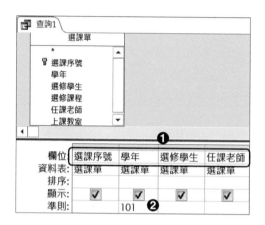

Step 4 取得 101 學年的選課單記錄。❶ 確認「設計」索引標籤；❷ 按「執行」指令，以資料工作表顯示查詢結果；❸ 記錄瀏覽鈕告知有 59 筆記錄被找到。

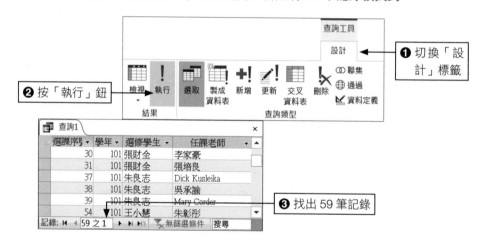

Step 5 按「儲存檔案」鈕，將查詢 1 儲存為「101 學年選課單」並關閉此查詢。

前文述及的概念：查詢的資料來源，可能是資料表，或者是查詢物件；將此完成的查詢記錄，作為下一個查詢物件的來源，繼續下面範例的操作。

範例《CH08B》找出 101 學年修多門課的學生

Step 1 啟動「查詢精靈」，進入新增查詢交談窗；❶ 選取「尋找重複資料查詢精靈」項目；❷ 按「確定」鈕。

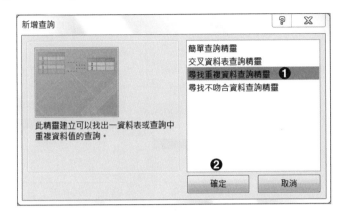

Step 2 進入尋找重複資料查詢精靈交談窗；❶ 檢視變更「查詢」；❷ 選取「查詢：100 學年選課單」；❸ 按「下一步」鈕。

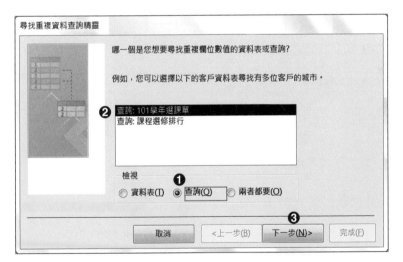

Step 3 設定重複欄位。❶ 從可用的欄位選「選修學生」，按「>」鈕加到含有重複值的
欄位；❷ 按「下一步」鈕。

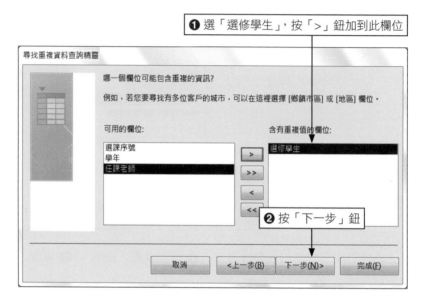

Step 4 加入所有欄位。❶ 按「>>」鈕，把可用的欄位的所有欄位加到附加的查詢欄
位；❷ 按「下一步」鈕。

Step 5 ❶ 輸入查詢名稱「101 學年修多門課的學生」；❷ 使用預設值「檢視結果」；❸
按「完成」鈕；總共找到 56 筆記錄。儲存後，關閉此查詢。

8.2.3 不吻合記錄 - 未選課的學生

　　從另一個觀點來思考：有修多門課的學生，那麼有無完全沒有選課的學生！如何找出？由於學生與選課單資料表是一對多關聯，會有對應記錄。前面步驟中，已建立 101 學年選課單；利用「尋找不吻合記錄」將學生資料表和 101 學年選課單做比對，比對的欄位當然是「學號」和「選修學生」，以此找出 101 學年未選課的學生資料！

範例《CH08B》找出 101 學年未選修的學生

Step 1　　啟動「查詢精靈」，進入新增查詢交談窗；❶ 選取「尋找不吻合資料查詢精靈」項目；❷ 按「確定」鈕。

Step 2 欲比對的資料表「學生」；❶ 檢視為「資料表」；❷ 選取「資料表：學生」；❸ 按「下一步」鈕。

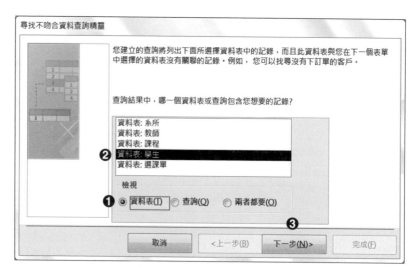

Step 3 含相關的記錄；❶ 檢視變更「查詢」；❷ 選取「查詢：101 學年選課單」；❸ 按「下一步」鈕。

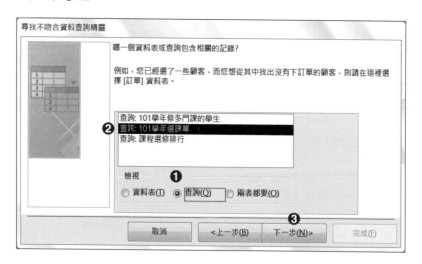

Step 4 欲比對欄位：學生資料表「學號」和 101 學年選課單「選修學生」。❶ 學生中的欄位選「學號」；❷101 學年選課單選「選修學生」；❸ 按「<=>」鈕；❹ 按「下一步」鈕。

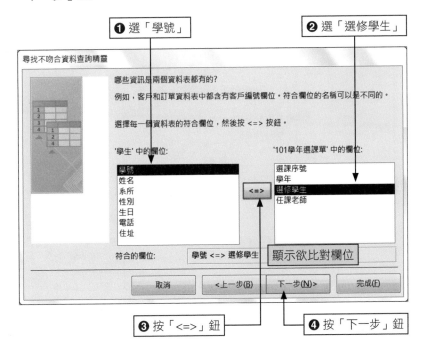

Step 5 ❶ 按「>>」鈕；將可用的欄位所有欄位加到已選取的欄位；❷「下一步」鈕。

Step 6 ❶ 查詢名稱變更「101 學年未選課學生」;❷ 選「檢視結果」來開啟;❸ 按「完成」鈕;共找到 104 筆記錄。

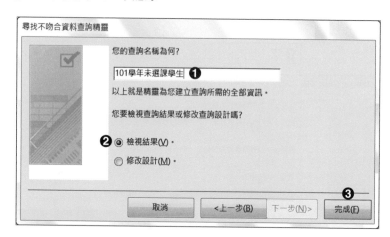

Step 7 進一步驗證結果:學生資料表以「資料工作表檢視」開啟,展開李大同和謝明達,可以發現他們兩位並無 101 學年的選課記錄。

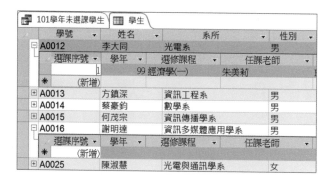

8.3 設定查詢準則

進入查詢「設計檢視」視窗，其設計格線所包含的「準則」、「或」列能設定查詢條件。一般而言，若是二個不同欄位於準則列分設條件，表示「且」（And）之意，查詢時必須同時符合此二個欄位的準則，才會擷取結果。如果條件是設於同一個欄位的「準則」和「或」列，表示資料只要符合其中一個要項就能取得結果。

8.3.1 欄位值為字串

設定查詢條件時，當欄位內容為字串時，配合萬用字元，加快查詢速度，常用的萬用字元解說如下：

■ 「*」代表所有字元。

■ 「?」代表單一字元。

■ 「#」代表單一數字。

除了萬用字元之外，某些運算子也適用於字串欄位，列表【8-1】。

運算子	說明
&	字串運算子，連接兩個字串
In	找尋相同資料
Like	找尋相似的資料
Is Null	尋找空白記錄值
Is Not Null	尋找不是空白的記錄值

表【8-1】 常用準則

例如，要找尋課程中含有「設計」的相關科目，那麼要如何進行？透過下列範例說明。

範例《CH08C》使用運算子配合查詢

Step 1 開啟範例《CH08C.accdb》，❶ 在課程查詢按滑鼠右鍵來開啟快顯功能表，❷ 執行「設計檢視」指令。

Step 2 進入「查詢設計」視窗；❶ 科目名稱的準則列輸入「"*設計*"」；❷ 按「執行」鈕；找到 7 筆記錄。

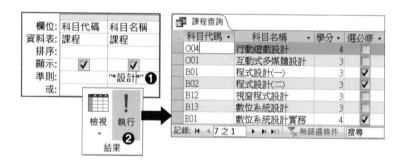

Step 3 將課程查詢切換為設計檢視，科目名稱原來的準則列會形成「Like "*設計*"」，這說明透過 Like 運算子找尋相關資料。

Step 4 繼續使用 In 運算子找出學分為「3」和「4」；先清除科目名稱下的準則，❶ 在學分設定新準則「In(3, 4)」；❷ 取消「科目代碼」的勾選。

欄位:	科目代碼	科目名稱	學分
資料表:	課程	課程	課程
排序:			
顯示:	❷☐	✓	❶✓
準則:			In (3,4)
或:			

Step 5 按「執行」鈕會找到 32 筆記錄，重新回到查詢設計視窗。

課程查詢		
科目名稱 ▾	學分 ▾	選必修 ▾
經濟學(一)	3	✔
經濟學(二)	3	✔
會計(一)	3	✔
會計(二)	3	✔
管理學	4	✔
雲端計算安全	3	✔
雲端服務平台開發	4	✔

記錄: ◄ ◄ 32 之 1 ► ►► 🔽 無篩選條件

Step 6 清除步驟 4 的準則；在學分欄位的準則列輸入「3」；或列輸入「4」；按執行鈕，查看所得的結果是否和步驟 5 相同。

科目名稱	學分
課程	課程
✔	✔
	3 ❶
	4

Step 7 回到查詢設計視窗，找出必修學是「4」學分。清除步驟 6 的準則；在學分欄位的 ❶ 準則列輸入「4」；選必修欄位的 ❷ 準則列輸入「Yes」；按執行鈕，找出 7 筆記錄。

欄位:	科目名稱	學分	選必修
資料表:	課程	課程	課程
排序:			
顯示:	✔	✔	✔
準則:		4 ❶	Yes ❷
或:			

➡

課程查詢		
科目名稱 ▾	學分 ▾	選必修 ▾
管理學	4	✔
雲端服務平台開發	4	✔
國文	4	✔
計算機概論	4	✔
作業系統概論	4	✔
資料庫系統概論	4	✔
數位系統設計實務	4	✔

記錄: ◄ ◄ 7 之 1 ► ►► 🔽 無篩選條件

步驟 說明

- 步驟 6 在準則及或下的條件，是以 Or 邏輯做運算，只要找出 3 或 4 學分。
- 步驟 4 是同列不同欄位的條件，以 And 邏輯做運算，要先找出 4 學分，再找出是必修，兩個條件皆符合才會列出。

Step 8 儲存結果，關閉此查詢。

8.3.2 欄位值為數值

當欄位內容為數值時，包含了數字、貨幣、自動編號、日期 / 時間等，可配合關係運算子來進行條件設定，下表【8-2】為使用的關係運算子。

關係運算子	說明	關係運算子	說明
>	大於	>=	大於等於
<	小於	<=	小於等於
=	等於	<>	不等於

表【8-2】 關係運算子

例如，找尋「101 ~ 103」學年之間的選課記錄，要如何進行？透過下列範例說明。

範例《CH08C》使用關係運算子

Step 1 將「查詢選課單」以設計檢視模式開啟。

Step 2 在學年欄位的準則列輸入「>=101 And <=103」，做「遞增」排序，按執行鈕來取得查詢結果；共找到 204 筆記錄。

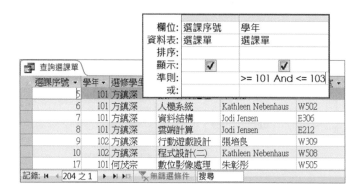

步驟說明

⊃ 要找出學年 101~103 之間，除了關係運算子之外，還得使用 And 邏輯運算，才能產生區間條件。

如果要找出 100 學年以後是否有修程式設計 (一) 和 (二) 的學生，該如何做？

範例《CH08C》找出 100~103 學年修程式設計 (一)、(二)

Step 1 將「查詢選課單」以設計檢視模式開啟,學年的準則維持不變,將選修課程以遞增排序;執行後可以看到有程式設計這門課。

選課序號 ▾	學年 ▾	選修學生	選修課程 ▾	任課老師 ▾	上課教室 ▾
253	101	方康俊	程式設計(一)	Annie Sullivan	W508
271	101	朱育培	程式設計(一)	Annie Sullivan	W508
184	101	古明川	程式設計(一)	Annie Sullivan	W508
281	101	黃愛新	程式設計(一)	Annie Sullivan	W508
224	101	王華光	程式設計(一)	Annie Sullivan	W508
295	101	張軍培	程式設計(一)	Annie Sullivan	W508
257	102	方康俊	程式設計(二)	Kathleen Nebenhaus	W508

Step 2 切換成設計檢視,學年的準則維持不變,將選修課程的準則加入「"程式*"」,按執行鈕,怎麼會是空記錄?

欄位:	選課序號	學年		選修學生	選修課程
資料表:	選課單	選課單		選課單	選課單
排序:					遞增
顯示:	✓	✓		✓	✓
準則:		>=101 And <=103			"程式*"

選課序號 ▾	學年 ▾	選修學生	選修課程 ▾	任課老師 ▾
＊ (新增)				

記錄: ◄ ◄ 1 之 1 ► ►► ▼無篩選條件 搜尋 ◄ ►

步驟說明

➡ 因為選修課程和選修學生本身是外部索引,藉助關聯,選修課程是來自於課程資料表的科目代碼,並非科目名稱,以準則執行查詢時會以科目代碼為查詢對象,自然無法取得結果。

Step 3 切換查詢設計視窗,加入課程資料表。

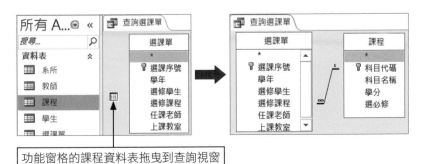

功能窗格的課程資料表拖曳到查詢視窗

Step 4　將原有的選修課程欄位清除，❶ 學年的準則變更「＞100」，❷ 加入課程資料表的「科目名稱」，並加入 ❸ 準則「"程式*"」；按執行鈕，找到 20 筆記錄。

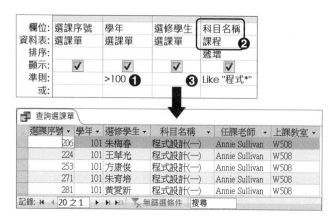

8.3.3　欄位與屬性表

設定查詢時，資料表的欄位與準則息息相關；在查詢「設計檢視」中，可針對需求給予欄位較有意義的名稱；Access 2016 提供這種別名功能。變更欄位名稱時，設定方式「新欄位:原有欄名」，中間以:（半形）來隔開。

範例《CH08C》更改欄名

Step 1　延續前面步驟的操作，將「查詢選課單」變更為設計檢視模式。

Step 2　變更欄名:「學年:學年度」。執行後，就可以看到已改成「學年度」。

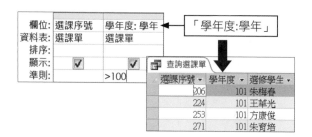

認識屬性表

查詢結果是以原來資料表所設定的屬性為主。當然！為了更方便讀取資料，可藉由屬性表讓欄位呈現不同屬性。如何啟動屬性表？在查詢的設計檢視中有二種方式：①按【F4】鍵；②執行「設計」索引標籤中，「顯示 / 隱藏」群組命令鈕的「屬性表」指令！

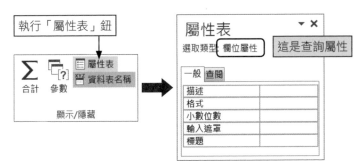

圖【8-8】 開啟查詢屬性

滑鼠游標移向某一個欄位上方顯示 ⬇ 時，按滑鼠右鍵，選取快顯功能表的「屬性」指令。

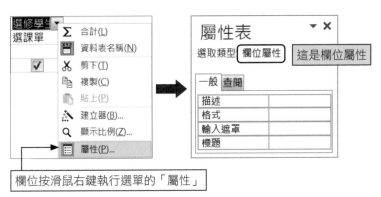

圖【8-9】 開啟欄位屬性

所以屬性表概分二種：①欄位屬性：用來設定跟欄位有關的屬性，如圖【8-9】；②查詢屬性：與查詢物件有關的屬性，如圖【8-8】。

放大窗格

　　查詢的設計檢視中，某些情形下需要把欄位的窗格放大，方便於檢視內容。如何放大窗格？它有兩種方式：①插入點移向某一個欄位，按滑鼠右鍵，從清單中執行「顯示比例」命令。②插入點某個欄位的任一列，直接按【Shift + F2】鍵將窗格放大。

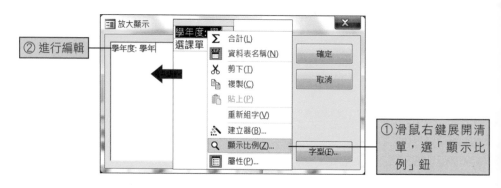

8.4　Access 的運算式

　　設定查詢時，Access 2016 提供「建立幫手」，方便於使用者建立運算式（Expression，Access 會顯示 Expr）。所謂的運算式，如圖【8-10】，由函式、運算元和運算子組合而成。

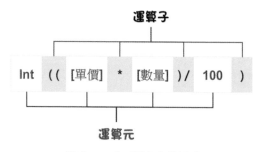

圖【8-10】 運算式的組成

- **運算元**：含有使用的函數和執行運算的欄位、數值。
- **運算子**：包含算術運算符號（+、-、*、/），或者是關係運算子等。

8.4.1 運算式建立器

對於較複雜的運算式，可藉助「查詢設定」群組的「建立器」指令。

運算式建立器分為兩個部份，圖【8-11】說明。

- **編輯框**：使用者可自行輸入運算式，或者雙擊某個運算式值就可加入。
- **運算式元素**：位於視窗左下角，包含函數、常數和運算子等；選取某個元素，例如「運算子」會展開運算式類別和運算式值。

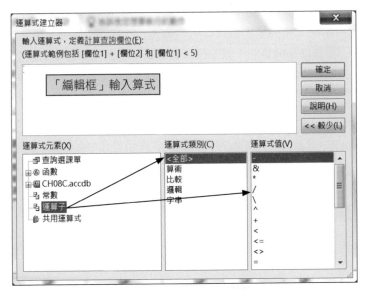

圖【8-11】 運算式建立器

8.4.2 常用函數

Access 2016 提供聚合函數，配合「合計」列，在查詢時能針對所有記錄，或者是某一特定群組記錄來進行資料彙總。下表【8-3】為常用的聚合函數。

函數名稱	說明	函數名稱	說明
Avg	平均值	StDev, StDevp	標準差
Count	筆數	Sum	總計
Max	最大值	Var, Varp	變異數
Min	最小值		

表【8-3】 聚合函數

此外，尚有一些其他函數，列表【8-4】。

函數名稱	說明	函數名稱	說明
Int	回傳整數值	Date	取得系統（今天）日期
Month	回傳日期資料的月份	Year	回傳日期資料的月份
Format	格式化資料	DatePart	回傳日期的指定值

表【8-4】 常用函數

Format 函數用來格式化函數，包含日期、數字，內含四個參數值，使用前面二個參數使用率較多；第一個參數是運算式，第二個參數欲執行格式化的日期或數字，語法如下：

```
Format(expression[, format[, firstdayofweek[,
    firstweekofyear] ] ] )
```

- **參數一 <expr>**：運算式，用來取得日期資料，配合欄位名稱或 Date() 函數來使用。
- **參數二 <fmt>**：格式化參數一的資料，以 "mm" 表示月份，以 "yyyy" 呈現年份。

8.4.3 產生運算式

下面範例使用「運算式幫手」來顯示年份。使用 year 函數，將生日轉化為年份，其語法如下：

```
year(number)
```

- **number**：運算式，用來取得年份，範例中以「生日」欄位做 number 值。

範例《CH08D》使用 Year 函數

Step 1 開啟範例《CH08D.accdb》，進入查詢設計視窗，將學生資料表的姓名、性別和
生日加入設計格線，並儲存「出生年份查詢」。

Step 2 ❶ 插入點移向「生日」欄位，❷ 啟動「建立器」進入其設定畫面。

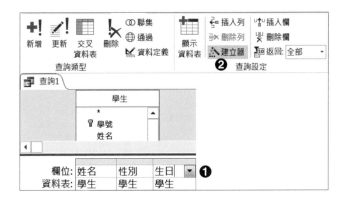

步 驟 說 明

➲ 步驟 1 要先做儲存動作，使用運算式幫手才能找到對應欄位。

➲ 步驟 2 插入點要先移向生日欄位，否則無法啟動「建立器」。

Step 3 ❶ 先刪除編輯框的「生日」；❷ 找到運算式元素「函數」，點選「+」來展開函
數內容；❸ 選取「內建函數」；❹ 再選取運算式類別的「日期 / 時間」；❺ 再
找到運算式值的「Year」，再以滑鼠雙擊，會加到編輯框；❻ 選取 Year 函數的

「<<date>>」；❼ 運算式元素選取「出生年份查詢」；❽ 滑鼠雙擊運算式類別的「生日」來取代 Year 函數的 date 參數。

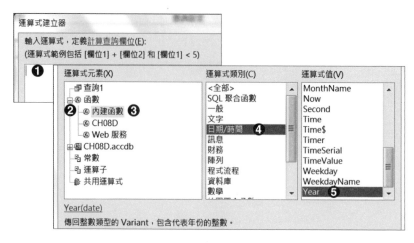

Step 4　變更欄名。❶ 加入別名「出生年份」，變成「出生年份:Year（[生日]）」；❷ 按「確定」鈕來結束運算式幫手。

Step 5　做遞減排序。回到查詢設計視窗，將出生年份的排序列做「遞減」。

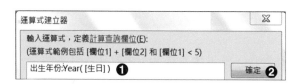

Step 6 按「執行」鈕，就可以看到出生年份的排序結果。

姓名 ▼	性別 ▼	出生年份 ▼
陳純玉	女	1998
林志慧	女	1998
胡君弘	男	1997
林茂森	男	1997
王小慧	女	1997

記錄: ◄ ◄ 127 之 1 ► ►I ►* 無篩

8.4.4 合計列做加總

想要統計數值，必須在查詢「設計檢視」下，加入「合計」指令來配合演出！當「合計」指令按下時，其設計格線會加入「合計列」。

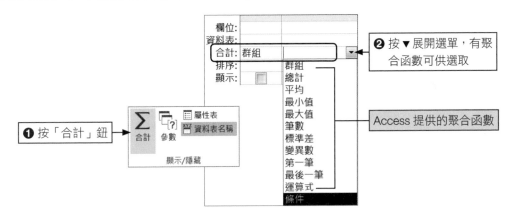

想要知道學生總共修了幾學分，可以先計算每位學生每個學年的學分，再統計個人的學分數，透過下述範例來解說。

範例《CH08D》統計學生選修的學分數

Step 1 進入查詢設計視窗，彈出顯示資料表；❶ 確認「資料表」標籤；❷ 按 Shift 鍵，選「課程、學生和選課單」這三個資料表；❸ 按「新增」鈕來加入；❹ 再按「關閉」鈕。

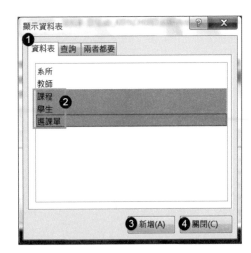

Step 2 依序加入學生的「姓名」，選課單的「學年」，課程
的「學分」。

Step 3 ❶ 執行「合計」指令，設計格線會加入合計列；❷ 欄位「姓名、學年」設為
『群組』，學分欄位變更為『總計』。

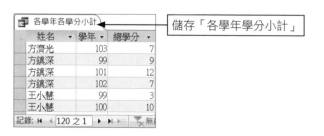

Step 4 將總計學分的學分欄位變更「總學分」，並將查詢儲存「各學年各學分小計」；按
「執行」鈕來檢視查詢結果，每位學生各學年的選修分數已統計出來。

儲存「各學年學分小計」

姓名	學年	總學分
方濟光	103	7
方鎮深	99	9
方鎮深	101	12
方鎮深	102	7
王小慧	99	3
王小慧	100	10

記錄: 120 之 1

Step 5 再一次進入空白的查詢設計，顯示資
料表；❶ 切換「查詢」標籤；❷ 選
「各學年各學分小計」查詢；❸ 按
「新增」鈕來加入；❹ 再按「關閉」
鈕。

顯示資料表 ❶

資料表　查詢　兩者都要

101學年未選課學生
101學年修多門課的學生
101學年選課單
出生年份查詢
各學年各學分小計 ❷
查詢選課單
課程查詢
課程選修排行

❸ 新增(A)　❹ 關閉(C)

Step 6 ❶ 加入欄位：姓名、總學分；❷ 加入「合計」列，設姓名是「群組」，總學分「總計」。

欄位:	姓名	總學分	❶
資料表:	各學年各學分小計	各學年各學分小計	
合計:	群組	總計	❷
排序:			
顯示:	✓	✓	

步驟 說明

➲ 使用合計列時，至少要有二個欄位，一個欄位用來設定群組（要加總的對象），另一個欄位執行計算。

Step 7 按「執行」鈕，就可以看到每位學生的學分已做了合計動作，儲存成「計算學生的總學分」。

計算學生的總學分	
姓名 ▾	總學分 ▾
王時嵐	22
王華光	52
古明川	33
田秀娟	37
朱玉美	9
朱金貴	8
朱育培	44
朱良志	36

記錄: ◄ ◄ 50 之 1 ► ►► 🔻

8.4.5 使用臨界數值

要將查詢結果以最高或最低值排列，必須將資料以「遞增」或「遞減」方式排序，再透過臨界數值，它會依照資料的筆數，依照百分比或數字來顯示。如何設定臨界數值？查詢設計檢視下有二種方式：①直接使用「返回」命令鈕；②透過屬性表的「臨界數值」。無論是哪一種方式，皆可按 ▼ 鈕展開清單，選取所需數值，或者輸入臨界數值。

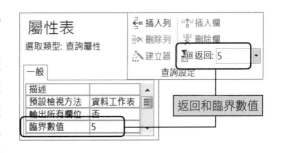

還記得「選修課程排行」這個查詢，利用此查詢來修改臨界數值，並另存查詢為「前十大選修課程」。

範例《CH08D》設定臨界數值

Step 1 為避免破壞另一個查詢結果，將查詢物件「選修課程排行」以查詢設計開啟後，先做另存查詢的動作。

Step 2 切換檔案索引標籤，展開管理模式；❶ 按「另存新檔」指令；❷ 檔案類型選
「另存物件為」；❸ 資料庫檔案類型「另存物件為」；❹ 按「另存新檔」鈕；❺
檔名變更「前十大選修課程」；❻ 按「確定」鈕。

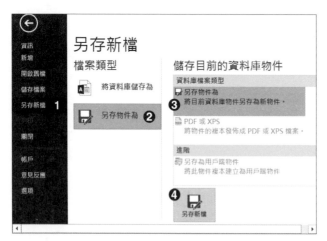

步驟說明

➜ 要將查詢物件開啟，否則進入「另存新檔」畫面時，檔案類型無法選擇「另存物件為」。

Step 3 返回查詢設計視窗；❶ 直
接在返回輸入數字「10」；
❷ 取消第二欄的勾選，❸
將第三欄給予新欄名「選課
次數」；❹ 做遞減排序。

Step 4 按「執行」鈕，會列出前十
大的課程。

科目名稱	選課次數
國文	35
應用英文	31
程式設計(一)	21
法律與生活	18
資訊數學	17
雲端計算	15
會計(一)	14
程式設計(二)	13
英文會話	12
人機系統	11

自我評量

一、選擇題

( ) 1. 從一個或多個的資料表中擷取資料，可更新其結果。這些資料會以動態集合的方式儲存；因此，它儲存的是查詢條件而不是查詢後的結果，稱為：❶ 動作查詢 ❷ 選取查詢 ❸ SQL 查詢 ❹ 參數查詢。

( ) 2. 在「準則」列輸入查詢條件：『Between #2011//1/1# And #2014/1/31#』，會 ❶ 找出 2014/1/1 的資料 ❷ 找出 2014/1/31 的資料 ❸ 找出 2014/1/1 至 2014/1/31 的資料 ❹ 以上皆是。

( ) 3. 在住址欄位的「準則」列輸入查詢條件：『Like 高雄*』：❶ 找出住址為高雄市 ❷ 找出住址開頭為高雄的所有資料 ❸ 找出住址不為高雄市 ❹ 找出住址為高雄的資料。

( ) 4. 如果要在查詢的設計檢視中，將「姓名」欄位變更欄位名稱，何者才正確？ ❶ 姓名：學生名稱 ❷ 姓名，@ 名稱 ❸ 名稱 # 姓名 ❹ 學生名稱：姓名。

( ) 5. 如果要找尋「學年」欄位等於 103 年，其準則要如何設定？ ❶ <=103 ❷ >=103、 ❸ >103 ❹ <103。

( ) 6. 查詢視窗的準則列設「like "陳?"」，表示會找出姓名：❶ 陳大 ❷ 陳大小 ❸ 小陳 ❹ 以上皆是。

( ) 7. 聚合函數 Sum，它的作用是 ❶ 找出最大值 ❷ 找出最小值 ❸ 加總 ❹ 計算平均。

二、填充題

1. Access 提供哪些查詢：＿＿＿＿＿＿＿＿＿ 、 ＿＿＿＿＿＿＿＿＿ 、 ＿＿＿＿＿＿＿＿＿ 、 ＿＿＿＿＿＿＿＿＿ 。

2. 啟動查詢後，可看到哪四種查詢？ ❶ ＿＿＿＿＿＿＿＿＿精靈、❷ ＿＿＿＿＿＿＿＿＿精靈、 ❸ ＿＿＿＿＿＿＿＿＿精靈、❹ ＿＿＿＿＿＿＿＿＿精靈。

3. 查詢設計視窗分為二部份：上半部稱＿＿＿＿＿＿＿＿＿，下半部稱＿＿＿＿＿＿＿＿＿。

4. 在學分欄位的準則下設定「In（3,4）」表示會找出＿＿＿＿＿＿＿＿＿。

5. 查詢時，可以使用哪六種關係運算子：❶ ＿＿＿＿＿＿ 、❷ ＿＿＿＿＿＿ 、❸ ＿＿＿＿＿＿ 、 ❹ ＿＿＿＿＿＿ 、❺ ＿＿＿＿＿＿ 、❻ ＿＿＿＿＿＿ 。

6. 把欄位的窗格放大，可按＿＿＿＿＿＿ + ＿＿＿＿＿＿鍵將窗格放大。

7. 查詢設計視窗，使用合計列時，至少要有二個欄位，一個欄位用來_____，另一個欄位_____。

三、問答題

1. 請說明「查詢」和「篩選」有何不同？

2. 查詢中「產生資料表查詢」和「新增查詢」有何不同？請說明之。

3. 請簡單說明臨界值的應用。

四、實作題

1. 將「學生成績」資料表完成下列的查詢：

❶ 產生一份查詢，含有「總分」、「平均」的成績。

❷ 利用查詢，找出英文成績 <60 有哪些人？

❸ 利用查詢中的臨界數值，找出總分的前五名。

09
Chapter

進階查詢與 SQL

| 學習導引 |

➡ 交叉資料表查詢分析資料，查詢精靈使用單一資料表，手動查詢則以多
　個資料表

➡ 參數查詢能縮小查詢範圍

➡ 動作查詢：製成資料表、新增、更新和刪除

➡ 簡介 SQL 語法：使用 SELECT 子句配合其他參數，以 WHERE 設定查詢
　條件。

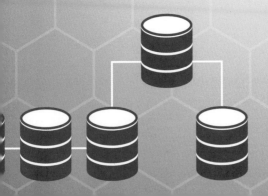

9.1 交叉資料表查詢

選取查詢並不會改變資料表的內容！交叉資料表查詢雖然是選取查詢的一種，但它能進一步將資料分析！章節中以查詢精靈和手動查詢二種方法來介紹交叉資料表查詢的應用！

9.1.1 認識交叉式資料表查詢

「交叉資料表查詢」是 Access 提供的資料分析，其功能類似於 Microsoft Office Excel 樞紐分析表。分析過程中，須將資料表的欄位，為欄、列標題交叉比對，配合函數，擷取所需結果。例如，想要了解各學系中，學生出生年次的分布情形，可針對學生資料表進行交叉比對分析：列標題「系所」，欄標題「生日」，比對值欄位「姓名」，透過下表【9-1】說明。

	欄名（欲比對欄位） 生日
列名（欲分析欄位） 系所	值（配合聚合函數） 姓名

表【9-1】 交叉資料表分析欄位

產生的交叉資料表查詢，其結果如下圖【9-1】所示。

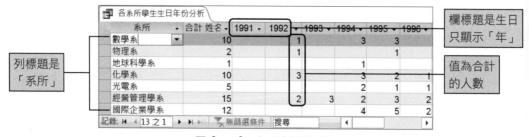

圖【9-1】 交叉資料表分析

9.1.2 使用查詢精靈

要建立交叉資料表查詢，最便捷的方法就是依循查詢精靈的步調，不過查詢精靈只能分析單一資料表，利用它來分析各學系中學生出生年份的分佈情形！

範例《CH09A》交叉資料表查詢用精靈

Step 1 開啟範例《CH09A.accdb》，功能區切換為「建立」索引標籤，執行「查詢」群組的「查詢精靈」指令，進入新增查詢交談窗，選取「交叉資料表查詢精靈」。

Step 2 ❶ 檢視選取「資料表」；❷ 滑鼠選取「資料表：學生」；❸ 按「下一步」鈕。

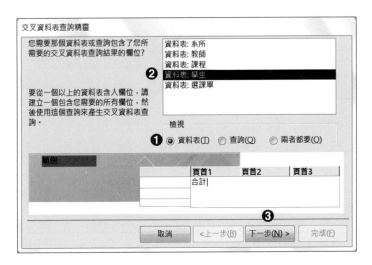

Step 3 加入列標題。從**可用的欄位**選「系所」，❶ 按「>」鈕加到**已選取的欄位**；❷ 按「下一步」鈕。

Step 4 選取欄標題。❶ 選取生日為欄標題；❷ 按「下一步」鈕。

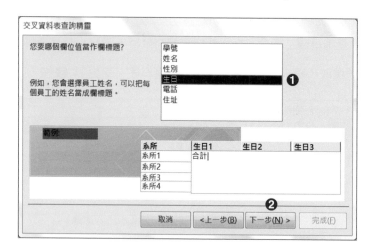

Step 5 由於生日屬於日期／時間類型，得進一步 ❶ 選年來作為分隔單位；❷ 按「下一步」鈕。

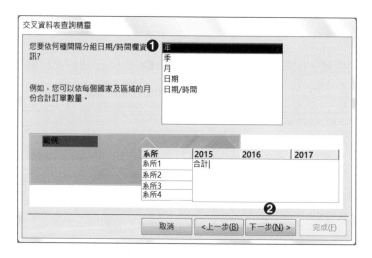

Step 6 設定欄、列交叉的分析欄位。❶ 選取姓名欄位；❷ 函數選取「計數」；❸ 按「下一步」鈕。

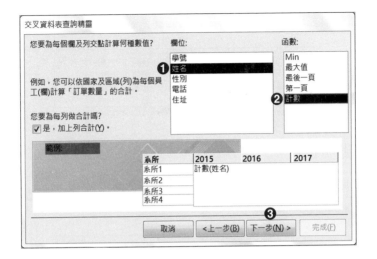

Step 7 ❶ 輸入查詢名稱「各系所學生生日年份分析」；❷ 按「完成」鈕。

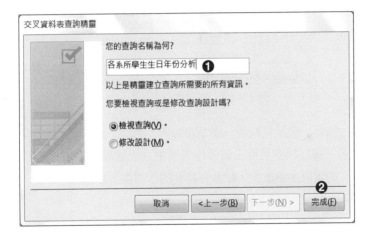

Step 8 交叉資料表查詢的分析結果如圖【9-2】。以數學系而言共有 10 人，分布於 1992、1994、1995 和 1997 年。

系所	合計 姓名	1991	1992	1993	1994	1995	1996
數學系	10		1		3	3	
物理系	2		1			1	
地球科學系	1				1		
化學系	10		3		3	2	1
光電系	5				2	1	1
經營管理學系	15		2	3	2	3	2
國際企業學系	12				4	5	2

記錄: ◄ ◄ 13 之 1 ► ►► ▼無篩選條件 搜尋 ◄ ►

圖【9-2】 各系所生日年份分析

9-5

Step 9 將交叉資料表切換成設計檢視，將第四欄更名「人數:姓名」。

欄位:	[系所]	Format([生日],"y	[姓名]	人數: [姓名]
資料表:	學生		學生	學生
合計:	群組	群組	筆數	筆數
交叉資料表:	列名	欄名	值	列名

9.1.3 手動做查詢

若分析對象為多個資料表，就只能手動設計交叉資料表查詢，進入查詢的「設計檢視」自行定義欄、列標題和值。那麼，先來了解前述範例的查詢結構。

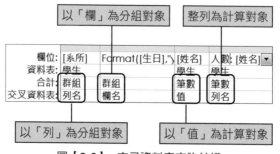

圖【9-3】 交叉資料表查詢結構

設計檢視中，執行「交叉資料表」指令會加入「合計」和「交叉資料表」列。「交叉資料表」列須以列名、欄名和摘要值三個欄位來產生分析結果。因此，一個交叉資料表查詢至少要有二個以上的欄位才能進行，配合合計列的作用產生群組對象。

圖【9-2】 告訴我們，物理系只有 2 位學生。所以，進一步檢視系所資料表，展開系所資料表後，可以看到物理系的學生只有二位。

對於交叉資料表查詢有了基本認識，想要知道各學年度參加選修的學生，各學年選修的分布狀況，總共修了多少學分？交叉資料表的列、欄分析如下表【9-2】。

	欄名（欲比對欄位） 學年
列名（欲分析欄位） 姓名	值（配合聚合函數） 學分

表【9-2】 交叉資料表對應的欄位

範例《CH09A》手動建立交叉資料表查詢

Step 1 執行「查詢設計」指令，空白的查詢設計視窗會帶出「顯示資料表」。

Step 2 選取資料表。❶ 確認「資料表」標籤；❷ 按 Shift 鍵，選「課程、學生和選課單」三個資料表；先 ❸ 按「新增」鈕；再 ❹ 按「關閉」鈕。

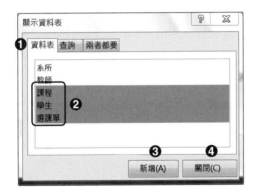

Step 3 設計格線區加入欄位。學生資料表「姓名」、選課單資料表「學生」、課程資料表「學分」。

欄位:	姓名	學年	學分	學分 ▼
資料表:	學生	選課單	課程	課程
排序:				
顯示:	✔	✔	✔	✔
準則:				

Step 4 設定交叉式資料表。❶ 按**查詢類型**群組的「交叉資料表」指令；❷ 將各欄位配合交叉資料表和合計列做設定。

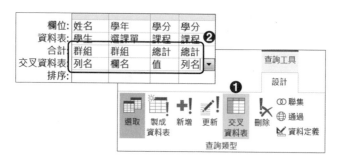

步驟說明

➲ 執行「交叉資料表」指令，設計格線會產生「合計」和「交叉資料表」列；設定二個學分欄位，一個進行「值」的總計；另一個做整列合計。

Step 5 按執行鈕，就可以看到 99~103 學年，各系所中每位學生所選修的學分數及總學分值。

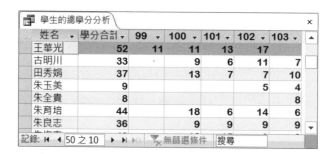

9.2 參數查詢

　　所謂的參數查詢是在準則列中加入參數，執行時依據輸入字串來找出符合條件的特定記錄。若是要經常地執行一個相同查詢，而準則並沒有太大變更的情形下，這時可以配合參數，以便查詢能縮小範圍來節省開啟與修改時間。

9.2.1 單一參數

使用參數查詢的好處：執行時不會擷取全部的記錄，只依特定範圍來查詢。準則列如何加入？

```
[請輸入學分數]
```

- 參數必須以 [ ] 括住，表示它是一個參數查詢！

範例《CH09B》單一參數

Step 1 開啟範例《CH09B.accdb》，將課程查詢以「設計檢視」開啟。

Step 2 學分欄位的準則列輸入 [請輸入學分數]。

欄位:	科目名稱	學分	選必修
資料表:	課程	課程	課程
排序:			
顯示:	✓	✓	✓
準則:		[請輸入分數]	

Step 3 按「執行」鈕會彈出輸入參數值交談窗； 輸入「3」； 按「確定」鈕後找出學分「3」的相關科目。

Like 運算子能讓我們在查詢中找尋特定的資料。而參數查詢交談窗中，必須輸入完整名稱才能取得內容！若只想輸入部份字串，做欄位值的部份比對，就得使用 Like 運算子再加上萬用字元。例如：想要輸入部份住址就能找出相關，可在查詢準則做如下的設定。

```
like "*" & [請輸入部份住址] & "*"
```

- 用 & 串接 like 運算子和 [參數]，所以前後要有半形空白字元。
- 星號「*」為萬用字元，代表的對象是字串，前後要以半形雙引號包住。

範例《CH09B》單一參數配合 like 運算子

Step 1 將學生查詢以「設計檢視」開啟。

Step 2 在「住址」欄的準則列按「Shift +F2」鍵來放大窗格。❶ 輸入「like "*" & [請輸入部份住址] & "*"」;❷ 按「確定」鈕。

Step 3 回到查詢設計視窗,按執行鈕,會彈出輸入參數值交談窗;❶ 輸入「高雄市」;❷ 按「確定」鈕;它會找出 61 筆跟高雄市有關的記錄。

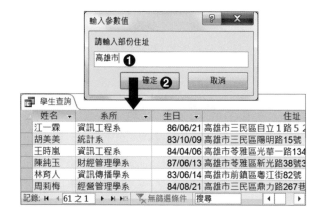

Step 4 如果變更參數值,所得結果也會不同。

有 17 筆

9.2.2 以參數查詢來縮小範圍

參數查詢應用的範圍可以使用於報表或配合其他查詢來限定選取範圍,例如:範例中已使用交叉資料表分析學生的總學分,可以進一步採用查詢工具的設計索引標籤,配合顯示 / 隱藏群組的「參數」指令來縮小學生名單的查詢範圍!

使用參數做查詢要注意兩件事:

■ 設定的準則與查詢參數交談窗的內容要一致。交談窗中參數列所設之參數,除了運算子 Like 和萬用字元外,中括號 [] 所示字串必須與準則列的內容相同。否則執行查詢時會彈出警告交談窗。

■ 參數查詢交談窗,設定的資料類型也必須和查詢欄位的資料類型一致,否則輸入參數值時同樣也會彈出訊息視窗來提示!

下述兩個查詢是 Like 運算子配合萬用字元「*」，不同的搭配會產生不同的查詢結果。

```
Like [姓氏? 名字] & "*"
```

- 如果參數值輸入「王」，會找出姓氏為王的名字，例如：王小慧。

```
Like "*" & [姓氏? 名字] & "*"
```

- 如果參數值輸入「志」，會找出名字中含有「志」這個字，例如：蔡志佳。

範例《CH09B》「參數」和 Like 運算子

Step 1 開啟查詢物件「學生的總學分分析」為「設計檢視」；❶ 在欄位「姓名」的準則列輸入「Like [姓氏? 名字?] & "*"」；❷ 執行顯示 / 隱藏群組的「參數」指令，進入其交談窗；❸ 參數還是輸入「[姓氏? 名字?]」；❹ 展開資料類型選單，選取「簡短文字」；❺ 按「確定」鈕。

Step 2 按「執行」鈕，同樣地 ❶ 輸入參數值「王」；❷ 按「確定」鈕會找出 6 筆姓氏為王的學生。

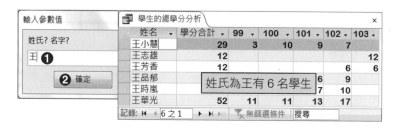

Step 3 將姓名欄位的準則變更為「Like "*" & [姓氏? 名字] & "*"」；按執行鈕，找出姓名中含有「志」字的學生。

姓名	學分合計	100	101	102	103
王志雄	12				12
朱良志	36	9	9	9	9
蔡志佳	6		4	2	

學生的總學分分析

記錄: ◄ ◄ 3 之 1 ► ►► ▼ 無篩選條件 搜尋

Step 4 將查詢物件另存為「以學生姓名為主的參數查詢」。

9.2.3 多參數查詢

多參數查詢同樣是限定資料擷取範圍！例如：選課單會隨著時間不斷地累積，查看時可輸入代表學年的區間數字來縮小搜尋範圍。

範例《CH09B》多個參數做查詢

Step 1 將查詢選課單以設計檢視開啟。❶ 在學年欄位準則列輸入「Between [開始] And [結束]」；❷ 執行「參數」指令，進入查詢參數交談窗。

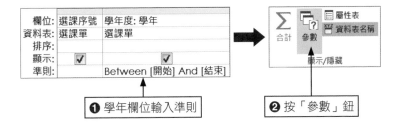

❶ 學年欄位輸入準則　❷ 按「參數」鈕

Step 2 ❶ 第一列參數輸入 [開始]，展開資料類型的下拉選單，選取「整數」；❷ 第二列參數輸入 [結束]，資料類型選取「整數」；❸ 按「確定」鈕關閉其交談窗，回到查詢設計畫面。

Step 3 按「執行」鈕先彈出第一個參數交談窗；❶ 輸入參數「100」；❷ 按「確定」
鈕。顯示第二個參數交談窗，❸ 輸入參數「102」；❹ 按「確定」鈕會找出學年
100~102，共 200 筆記錄。

9.3 動作查詢

「動作查詢」（Action Query）也是 Access 2016 查詢物件中最不同的項目，它可以
將資料庫的記錄，進行新增、更新、刪除，或是製成資料表查詢。這些動作查詢的相關指
令，都放置於查詢工具設計索引標籤下的查詢類型群組，如圖【9-4】所列。

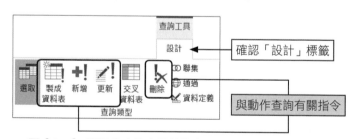

圖【9-4】　與動作查詢有關的指令

動作查詢與選取查詢最大不同點，執行動作查詢時會異動資料庫的記錄；而選取查詢
只是將資料透過特定條件以動態方式顯示出來，並不會對資料庫的內容產生影響。因此，
執行動作查詢會出現如圖【9-5】的警告視窗！這說明執行動作查詢，資料庫的記錄更動後
無法以「復原」指令來回復原有的內容。

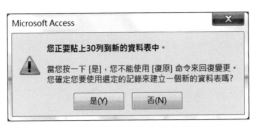

圖【9-5】 執行動作查詢的警告窗

9.3.1 製成資料表

　　「製成資料表」查詢會將所得記錄，複製到目前資料庫或者是指定的資料庫，並以新的資料表來儲存其內容。處於運轉的資料庫，其資料筆數愈來愈多時，以「製成資料表」方式將一些久未使用的資料複製到新的資料表內，再將原有的資料以「刪除查詢」方式進行刪除，讓資料庫的運作維持一定的效能。不過使用製成資料表查詢，有下列事項要注意：

- 執行動作查詢時，使用的資料庫必須位於受信任的位置（相關細節請參考章節 2.1.4）。
- 進入查詢的「設計檢視」，先以選取查詢建立，再變更為所需的動作查詢，然後傳回所需的記錄。

　　下面範例先將選課單資料表 100 年之前的記錄複製到新資料表。準則使用「<100」（小於 100），就能把 99 學年的記錄複製到指定的資料庫。

範例《CH09C》製成資料表

Step 1 開啟範例《CH09C.accdb》，確認是建立索引標籤，找到查詢群組，執行「查詢設計」指令，進入空白的查詢設計視窗。

Step 2 彈出「顯示資料表」交談窗，「資料表」標籤下，選「選課單」按「新增」鈕加到查詢視窗，再按「關閉」鈕。

Step 3 　將所有欄位加到查詢視窗下半部的設計格線；❶ 學年欄位的準則列輸入
　　　　　「<100」；❷ 執行查詢類型群組的「製成資料表」指令。

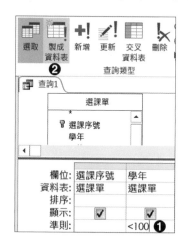

Step 4 　進入製成資料表交談窗；❶ 輸入資料表名稱「100 學年前的選課記錄」；❷ 存於
　　　　　「目前資料庫」；❸ 按「確定」鈕。

Step 5 　按執行鈕會顯示警告交談窗，按「是」鈕來完成「製成資料表」查詢，並將此查
　　　　　詢儲存為「選課記錄」。

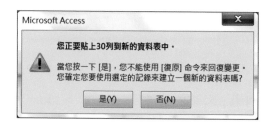

Step 6 　檢視結果；查看功能表區，可以看到「100 學年前的選課記錄」資料表；執行
　　　　　「製成資料表」指令產生的查詢圖示和原有的選取查詢是不同。

製成資料表「100 學年前的選課記錄」

「製成資料表」查詢

9.3.2 新增查詢

新增查詢是將現有資料表的記錄新增到另一個資料表，資料表可以是目前開啟的資料庫，也可以指定另一個資料庫。乍看之下，「新增」查詢與「製成資料表」查詢有些相似，都是把資料進行複製。但是二者還是有些許不同！

■ **製成資料表**：透過查詢產生一個新的資料表。

■ **新增**：以查詢將符合條件的資料複製到一個已經存在的資料表。

使用「新增」查詢時，來源資料表（欲執行新增查詢）和目的資料表的欄位屬性必須符合；指令執行後，會在排序和準則列之間加一個「附加至」列，讓我們進一步確認附加到資料表的欄位是否無誤。下述練習，進一步將選課單資料表 100 年的資料進行處理。

範例《CH09C》新增查詢

Step 1 確認選課記錄查詢為「設計檢視」，❶ 進一步變更「學年」準則列「=100」，❷ 執行**查詢類型**群組的「新增」指令。

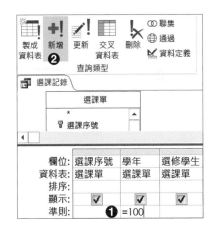

Step 2 進入附加交談窗；❶ 附加至資料表名稱選「100 學年前的選課記錄」；❷ 存於「目前資料庫」；❸ 按「確定」鈕。

Step 3 按「執行」鈕會彈出警告交談窗；按「是」鈕，會將這 65 列附加到「100 學年前的選課記錄」資料表，加上原有 30 筆，總共有 95 筆。

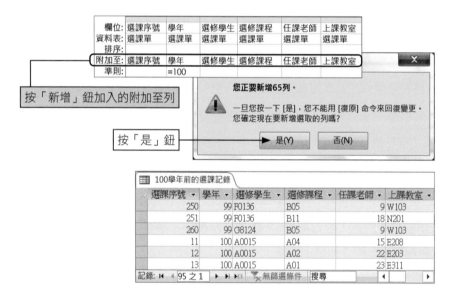

9.3.3 刪除記錄

　　為了維持資料庫的效能，將久未使用的資料以「製成資料表」產生目的資料表，而「新增」查詢則把累積的資料複製到目的資料表，後續動作就是把這些已複製的記錄從原有的選課單刪除。這說明「刪除」查詢是以記錄為單位，其查詢設計視窗的設計格線會產生刪除列，確認「由（From）」將含有「*」所有欄位，透過設定「條件（Where）」來刪除其範圍。例如，刪除「選課單」100 學年之前的記錄。

範例《CH09C》刪除查詢

Step 1 執行「查詢設計」指令,建立空白的查詢設計視窗。

Step 2 新增資料表。從顯示資料表中選取「可刪除的選課記錄」,先按「新增」,再按「關閉」鈕來關閉交談窗。

Step 3 ❶ 第一欄加入「*」字元,它會變成「可刪除的選課記錄.*」,第二欄是「學年」;❷ 在學年欄位設準則「<=100」;❸ 執行「刪除」指令,會在準則列上方加入刪除列。

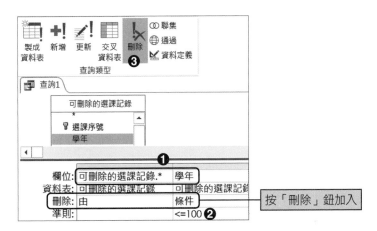

步驟說明

◯ 加入的欄位,第一欄「*」代表所有欄位,刪除時才能將符合條件的欄位值一併刪除,因此會刪除 100 學年(含本身)之前的記錄。

Step 4 按「執行」鈕會彈出警告訊息;按「是」鈕就會完成記錄的刪除。

Step 5 開啟可刪除的選課記錄資料表，就會發現 100 學年以前的記錄已經看不到了。

可刪除的選課記錄					
選課序號	學年	選修學生	選修課程	任課老師	上課教室
8	101	方鎮深	雲端計算	Jodi Jensen	E212
9	102	方鎮深	行動遊戲設計	張培良	W309
10	102	方鎮深	程式設計(二)	Kathleen Neber	W508
17	101	何茂宗	數位影像處理	朱彰彤	W505
18	101	何茂宗	人機系統	Kathleen Neber	W502
19	101	何茂宗	資料庫系統概論	Joe Stockman	E305

記錄: ◄ ◄ 204 之 1 ► ►► ►▢ ▼ 無篩選條件 | 搜尋 | ◄ | ► |

9.3.4 更新查詢

「更新查詢」是針對資料表的某個欄位值進行更新。所以更新前，得下準則做特定對象的搜尋。執行「更新」指令，會加入更新至列，把欲更新的欄位輸入更新值。例如，將選課單資料表，教室為「E311」者變更為「F612」。

範例《CH09C》更新上課教室編號

Step 1 執行「查詢設計」指令，產生空白的查詢設計視窗。從彈出「顯示資料表」交談窗，將資料表「選課單」按「新增」鈕加到查詢視窗。

Step 2 設計格線加入的欄位：選課序號、學年、上課教室。

Step 3 設定更新。❶ 設定準則：學年欄位「103」，上課教室欄位「In("E311")」；❷ 執行「更新」指令，會在準則列上方加入「更新至」列；❸ 在上課教室欄位輸入更新值「F612」。

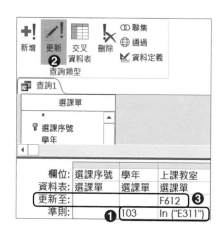

步驟說明

○ 先以準則「In("E311")」找出上課教室為「E311」的欄位值，執行「更新」指令加入「更新至」列，再輸入欲更新的值「F612」。

Step 4 按「執行」鈕，同樣地會顯示警告訊息！按「是」鈕來完成更新程序。查詢以「更新查詢」為名稱做儲存。

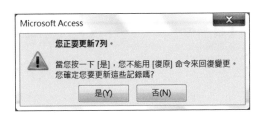

Step 5 完成更新後，開啟選課單資料表為資料工作表，以上課教室 F612 做篩選，可以確認已完成更新。

選課序號 ▾	學年 ▾	選修學仁 ▾	選修課稻 ▾	任課老冇 ▾	上課教室 ▾
47	103	宋一新	國文	吳承諭	F612
107	103	胡保安	國文	吳承諭	F612
112	103	黃君如	國文	吳承諭	F612
211	103	王志雄	國文	吳承諭	F612

記錄: ◄ ◄ 7 之 1 ► ►I ►✱ ▼ 已篩選 搜尋

9.4 SQL 查詢

SQL（Structured Query Language）語言，它於 1970 年末期由 IBM 研發，用來管理關聯式資料庫 DB2 所研發出來的一種結構化語言。透過 SQL 的指令可用來存取和更新資料庫的記錄，而 Access 亦提供 SQL 語法的支援。一般而言，Access 所支援的 SQL 語言是一種非程序的語言，基本上分為二大類：

- **資料定義語言 DDL（Data Definition Language）**：用來建立資料表，定義欄位。
- **資料操作語言 DML（Data Manipulation Language）**：定義資料記錄的新增、更新、刪除。

9.4.1 檢視 SQL 敘述

Access 提供 SQL 檢視，只要使用者建立了查詢物件，就能進入「SQL 檢視」。

範例《CH09C》檢視 SQL 語法

Step 1 將前述範例「更新查詢」以「設計檢視」開啟。

Step 2 切換為 SQL 檢視。確認**設計**索引標籤，找到結果群組的「檢視」指令，❶ 按 ▼ 鈕展開檢視選單；❷ 執行「SQL 檢視」指令；原有的查詢視窗會以 SQL 語法顯示。

Step 3 如何回到設計檢視？再一次展開檢視選單，執行「設計檢視」指令即可。

9.4.2 SQL 語法簡介

SQL 語法最基本的敘述就是 Select，其作用就是從資料表選取欄位，語法如下：

```
SELECT 欲選擇的欄位
FROM 要查詢的資料表名稱
WHERE 資料篩選的條件設定
```

- **SELECT**：欲查詢的欄位，「*」代表所有欄位。

- **FORM**：資料來源，可以是資料表或查詢。

- **WHERE**：條件子句，設定查詢條件。

如果 SQL 語法是這樣敘述：

```
SELECT 選課單 . 選課序號 , 選課單 . 學年 ,
選課單 . 選修學生 , 選課單 . 選修課程
FROM 選課單 ;
```

Access 以「資料表名稱.欄位名稱」來表達 SELECT 敘述之後欲選擇的欄位。下達 SQL 指令，若是來源為同一個資料表，可以省略資料表名稱；SQL 語法並無英文大小寫之分，但對於關鍵字部份，習慣以英文大寫表示，結束敘述使用分號「;」字元。所以，上述 SQL 語法表達「從選課單資料表，加入選課序號、學年、選修學生和選修課程 4 個欄位」。

範例《CH09C》使用 SQL 語法 (1)

Step 1 執行「查詢設計」指令，產生空白的查詢設計視窗。

Step 2 關閉「顯示資料表」交談窗，執行「SQL 檢視」指令，開啟 SQL 編輯窗。

Step 3 輸入 SQL 敘述；按「執行」鈕會以資料工作表輸出執行結果。

```
SELECT 學年 , 選修學生 , 選修課程
FROM 選課單 ;
```

去除重複值

如果單純想要了解各學年，學生選修狀況，為避免資料有重複的值，可配合「DISTINCT」參數做改善。SQL 敘述修改如下：

```
SELECT DISTINCT 學年 , 選修學生
FROM 選課單;
```

範例《CH09C》使用 SQL 語法 (2)

Step 1 延續前一個操作,透過「檢視」指令選單切換成「SQL 檢視」,做 SQL 敘述的修改。

Step 2 按執行鈕,就可以看到各學年選修的學生。

9.4.3　WHERE 子句過濾條件

對於 SELECT 敘述有了初步認識,再來看看可設定查詢條件的 WHERE 子句! WHERE 子句的用法跟我們在查詢設計視窗中,設計格線的準則列很接近。在 WHERE 子句後面指定欄位,配合運算子;若為字串,前後要加雙號。例如,從選課裡找出 103 年的選修學生,SQL 查詢如下:

```
SELECT DISTINCT 學年 , 選修學生
FROM 選課單
WHERE 學年 = 103;
```

使用 WHERE 子句還能配合邏輯運算子 AND 或 OR！例如，找出學生資料表中，生日是 86 年的學生，所以過濾的對象是「1997/1/1 ～ 1997/12/31」；因為是日期，必須在日期前後加 # 符號做區隔，SQL 敘述如下：

```
SELECT   姓名，性別，生日
FROM 學生
WHERE （生日）>= #1997/1/1# And （生日）<=#1997/12/31#
```

還記得參數查詢吧，WHERE 子句配合 LIKE 運算子，也有相同效果！其 SQL 敘述如下：

```
SELECT   姓名，性別，生日
FROM 學生
WHERE 姓名 LIKE "*" & [請輸入姓氏或者名字] & "*";
```

9.4.4 將資料排序、設為群組

使用 ORDER BY 子句能針對指定欄位來排序，參數 ASC 做遞增排序，DESC 為遞減排序。例如：找出學生年紀最小的前 10 名，以遞減方式做排序，SQL 敘述如下：

```
SELECT TOP 10 姓名，性別，生日
FROM 學生
ORDER BY 生日 DESC;
```

姓名	性別	生日
方鎮深	男	87/12/25
楊銘哲	男	87/12/21
林志揚	男	87/12/11
馬立光	男	87/12/11
王芳香	女	87/11/05
陳純玉	女	87/06/13
林志慧	女	87/05/30
宋一新	男	87/05/21
郭玉鈴	女	87/05/08
蔡志佳	男	87/04/05

GROUP BY 子句能設定群組，針對指定欄位給予條件值；同樣地，配合聚合函數來使用。例如，統計學生資料表中，男、女學生各有多少人？表示以「性別」欄位為群組，COUNT 函數來計數姓名，SQL 查詢如下：

```
SELECT 性別 , Count ( 姓名 )  As  人數
FROM 學生
GROUP BY 性別
ORDER BY COUNT ( 姓名 );
```

性別	人數
女	42
男	85

9.4.5　聯集查詢

聯集查詢的作用是將數組查詢結果予以合併；SQL 語法如下：

```
SELECT1 敘述 UNION SELECT2 敘述 ;
```

例如，想要找出學生、教師資料表姓氏為「陳」；二者之間並無任何關聯，而兩個資料表之間都有「姓名」欄位，可透過聯集來同時檢視這兩個資料表的相關資訊，SQL 敘述如下。

```
SELECT 姓名
FROM 學生
WHERE 姓名 LIKE " 林 *"
 UNION ALL
SELECT 姓名
FROM 教師
WHERE 姓名 LIKE " 林 *";
```

範例《CH09C》使用 SQL 的聯集

Step 1 執行「查詢設計」指令,產生空白的查詢設計視窗。

Step 2 關閉「顯示資料表」交談窗,執行「聯集」指令,開啟空白 SQL 編輯窗。

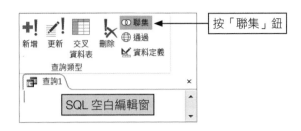

Step 3 輸入 SQL 敘述,按執行鈕;找到 13 筆姓氏為「林」的老師和學生。

自我評量

一、選擇題

( ) 1. 執行哪一種查詢會異動資料庫的記錄？ ❶ 動作查詢 ❷ 選取查詢 ❸ SQL 查詢 ❹ 參數查詢。

( ) 2. 下述對「SQL 查詢」的描述，何種正確？ ❶ 於 1980 年末期由 IBM 研發 ❷ 是一種非結構化語言 ❸ 透過 SQL 的指令可用來存取和更新資料庫的記錄 ❹ 以上皆是。

( ) 3. SQL 敘述「SELECT」的作用是：❶ 指定欲查詢的資料表名稱 ❷ 指定欲查詢的欄位 ❸ 設定篩選條件 ❹ 以上皆非。

( ) 4. SQL 敘述「FROM」的作用是：❶ 指定欲查詢的資料表名稱 ❷ 指定欲查詢的欄位 ❸ 設定篩選條件 ❹ 以上皆是。

( ) 5. SQL 敘述「ORDER BY」子句的作用是：❶ 指定欲查詢的資料表名稱 ❷ 指定欲查詢的欄位 ❸ 進行排序 ❹ 以上皆非。

( ) 6. SQL 敘述「UNION」作用是：❶ 聯集一個資料表 ❷ 聯集二個資料表 ❸ 進行排序 ❹ 以上皆是。

二、填充題

1. Access 提供哪些查詢：＿＿＿＿＿＿＿＿＿ 、 ＿＿＿＿＿＿＿＿＿ 、 ＿＿＿＿＿＿＿＿＿ 、 ＿＿＿＿＿＿＿＿＿ 、 ＿＿＿＿＿＿＿＿＿ 。

2. 動作查詢可分為：＿＿＿＿＿＿查詢、＿＿＿＿＿＿查詢、＿＿＿＿＿＿查詢、＿＿＿＿＿＿查詢。

3. 執行＿＿＿＿＿＿查詢後，無法以「復原」指令來進行回復的動作。

4. 使用「刪除查詢」時，＿＿＿＿＿＿是用來設定刪除的範圍，＿＿＿＿＿＿是將含有「*」的欄位進行刪除。

5. 使用交叉資料表查詢至少要有三個欄位：＿＿＿＿＿＿ 、 ＿＿＿＿＿＿ 、 ＿＿＿＿＿＿ 。

三、問答題

1. 使用「選取查詢」和「動作查詢」有何不同？請說明之。

2. 查詢中「製成資料表查詢」和「新增查詢」有何不同？請說明之。

3. 請簡單說明參數查詢的作用。

10

Chapter

深入表單

學習導引

➡ 更進一步對表單的控制項有通盤性認識

➡ 透過表單的屬性表來了解它的格式、資料和事件等

➡ 表單的資料來源非單一資料表;子表單,連結表單皆能把多個資料表納
入表單的製作範圍

➡ 最後,利用附件控制項加入圖片

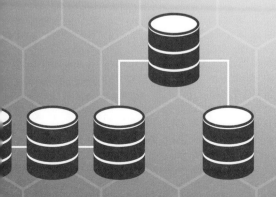

10.1 使用控制項

本章節重點還是表單！控制項結合資料表的欄位，得窺表單的屬性！就 Access 表單來說，控制項扮演著重要的角色。事實上，表單和報表就是由不同的控制項組合而成。第五章介紹了文字方塊和標籤控制項，那麼還有哪些控制項？所有的控制項都存放於設計索引標籤的控制項群組。進入表單的設計檢視或版面配置，皆可透過「設計」索引標籤尋得，如下圖【10-1】所示。

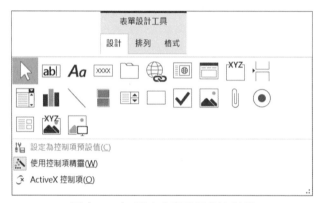

圖【10-1】 配合表單使用的控制項

10.1.1 控制項概觀

「控制項」群組鈕包含著不同控制項，其中的「控制項精靈」和「選取控制項」與控制項的操作有關，認識如下：

- **控制項精靈**：控制項精靈 是一個切換按鈕，可以啟動或關閉控制項精靈。預設狀態下控制項精靈處於啟動狀態；建立控制項時，能協助使用者進行相關作業。
- **選取控制項**：選取控制項 ，一般都是啟用（被按下）狀態，表示可用來選取表單中的控制項；如果改選取其他控制項，選取控制項才會呈現停用（白色）狀態。

標籤（Label）控制項

標籤控制項 *Aa* 以獨立標籤來顯示文字；依照輸入方式的不同，可區分為「字元文字」和「段落文字」。

■ **字元文字**：依據字元多寡來調整「標籤」寬度，按 Enter 鍵表示輸入完成；若要修改內容，選取後再按 Enter 鍵會進入編輯狀態；文字換行動作，使用【Shift + Enter】鍵。

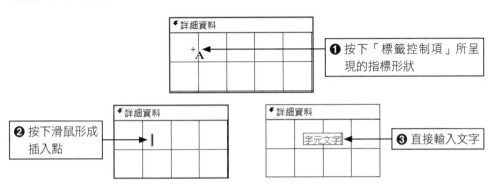

■ **段落文字**：按下標籤控制項之後以滑鼠拖曳成形，它提供固定欄寬；超過欄寬時，輸入的文字會自動換行。

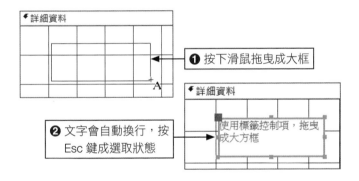

文字方塊（Textbox）控制項

文字方塊（Textbox）控制項 ab 讓使用者輸入資料，編輯欄位內容。表單上加入文字方塊會伴隨標籤（控制項精靈被按的狀態下）。

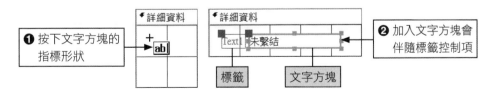

■ **選項群組（Frame）控制項**：能搭配切換按鈕、選項按鈕、核取方塊一起使用。多個控制項組合後，讓使用者進行選取；要注意的是，使用選項群組所傳回是數字型態的結果。

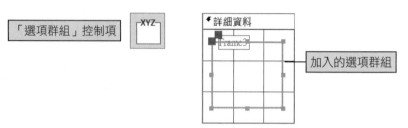

與群組控制項搭配

與群組控制項搭配的有三種：切換按鈕、選項按鈕與核取方塊。

■ **切換按鈕控制項**：表示資料的二種狀態：一種是一般按鈕的狀態（表示未被按下），另一種顯示被按下的狀態（表示被選取）。

■ **選項按鈕（OptionButton）控制項**：本身是單選鈕，搭配選項群組時，表示只能在眾多項目中選取一個。

■ **核取方塊（CheckBox）控制項**：使用者可在眾多項目中，進行多個選取。

提供清單做選擇

提供清單做選取的有兩種：下拉式方塊和清單方塊。

- **下拉式方塊（ComboBox）控制項**：使用時可透過右側的 ▼ 鈕來展開清單，再從其中選取所需的項目。

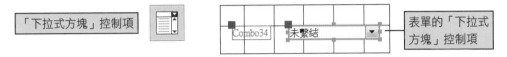

- **清單方塊（List）**：讓使用者直接從列示窗選取所需項目。

其他控制項

除了按鈕要配合巨集，像是「子表單 / 子報表」控制項能產生子、母表單或報表。

- **按鈕（CommandButton）**：執行某項功能或特定的動作，可搭配巨集指令執行。

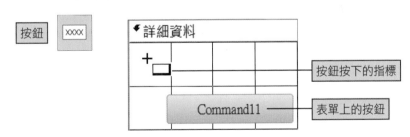

- **繫結物件框** ：表示此物件框可用來編輯或顯示資料表欄位中的 OLE 物件。
- **非繫結物件框** ：表示它是一個獨立的控制項，只存於表單而非資料表。
- **圖像（image）控制項**：在表單中可使用圖像 來儲存圖片。
- **插入或移除分頁符號控制項** ：能將表單進行分頁或移除分頁。
- **索引標籤 控制項**：用來製作頁籤式表單。

- **子表單 / 子報表** ▦ **控制項**：在表單中內嵌一個子表單。
- **線條** ╲ **控制項**：在表單中畫直線。
- **矩形** ▢ **控制項**：在表單中畫方框。

標題控制項

標題控制項本身是「標籤」，會自動加入於「表單首」區段。通常使用表單精靈產生的表單，都可以看到此控制項。

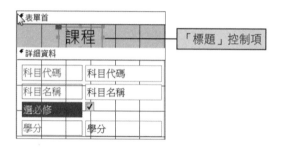

10.1.2 加入控制項

下述範例是在教師表單配合「使用控制項精靈」新增一個能輸入電子郵件的文字方塊。隨著操作到按下「完成」鈕，表單會加入「文字方塊」控制項，並且還包含了「標籤」控制項。步驟 5 中所給予的名稱會對應到標籤上（也就是資料表的欄位名稱），當文字方塊控制項顯示「未結合」，表示控制項尚未設定資料來源，取得其欄位值。

範例《CH10A》加入文字方塊控制項

> **Step 1** 開啟範例《CH10A.accdb》，將教師表單以設計檢視開啟，再把功能區的標籤切換為設計索引標籤，確認控制項群組的「使用控制項精靈」被按下。

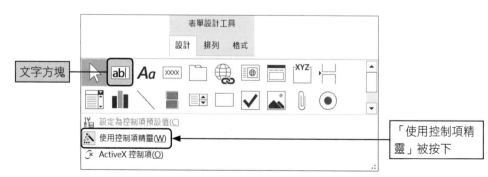

Step 2 按下文字方塊控制項,在表單「詳細資料」區段下方空白處,按下滑鼠左鍵來進入「文字方塊」精靈。

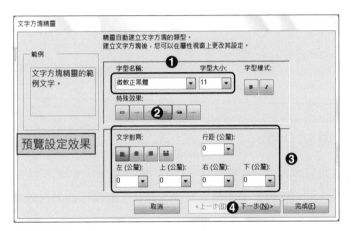

Step 3 ❶ 設定字型名稱和大小;❷ 選一個外框的特殊效果;❸ 設定文字對齊為「靠左」,其他為預設值;❹ 按「下一步」鈕。

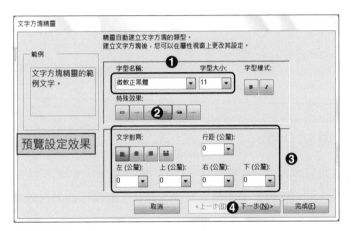

Step 4 ❶ 輸入法模式變更「英文鍵盤」;❷ 按「下一步」鈕。

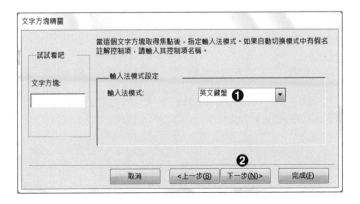

Step 5 ❶ 輸入文字方塊名稱「電子郵件」；❷ 按「完成」鈕。

Step 6 完成的文字方塊控制項會包含標籤和文字方塊；而文字方塊顯示「未繫結」。

10.1.3 控制項結合欄位

當文字方塊未與資料表的欄位繫結時，文字方塊會顯示「未繫結」；完成繫結的文字方塊會顯示欄位名稱。要把文字控制項跟資料來源結合，必須呼叫屬性表做設定，繼續完成下面的練習。

範例《CH10A》控制項結合資料源來源

Step 1 確認教師表單為設計檢視模式，功能區確認為設計索引標籤；加入的文字方塊為選取狀態（呈橘黃色外框），按 F4 鍵叫出屬性表。

Step 2 ❶ 確認選取類型「文字方塊」，❷ 是「電子郵件」；❸ 切換「資料」標籤，❹ 控制項資料來源「Email」；❺ 按 X 鈕關閉屬性表。控制項資料來源完成繫結，文字方塊控制項就會顯示 Email。

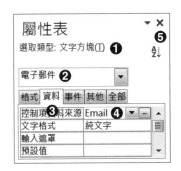

Step 3 調整控制項位置；無論是標籤或文字方塊，皆按住左上角的■做拖曳。

按住左上角■來調整控制項位置

Step 4 指標變 ↔，按住滑鼠將電子郵件的標籤和文字方塊做大小調整；請記得儲存。

指標變 ↔，按住滑鼠做大小調整

10.1.4 變更控制項

即使表單已經完成，使用者還是可以依據自己的需求來變更控制項的樣式。為什麼要進行更改？先看下面的課程表單，選必修欄位是以勾選來表示必修；若以選項按鈕來代替，會更具親和力。由於資料類型「是 / 否」的緣故，Access 處理時，是、True 的邏輯值是『-1』，否、False 的邏輯值是『0』。此外，必須將課程資料表的「是 / 否」以自訂格式表示，以「分號」字元來隔開不同的區段。

；"是的區段"；"否的區段"
；"必修"；"選修"

範例《CH10A》變更控制項

Step 1 　將課程資料表以設計檢視開啟，❶ 插入點移向「選必修」欄位；❷ 屬性窗的格式輸入「;"選修";"必修"」，要按 Enter 鍵做確認。

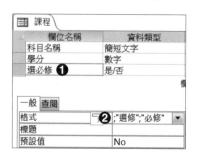

Step 2 　設定查閱標籤屬性。❶ 變更「查閱」標籤；❷ 顯示控制項變更「下拉式方塊」；❸ 資料列來源類型選擇「值清單」；❹ 清單允許列數變更為「2」；❺ 限制在清單內改為「是」。

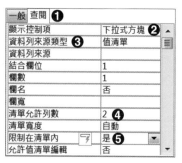

Step 3 　儲存課程資料表再把它關閉；以設計檢視模式來打開課程表單。

Step 4 　選取「選必修」欄位，按 Delete 鍵會連同標籤一起刪除。

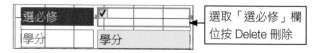

選取「選必修」欄位按 Delete 刪除

Step 5 　❶ 切換設計標籤，確認控制項群組的「使用控制項精靈」已按下；❷ 按「選項群組」鈕；❸ 表單詳細資料區段空白處，按下滑鼠來啟動控制項精靈。

Step 6　❶ 標籤名稱：第一列「必修」；第二列「選修」；❷「下一步」鈕。

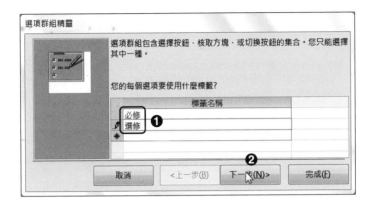

Step 7　❶ 預設選擇：選「不，我不要預設值」；❷「下一步」鈕。

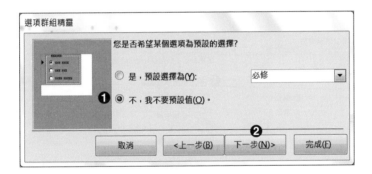

Step 8　設定選項群組的值。❶ 必修設「-1」（是）；選修設「0」（否）；❷「下一步」鈕。

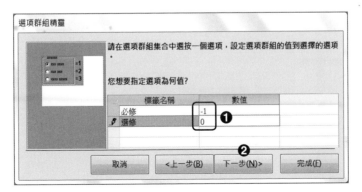

Step 9 設定選項的值。❶ 選取「儲存數值在這個欄位」；❷ 變更「選必修」；❸ 按「下一步」鈕。

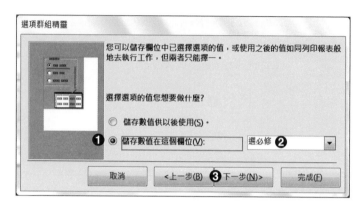

Step 10 設定控制項樣式。❶ 選「選項按鈕」；❷ 樣式選「下陷」；❸ 按「下一步」鈕。

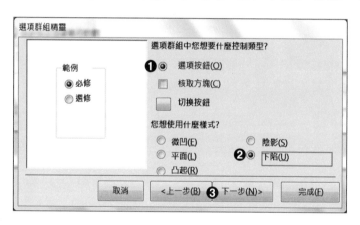

Step 11 ❶ 輸入選項群組標題「選必修」；❷ 按「完成」鈕。

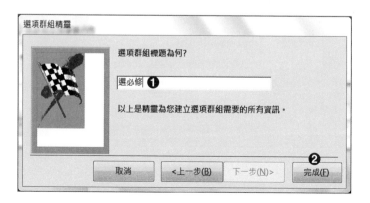

Step 12　❶ 按住左上角■以拖曳方式來調整控制項位置；❷ 選取標籤和兩個選項按鈕；切換排列索引標籤；❸ 按「對齊」來展開選單；❹ 執行「向上」指令。

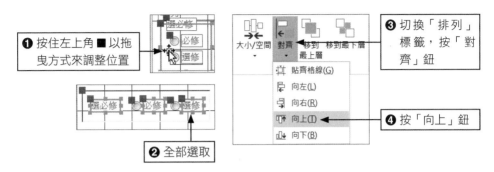

Step 13　❶ 選取原本空的外框，按 Delete 鍵刪除（由於使用版面配置，刪除了原有選必修欄位所留下）；❷ 將選項群組的外框調窄。

Step 14　刪除空白列之後，❶ 原有的學分欄位會自動向上調整；❷ 移向選項群組外圍，按住滑鼠調整位置後，儲存檔案；切換成表單檢視。

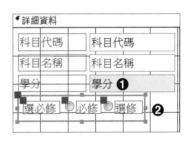

Step 15　新增一筆記錄做測試。按表單下方的 ❶「新記錄」鈕，❷ 新增相關的內容；儲存後關閉；再將課程資料表以資料工作表檢視開啟，就可以看新增的記錄如實儲存於資料表中。

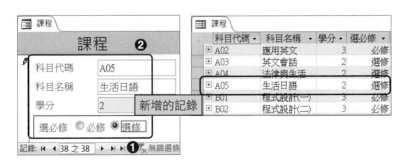

10.2 表單的屬性

　　我們陸陸續續使用過表單的屬性，只是未有系統的介紹。無論是表單或是控制項都具有屬性，因為它們都屬於 Access 的物件。表單的屬性用來控制表單的整體行為與外觀，共分為「格式」、「資料」、「事件」、「其他」和「全部」五個頁籤。每個頁籤上的屬性，都有不同的屬性設定，唯一比較不同的「全部」頁籤，它涵蓋了四個頁籤的所有屬性設定。要呼叫表單的屬性表，表單在設計檢視或版面模式下，按 F4 按鍵是最快速的方式，或者由下述方法也能開啟屬性表視窗。

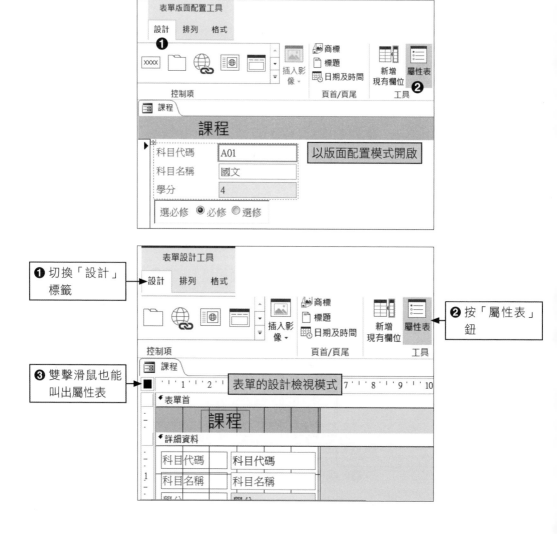

10.2.1 格式

表單的「格式」頁籤，與表單的外觀設定有較直接的關係。

- **預設檢視方法有四種：**①單一表單；②連續表單；③資料工作表；④分割表單。表單檢視模式是表單預設的開啟方式；如果是「資料工作表」，表示它會以資料工作表檢視來開啟表單。

- 允許表單檢視、允許資料工作表檢視和允許版面配置檢視。表示表單除了設計檢視之外，可以在這幾種模式做切換，這可以由常用標籤下的「檢視」指令清單查看。

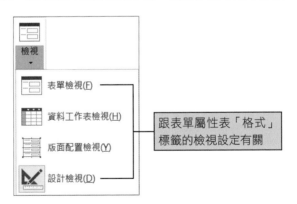

表單的外觀

依圖【10-2】所示，這些屬性與表單的外觀有密切關係。

- **自動置中：**預設值「是」，表示表單會依照上次開啟的位置來開啟；設為「否」表示表單顯示於 Access 主視窗中心。

- **自動調整大小**：調整表單的記錄是否需要在一頁中完整顯示，預設值「是」會自動進行調整。

- **全螢幕**：當表單的寬度太寬時，是否要縮減以符合螢幕的寬度；預設值「是」會自動調整表單的寬度。

- **框線樣式（BorderStyle）**：共有四種，以下表做簡單解說。①屬性預設為「可變大小」表示表單可依自己的需求來調整大小。②屬性值為「無」，則表單視窗的邊框（包含標題列、最大化按鈕、最小化按鈕與關閉按鈕）會不見，使用者無法調整表單的大小。③屬性值「細」或④「對話方塊」也無法調整視窗大小；對話方塊的右上角只有關閉鈕（表單變更為折疊視窗才能見到框線樣式的屬性值）。

圖【10-2】 與表單外表有關的屬性

屬性值	最小化鈕	最大化鈕	關閉鈕	改變視窗大小
無	無	無	無	無
細	有	有	有	無
可變大小的	有	有	有	有
對話方塊	無	無	有	無

表【10-1】 表單的框線樣式有四個屬性值

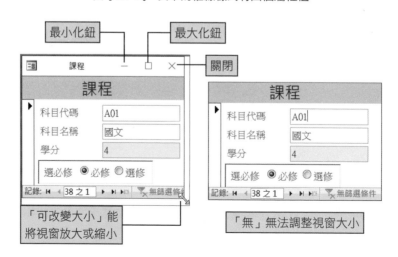

■ **記錄選擇器**：設定是否顯示記錄選擇器，屬性預設值為「是」會顯示，「否」則不顯示。

■ **記錄瀏覽按鈕**：是否顯示記錄切換的按鈕，屬性值為「是」做顯示，「否」則不顯示。

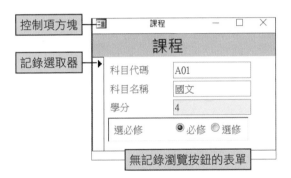

圖【10-3】 表單外觀的有關屬性

■ **分格線**：用來分隔不同區段的橫線，在連續表單檢視下，用來分隔不同的記錄。屬性預設值為「否」並不顯示分格線，「是」則會顯示。

■ **捲軸列**：屬性預設值「兩者都要」，表示提供水平和垂直捲軸。「都不要」表示不會有捲軸；「只有水平」提供水平捲軸；「只有垂直」提供垂直捲軸。

■ **控制項方塊**：用來設定是否顯示「控制盒」功能表；屬性值若設定成「是」則顯示，「否」則不顯示（參考圖 10-3）。

■ **最小化最大化按鈕**：用來設定是否顯示「最大」鈕與「最小」鈕；屬性值若設定成「無」則兩者都不顯示；設定成「最小化」時只顯示「最小」按鈕，設定成「最大化」則只顯示「最大」按鈕，設定成「兩者都要」則兩個都顯示。

- **關閉按鈕**：用來設定是否顯示「關閉」鈕；屬性值若設定成「是」則顯示,「否」則不顯示。

　　上述這些屬性並不會全部反應在表單的外觀上,它跟「文件視窗」有關,以『重疊視窗』或是『索引標籤式文件(預設值)』呈現時有些屬性才會顯示。

　　如果未做變更,皆以『索引標籤式文件』來顯示,如何變更重疊視窗?由下述操作來說明。

範例《CH10B》變更成重疊視窗

Step 1　開啟範例《CH10B.accdb》,❶ 切換檔案索引標籤,進入後台管理模式;❷ 按「選項」來開啟交談窗。

Step 2 ❶ 選「目前資料庫」；❷ 將「文件視窗選項」變更「重疊視窗」；❸ 按「確定」鈕。

Step 3 完成後會提醒我們，重新啟動 Access 軟體設定值才會有效；按「確定」鈕來完成設定。

　　表單的很多屬性設定是在「重疊視窗」下才會有作用，某些屬性值雖然「索引標籤式文件」也具有，卻無法顯示其作用，透過下表【10-2】說明。

表單屬性	重疊視窗	索引標籤式文件
自動置中	具有作用	沒有作用
自動調整大小	具有作用	沒有作用
全螢幕	具有作用	具有作用
框線樣式	具有作用	沒有作用
記錄選擇器	具有作用	具有作用

表單屬性	重疊視窗	索引標籤式文件
記錄瀏覽按鈕	具有作用	具有作用
分格線	具有作用	具有作用
捲軸列	具有作用	具有作用
控制方塊	具有作用	顯示但沒有作用
關閉按鈕	具有作用	具有作用
最小化最大化鈕	具有作用	沒有作用

表【10-2】 文件視窗呈現不同表單屬性

10.2.2 「資料」索引標籤

「資料」索引標籤主要是透過表單的設定，用來編輯、查詢、顯示資料表的內容，如下圖【10-3】所示。

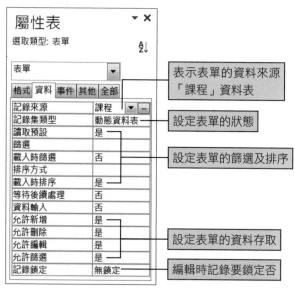

圖【10-3】 表單屬性表的資料標籤

- **記錄來源**：設定表單與來源資料的連結關係，通常有二種選取：①按 ▼ 鈕展開清單，選取其他的記錄來源，可能是資料表，亦有可能是查詢。②建立的查詢物件。
- **記錄集類型（RecordsetType）**：指定表單的記錄集種類；共有三個選項：

① 動態資料表：為預設值，表示是一個編輯的表單，其資料來源可能是單一資料表或是產生一對一關聯的多個資料表。建立關聯的資料表之間必須開啟「串接式更新」，才能在關聯的另一方進行欄位的編輯。

② 動態資料表（不一致）：表示是一個可以編輯的表單。

③ 快照：表示表單會形成一個唯讀的表單，無法進行任何的編輯。

- **資料輸入：**表單的開啟模式。預設值「否」表示表單開啟顯示現有的記錄；設為「是」則啟動時新增一筆空白記錄。

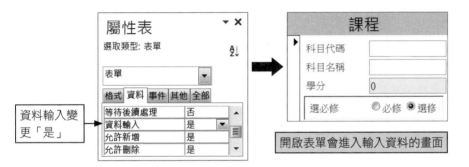

- **表單的資料存取：**藉由下列表單的屬性設定，使用者是否能在表單中新增、編輯、刪除資料記錄，說明如下：

① 允許編輯（AllowEdits）：表單中能否編輯記錄；預設值「是」可以，「否」則不能編輯記錄。

② 允許刪除（AllowDeletions）：表單中能否刪除記錄；預設值「是」可以，「否」則不能刪除記錄。

③ 允許新增（AllowAdditions）：表單中能否新增記錄；預設值「是」可以，「否」則不能新增記錄。

若要防止表單上現有資料被改變，可以將上述這些屬性設為『否』，或是將「資料輸入」屬性設定為『快照』，這會讓表單變成唯讀狀態，使用者就無法進一步做修改。

10.2.3 「其他」索引標籤

「事件」頁籤是用來設定巨集或 VBA 函數，會於第十一、十二章做更多的說明。表單的「其他」標籤則是把前面無法歸類的屬性放到此標籤。

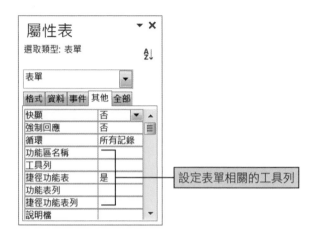

設定表單相關的工具列

- **快顯（PopUp）**：指定表單或報表是否為快顯視窗，預設值為「否」，如果設為「是」，表示表單會永遠位於其他視窗之上。

- **強制回應**：指定表單是否開啟為強制回應視窗。其預設值為「否」，若設為「是」，則表單必須關閉後才能操作其他視窗。

- **循環**：用來設定 Tab 鍵如何在表單內移動，共有三種屬性值。

  ① 所有記錄：預設值，在表單的最後一個控制項按下 Tab 鍵時，會移動到下一筆記錄的第一個控制項。

  ② 目前記錄：從表單的最後一個控制項按下 Tab 鍵時，會回到同一筆記錄的第一個控制項。

  ③ 目前頁面：從頁面上最後一個控制項按下 Tab 鍵時，會回到 Tab 鍵順序中的第一個控制項。

10.2.4 表單的區段屬性

區段與表單上的其他控制項一樣都擁有屬性。區段的屬性主要是用來控制區段在「表單檢視」下的行為模式。雖然區段是成對出現，但是它們卻擁有個別的屬性規格；因此可針對需求，分別設定區段的屬性。如何顯示區段的屬性？直接在某個區段上，雙按滑鼠就會進入其區段屬性，或者點選某個區段，再執行「設計」索引標籤的「屬性表」鈕。

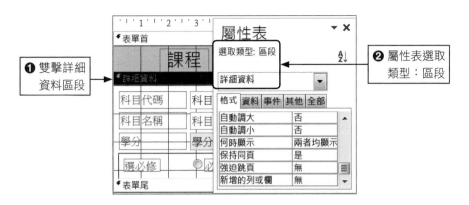

❶ 雙擊詳細資料區段

❷ 屬性表選取類型：區段

- **強迫跳頁：**設定某個區段前或某個區段後，是否執行換新頁動作。
  ① 在區段後：表示此區段的資料於顯示後自動換頁；
  ② 在區段前：表示以新頁顯示此區段內容；
  ③ 前與後：表示此區段與下一個區段均以新頁顯示；
  ④ 無：預設值，以目前這一頁來顯示目前區段內容。

- **保持在一起：**是否將整個區段的資料顯示於同頁。
  ① 是：若依正常分頁，無法將整個區段顯示於同頁，Access 會換新頁以便將整個區段顯示在同一頁上。
  ② 否：預設值，Access 會盡量將同區段內容顯示於同頁，其餘資料移至下一頁。

- **自動調大：**用來設定區段的大小是否能夠垂直地加大，以便能夠顯示區段所包含的所有資料。其屬性設定值有「是」及「否」兩種。

10.3 多重表單

多重表單也是關聯式資料庫完美演繹的主要角色之一，了解子表單與連結單有什麼不同，共同討論之。

多重資料表表單是指一個表單包含了一個以上的資料表；若以關聯式資料庫的觀點來看，多重資料表表單通常應用於兩個資料表間，具有「一對多」的關聯性。它的資料來源由主表單及子表單所組成，「主表單」指主要的表單，而「子表單」則是包含在主表單內的表單。主表單是在「一對多」關聯中的「一」筆記錄，而子表單則是一對多關聯中的「多」筆記錄。

10.3.1 表單的來源有兩個資料表

先以兩個資料表建立一個單一表單，說明表單可以依據需求設定多個資料來源，資料表使用欄位如下表【10-3】所示。

資料表	欄位
學生	學號、姓名
選課單	科目、學年

表【10-3】 使用的資料表和欄位

範例《CH10C》兩個資料表建立表單

Step 1 啟動表單精靈。❶ 切換建立索引標籤，❷ 執行表單群組的「表單精靈」來開啟交談窗。

Step 2 ❶ 資料表／查詢「資料表：學生」；❷ 按「>」鈕，已選取欄位加入：學號和姓名；❸ 資料表／查詢變更「資料表：選課單」；❹ 按「>」鈕加入學年、選修課程到已選取欄位；❺「下一步」鈕。

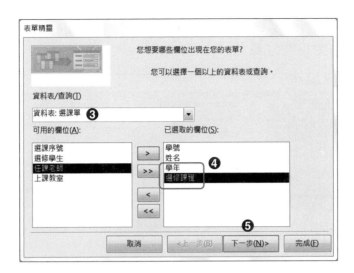

Step 3 ❶ 檢視資料選單「以選課單」為主；❷「下一步」鈕。

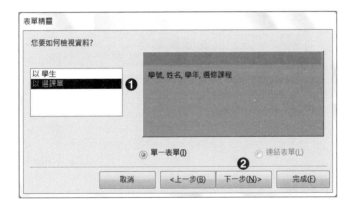

Step 4 ❶ 版面配置選「單欄式」；❷「下一步」鈕。

Step 5 ❶ 表單標題輸入「學生選修課程」；❷ 開啟表單「開啟表單來檢視或是輸入資訊」；❸ 按「完成」鈕。

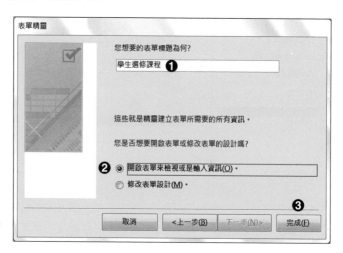

10.3.2 產生子表單

建立子表單的方法有下列二種：①利用表單精靈；②使用子表單控制項。先以表單精靈，來建立一個包含子表單的表單。

範例《CH10C》含有子表單的表單

Step 1 ❶ 切換建立索引標籤，❷ 執行表單群組的「表單精靈」來開啟交談窗。

Step 2 加入欄位；❶ 資料表「欄位」：教師「姓名」，學生「姓名」，選課單「學生、選修課程」；❷「下一步」鈕。

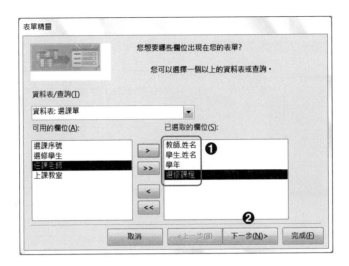

Step 3　❶ 檢視資料「以教師」為表；❷ 選「有子表單的表單」；❸ 按「下一步」鈕。

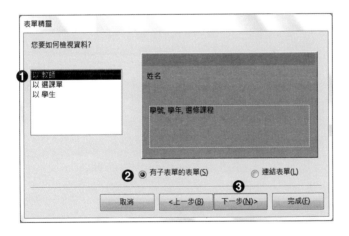

Step 4　❶ 子資料表配置選「資料工作表」；❷「下一步」鈕。

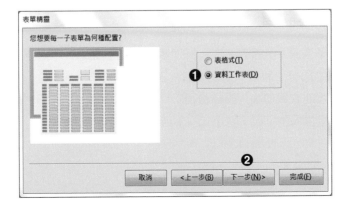

Step 5 表單標題輸入 ❶ 表單「授課」，子表單「選修 子表單」；❷ 使用預設值「開啟表單來檢視或輸入資料」；❸ 按「完成」鈕。

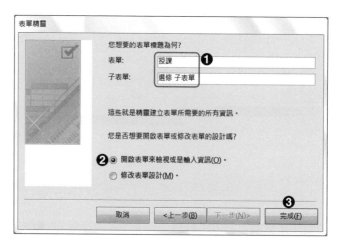

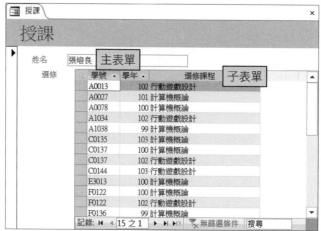

10.3.3　子表單控制項

　　控制項中有「子表單 / 子報表」亦可幫助我們建立子表單，不過在使用此控制項前，必須先建立主表單的部份，利用「系所」資料表，選取『學系』欄位，將表單儲存『系所學生』表單。然後將此表單切換「設計檢視」，再加入「子表單 / 子報表」控制項於主表單中，所需資料表及相關欄位，如下表【10-4】所示。

資料表	欄位
學生	姓名
選課單	姓名、學年、選修課程

表【10-4】 使用的資料表和欄位

範例《CH10C》使用子表單控制項

Step 1 切換建立索引標籤,執行表單群組的「表單設計」指令進入表單的設計檢視。

Step 2 設定記錄來源;按 F4 叫出屬性表,❶ 選取類型:表單;❷ 切換「資料」標籤;❸ 記錄來源「系所」;❹ 按 X 鈕關閉屬性表。

Step 3 同樣是設計索引標籤,找到工具群組的「新增現有欄位」指令來開啟,將學系欄位拖曳到詳細資料區段。

將「學系」拖曳到詳細資料區段

Step 4 確認控制項群組的「使用控制項精靈」已按下;按「子表單」鈕,表單詳細資料區段按下滑鼠來啟動精靈。

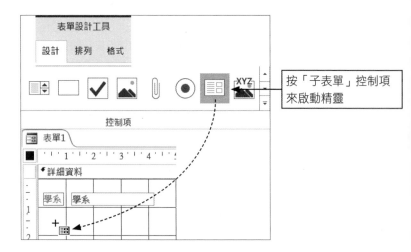

Step 5 子表單要用的資料;❶ 選「使用現存的資料表或查詢」;❷「下一步」鈕。

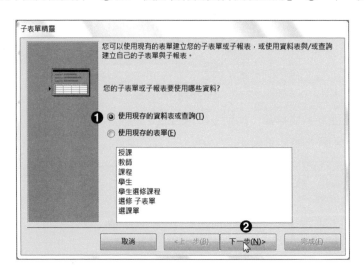

Step 6 ❶ 資料表 / 查詢「資料表:選課單」;❷ 已選取欄位加入「姓名(來自學生資料表)、學年、和選修課程」;❸ 按「下一步」鈕。

Step 7 ❶ 選「從清單選擇」；❷ 使用預設值；❸ 按「下一步」鈕。

Step 8 ❶ 輸入子表單名稱「系所學生的選修」；❷ 按「完成」鈕。將主表單儲存為系所之學生。

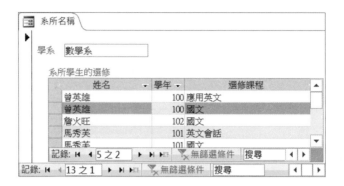

編輯子表單

完成子表單後,先來了解表單中含有子表單的意義;例如學系「數學系」,子表單會顯示此系所的學生,當主表單的記錄指標改變時,子表單的內容也會變動。

■ **取得輸入焦點**

如何移動輸入焦點?無論是主表單或子表單都可以利用鍵盤的 Tab 鍵、Shift + Tab 來移動輸入焦點。不同處在於當主表單的記錄移動時,子表單的記錄也能更新!此時必須藉助 Ctrl 鍵。請開啟「系所之學生」表單為「表單檢視」,說明輸入焦點的移動方式。

① 【Ctrl + Tab】鍵:由主表單進入子資料表的「姓名」欄位;輸入焦點在最後一個欄位時,會跳到主表單的下一筆記錄。

② 【Tab】鍵:子資料表中移到下一個欄位。

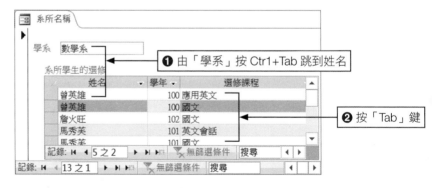

③ 配合 Shift + Ctrl + Tab 鍵可以回到上一筆記錄,或 Shift + Tab 鍵回到上一個欄位。

10.3.4 建立連結表單

所謂「連結表單」是主表單會有一個按鈕，按下時會開啟一個子表單視窗來顯示。需要的欄位和資料表如表【10-5】所列。

資料表	欄位
課程	科目名稱、學分、選必修
選課單	學年、選修學生、任課老師

表【10-5】 使用的資料表和欄位

範例《CH10C》使用連結表單

Step 1 ❶ 切換建立索引標籤，❷ 執行表單群組的「表單精靈」指令進入交談窗。

Step 2 ❶ 依表【10-4】所列來加入欄位，❷ 按「下一步」鈕。

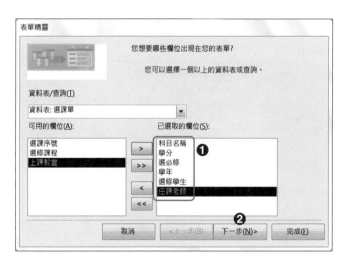

Step 3 ❶ 檢視資料「以課程」為主;❷ 選「連結表單」;❸ 按「下一步」鈕。

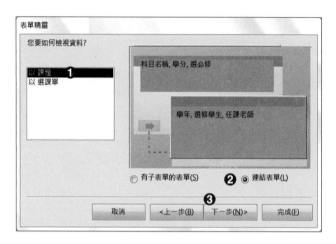

Step 4 ❶ 第 1 個表單名稱「科目」,第 2 個表單名稱「修科表」;❷使用預設選項; ❸ 按「完成」鈕。

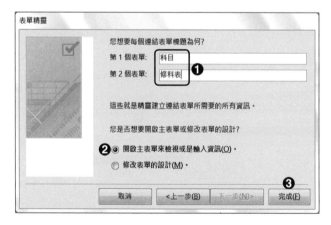

Step 5 輸入「多媒體概論」，按「修科表」鈕開啟後，顯示與此科目有關的選修學生和任課老師。

10.4 為表單添妝

要在表單中加入影像，第一個作法是把學生表單放入照片；第二個作法是在表單放入背景圖片。要在表單放入圖像，須在原有的資料表加入一個欄位，並將資料類型設為「附加」。

「附加」它可以存放照片或檔案。同樣地也要在表單要有一個「附加」控制項來存放新增的照片。

10.4.1　新增照片用附加

　　要在學生表單的照片欄位加入照片，要如何做？在學生資料表中照片的資料類型是「附件」。

範例《CH10C》表單中的附件欄位

Step 1　開啟學生表單為表單檢視。❶ 在照片大方框按滑鼠右鍵展開快顯功能表；❷ 執行「管理附件」指令。

Step 2　進入附件交談窗；❶ 按「新增」鈕；❷ 開啟檔案交談窗，找到存放照片的位置，選取欲加入的照片；❸ 按「開啟」鈕。

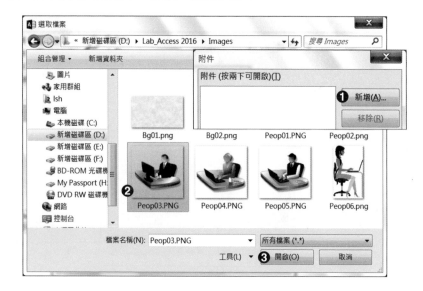

Step 3 按「確定」鈕就完成新增的動作。

Step 4 新增附件（照片）後，選取照片時，還可以看到上方有一個迴紋針圖示，按此圖示還可以再一次開啟附件交談窗。

10.4.2 表單中插入背景圖

表單中加入背景圖片，透過格式索引標籤的背景群組的「背景圖像」指令，但是插入圖片後的細節設定必須藉助表單的屬性表。

如果表單沒有插入任何背景圖，按「背景影像」鈕，須利用選單的「瀏覽」去取得圖片。表單若已加入背景圖，選單中會有背景的預覽選單，可供我們做選取。

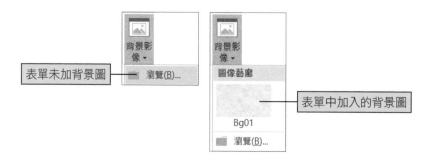

範例《CH10C》表單中插入背景圖

Step 1　開啟學生表單為表單檢視。❶ 執行「背景圖像」指令來拉開選單；❷ 按「瀏覽」鈕進入插入圖片交談窗；❸ 選取圖片；❹ 按「開啟」鈕。

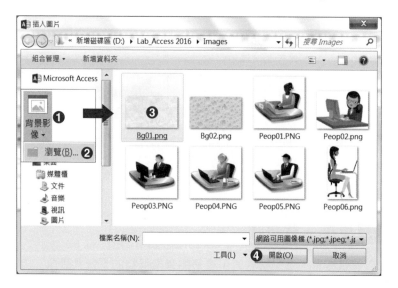

Step 2　做背景圖的細部調整，確認設計檢視，按 F4 按鍵打開屬性表。❶ 選取類型：表單；❷ 切換格式標籤，❸ 圖片磁磚效果「是」。

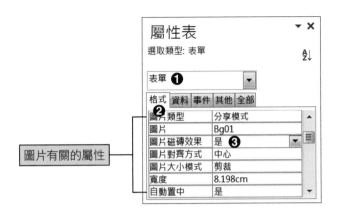

圖片有關的屬性

Step 3 以表單檢視觀看插入的背景圖。

圖片有關的屬性，解說如下。

- **圖片磁磚效果**：當圖片無法填滿整個表單時，若屬性設為「是」時，圖片會進行複製填滿整個表單。

- **圖片的對齊方式有五種**：①「左上」圖形置於表單的左上角。②「右上」圖形置於表單的右上角。③「左下」圖形置於表單的左下角。④「右下」圖形置於表單的右下角。⑤「表單中心」圖形置於表單中央，在表單檢視下，不會自動調整大小。

- **圖片類型**：插入圖片可設定為「內嵌」或「連結的」，預設的方式為「內嵌」，表示圖片儲存於資料庫中；若為「連結的」方式，會儲存於原始的檔案中。

- **圖片的磁磚效果**：可利用小圖片產生疊磚塊的效果，形成大張的背景圖。

■ **圖片的大小模式**：用來設定調整圖片的大小及調整方式，共有三種屬性值。

① 剪裁：以圖片的原始大小顯示。

② 拉長：會以填滿整個表單的方式來顯示，長寬比例可能會有所改變。

③ 顯示比例：依長寬比例來填滿表單。

10.4.3 Tab 鍵設焦點順序

在表單輸入資料時，可按下 Tab 鍵取得輸入焦點的移動順序，若使用者是以自訂表單方式加入控制項，會依據控制項加入的先後順序排序，因此，其移動順序也可以自行設定。

它在哪裡？將表單切換到設計檢視模式，確認設計標籤，找到工具群組的「Tab 鍵順序」指令。

選取某欄位的列，再以拖曳改變位置

自我評量

一、選擇題

( ) 1. 如果在表單的設計檢視中加入一個未結合的控制項，要利用哪個表單的屬性與資料表產生連結？ ❶ 資料輸入　❷ 欄位清單　❸ 記錄來源　❹ 動態資料表。

( ) 2. 表單屬性中的「分隔線」是用來：❶ 分隔不同的區段　❷ 分隔不同的欄位　❸ 分隔不同的資料　❹ 讓畫面美觀。

( ) 3. 表單的控制項當中，可以讓使用者輸入文字的是：❶ 標籤　❷ 文字方塊　❸ 指令按鈕　❹ 選項群組。

( ) 4. 如果在表單上設置一個性別欄位，可使用哪個控制項來設定較適宜：❶ 核取方塊　❷ 切換按鈕　❸ 選項按鈕　❹ 指令按鈕。

( ) 5. 在主表單和子表單中進行切換時，如何讓輸入焦點輸到下一個欄位，使用的快速鍵為 ❶ Ctrl + Shift 鍵　❷ Tab 鍵　❸ Ctrl + Tab 鍵　❹ Ctrl + Shift + Tab 鍵。

( ) 6. 檢視表單時，利用哪一個屬性，讓只有一筆記錄顯示的表單變更成多筆顯示？ ❶ 允許表單檢視　❷ 允許版面配置檢視　❸ 預設檢視方法　❹ 標題。

( ) 7. 表單插入背景，若把圖片設為內嵌，表示 ❶ 圖片儲存於資料庫中　❷ 圖片儲存於原始檔案裡　❸ 不儲存圖片　❹ 以上皆是。

二、填充題

1. 表單屬性中，框線樣式，有哪四種屬性值？ ❶ _____ 、 ❷ _____ 、 ❸ _____ 、 ❹ _____ 。

2. 表單可用的記錄及種類分為三個：_____ 、 _____ 、 _____ 。

3. 使用標籤時，依照輸入方式可區分為_____ 、 _____二種。

4. 要在表單中建立子表單，哪兩種方法？ _____ 、 _____ 。

5. 表單中插入背景圖，圖片的大小模式，有哪三種屬性可做調整？ ❶ _____ 、 ❷ _____ 、 ❸ _____ 。

6. 在表單中，其控制項的輸入焦點的移動順序以_____鍵來設定。

三、問答題

1. 請解釋「主表單」和「子表單」之間的關係。

2. 在表單中插入 OLE 物件時，有哪二種處理方式？

四、實作題

1. 建立一個「學生基本資料」的表單，以下列步驟來完成：

   ❶ 直接進入表單的設計檢視，利用欄位清單來完成。

   ❷ 在表單中加入背景圖片。

   ❸ 利用子表單建立一個主表單為含有學號、姓名欄位，子表單為各科成績的表單。

Chapter

強化報表

學習導引

➡ 在自訂報表中加入排序，隱藏重複性欄位

➡ 報表的來源是多重的，無論是資料表或者查詢，配合分組與排序，為製
作出不同觀點的報表

➡ 配合函數，進行資料彙總；利用子報表概念產生有用的圖表

11.1 讓自訂報表更具特色

針對報表做更深入的了解。從自訂報表開始，以函數 Date 讓報表列印日期；針對某一個欄位為排序對象。將重複的欄位隱藏，讓報表更簡潔流暢。

11.1.1 產生自訂報表

透過報表群組的「設計檢視」指令產生一個空白報表，其資料連結就以查詢物件「101 學年修多門課的學生」為來源，配合版面配置來加入欄位。

範例《CH11A》自訂報表

Step 1 開啟範例《CH11A》，切換建立索引標籤，執行報表群組的「報表設計」指令，開啟設計報表畫面。

Step 2 將空白報表切換為版面配置檢視，按 F4 鍵叫出屬性表。

Step 3 ❶ 選取類型：報表；❷ 切換「資料」標籤；❸ 記錄來源「101 學年修多門課的學生」；❹ 按 X 鈕關閉屬性表。

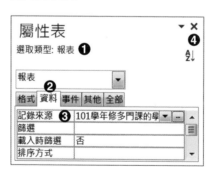

Step 4 按 Alt + F8 鍵來啟動「欄位清單」；依序將欄位拖曳到版面。

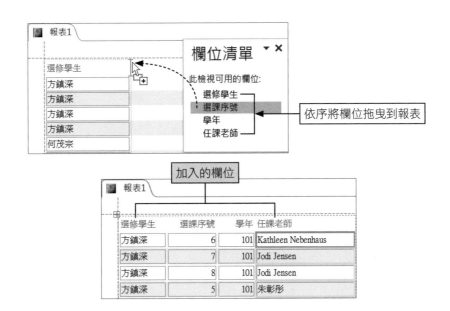

Step 5　儲存報表為「101 學年修多門課的學生」。

11.1.2　日期函數 Date

　　第七章也曾在報表中加入列印日期，使用的是「設計」標籤的「日期及時間」鈕。其實它是使用函數「Now」它會顯示當下的日期和時間。日期函數「Date」和函數 Now 有些許不同，它只會顯示目前的日期。如何做？為了讓每一頁皆能列印日期，利用控制項再配合 Date 函數來取得系統的日期。為了讓每一頁報表能顯示日期，Date 函數放在頁尾區段。

範例《CH11A》Date 函數列印日期

Step 1　將「101 學年修多門課的學生」報表切換為設計報表畫面。

Step 2　確認「使用控制項精靈」未按下，在頁尾加入文字方塊（同樣會有標籤伴隨）。

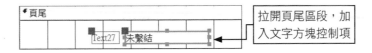

Step 3　標籤（Text27）輸入「列印日期：」；文字方塊輸入「=Date()」

Step 4 加入線條控制項於頁尾，儲存後以「預覽列印」檢視報表。

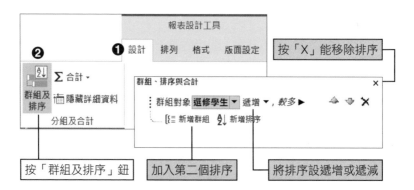

11.1.3 將報表的欄位做排序

為了讓報表的閱讀性更好，將學生欄位進行遞增排序。「群組及排序」指令在設計索引標籤的分組及合計群組指令裡，執行後會開啟在報表下方，它是一個開關鈕，再按一次就會關閉。

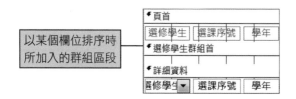

當報表中以某個欄位排序時，會加入以此欄位為主的群組區段。

範例先以「選修學生」為群組，再以「選單序號」做遞增排序。

範例《CH11A》將欄位排序

Step 1 　將「101 學年修多門課的學生」報表切換為設計報表畫面。

Step 2 　執行「群組及排序」指令，報表視窗下方加入欲排序的設定方框。

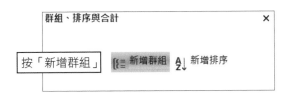

Step 3 　❶ 按「選取欄位」展開欲排序的欄位選單；❷ 選取「選修學生」欄位為排序對象。

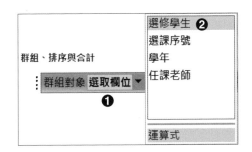

Step 4 　加入第二個排序欄位 ❶「選課序號」做遞增排序；❷ 將加入的兩個區段選修學生和選課序號空間調窄。

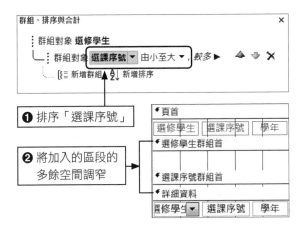

Step 5 切換成報表檢視；可以看到以「選修學生」為群組的名字會排在一起，然後將「選課序號」以遞增做排序。

選修學生	選課序號	學年	任課老師
方鎮深	5	101	朱彰彤
方鎮深	6	101	Kathleen Nebenhaus
方鎮深	7	101	Jodi Jensen
方鎮深	8	101	Jodi Jensen
何茂宗	17	101	朱彰彤
何茂宗	18	101	Kathleen Nebenhaus
何茂宗	19	101	Joe Stockman

101學年修多門課的學生

11.1.4 隱藏重複性欄位

預覽報表過程中，雖然以「選修學生」欄位值為群組，但不斷重複的名字讓報表有些繁瑣，為了讓報表的檢閱更為簡潔，將重複值予以隱藏；透過屬性表進行設定。

範例《CH11A》隱藏重複欄位

Step 1 將「101 學年修多門課的學生」報表切換為設計報表畫面，選取「選修學生」欄位，按 F4 鍵叫出屬性表。

Step 2 ❶ 確認是「選修學生」欄位；❷ 切換「格式」標籤；❸ 隱藏重複值變更「是」；❹ 按 X 鈕關閉。

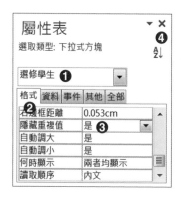

Step 3 在選修學生群組首區段加入線條控制項,再將報表以預覽列印檢視,就可以看到群組中只保留一個姓名,下方會以線條來區隔不同姓名者。

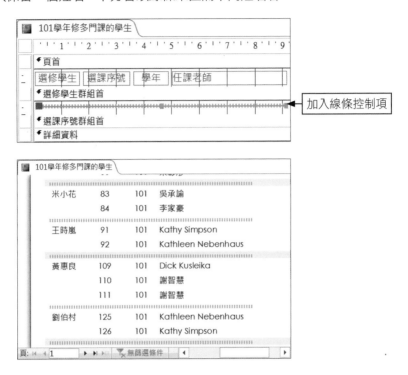

11.2 報表應用

在報表精靈的協助下,想必各位對於報表的群組用法多了一些認識。接下來要介紹報表的更多應用:將報表以多個資料表或查詢物件為記錄來源,配合群組進行彙總,閱讀報表更能一目了然。

11.2.1 探討分組與排序

所謂「分組」就是將報表中的資料,依據內容將相同特性的資料放在同一群粗中,每一個群組依照其特性,重新排序並加入摘要。產生後它們能各自擁有專屬的報表群組首、尾區段,使用者可針對分組的欄位,進一步做計算。排序則是依照欄位的特性或運算式的值以遞增或遞減來排列報表。

藉由設計索引標籤，執行分組及合計群組的「群組及排序」指令，能針對需求將報表中的欄位予以分組後再做排序，它有多個參數選項，解說如下。

- **群組對象**：共分四個參數值。

① 第一個參數「選取欄位」可以選擇「欄位」或是「運算式」。

② 第二個參數值用來選擇「遞增」（預設值）或是「遞減」。

③ 第三個參數值「依整個值」作為群組，若是以文字欄位為群組對象，Access 還提供依「第一個字元」或「前兩個字元」為分組依據，將第一個字元或是前兩個字元相同的視為一組。

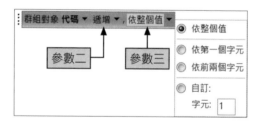

④ 第四個參數值：選擇欄位來產生運算功能，並配合聚合函數使用，將結果顯示於頁首或是頁尾區段。

- **選取區段**：用來選擇是否加入群組的標題，使用者還可以依據需求，彈性設定「具有」或是「沒有」『頁首 / 頁尾區段』。

- **保持在一頁**：設定整個群組是否要保持在同一頁，預設為「不要將群組保持在一頁」。

  ① 將整個群組保持在一頁：表示同一個群組要在同一頁顯示。

  ② 將頁首和第一筆記錄保持在一頁：表示第一筆記錄會顯示於上一頁，第二筆以後的記錄會顯示於下一頁。

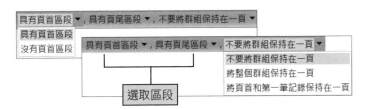

　　下面範例是經由查詢完成的「各學年各學分小計」由它來輸出報表，分組對象為學生姓名，以遞增方式排序。雖然使用報表精靈，不過不做群組層次的設定，而是執行分組及合計群組的「群組及排序」指令來完成此份報表。

範例《CH11B》設定分組與排序

Step 1　開啟範例《CH11B》，切換建立索引標籤，執行報表群組的「報表精靈」指令，進入報表。

Step 2　❶ 資料表 / 查詢「查詢：各學年各學分小計」；❷ 按「>>」鈕加入所有欄位；❸ 按「下一步」鈕。

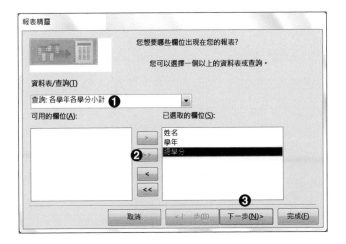

Step 3 不設群組，直接按「下一步」鈕。

Step 4 ❶ 排序選「姓名」，做遞增；❷ 按「下一步」鈕。

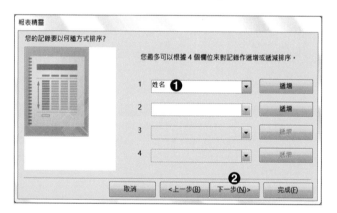

Step 5 ❶ 版面配置選「表格式」，列印方向選「直列」；❷ 按「下一步」鈕。

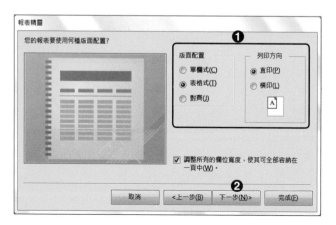

Step 6 ❶ 報表標題「各學年學生學分小計」；❷ 選「修改這份報表的設計」；❸ 按「完成」鈕。

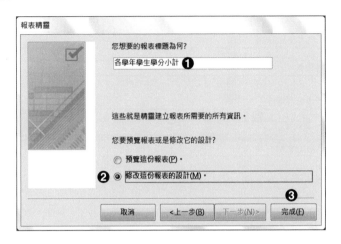

Step 7 確認設計索引標籤，執行分組及合計群組的「群組及排序」指令，會在報表下方展開指令內容。由於步驟4以姓名做遞增排序，所以群組對象會以「姓名」做排序。

Step 8 加入區段。❶ 按「較多」鈕來展開其他參數；❷ 展開清單，選「具有頁首區段」；❸ 展開清單，選「具有頁尾區段」；❹ 展開清單，選「將整個群組保持在一頁」。完成設定後就可以看到報表新增兩個區段：姓名群組首和姓名群組尾。

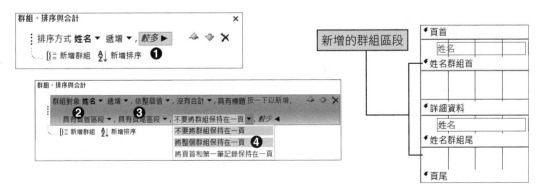

Step 9 滑鼠指標為 ➡，❶ 將**頁首**區段的欄位整列選取；❷ 拖曳到**姓名**群組首區段。

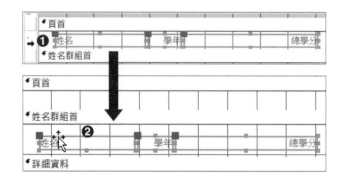

Step 10 利用剪下和貼上功能，將姓名的標籤和文字方塊控制項拖曳到群組首區段左上角。

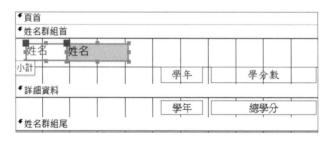

Step 11 美化相關的控制項，儲存結果，以預覽列印觀看報表。

各學年學生學分小計	

各學年學生學分小計

姓名	方大良	學年	學分數
		99	12
		100	3
		102	9

姓名	方康俊	學年	學分數
		99	11
		100	3
		101	12
		102	3

頁：⑭ ◀ 1 ▶ ▶▶ ▷ 無篩選條件 ◀

11.2.2 彙總學分做格式化

　　完成了報表的分組與排序後，要針對此報表進行彙總，統計每位學生於各學年度所修的學分數，只需以 Sum 函數針對某個欄位進行計算即可。延續前個範例，在報表的「姓名群組尾」區段中加入彙總欄位，透過未結合的文字方塊控制項，執行計算的動作。

範例《CH11B》統計學分數

Step 1　報表「各學年學生學分小計」為設計檢視，確認設計索引標籤，控制項群組的「使用控制項精靈」未被按下。

Step 2　❶ 在姓名群組尾區段加入文字方塊控制項；❷ 標籤輸入「總學分:」，文字方塊「=Sum([總學分])」

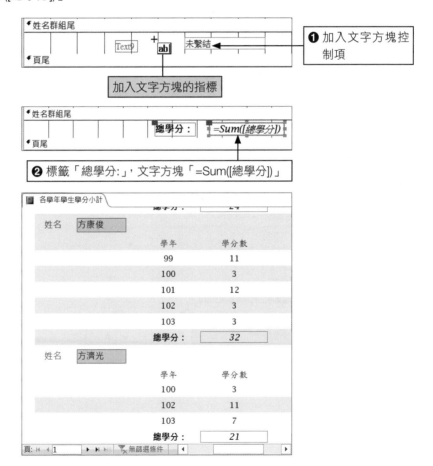

報表中加入格式化條件

產生報表後，可以針對欄位特性設定格式化條件來取得其資料，其條件變化可依據「欄位的值」或是「運算式」來取得。針對「各學年學生學分小計」報表進行格式化條件。

- 如果學分在 20 以下者，紅底白色。
- 如果學分在 35 以上者，藍底黃色。

範例《CH11B》設定格式化條件

Step 1 報表「各學年學生學分小計」為設計檢視，切換格式索引標籤，執行控制項格式設定群組的「設定格式化的條件」指令，進入設定格式化的條件規則管理員交談窗。

Step 2 選取做彙總的文字方塊（名稱「計總學分」）❶ 顯示格式化規則「計總學分」；❷ 按「新增規則」鈕；❸ 選「檢查目前記錄中的值或用運算式」；❹ 選「運算式」輸入「[總學分數]<20」；❺ 設定格式為紅底白字；❻ 按「確定」鈕；❼ 按「新增規則」鈕；❽ 規則「運算式為 [總學分數] >= 45」，格式為藍底白字；❾ 按「確定」鈕來關閉交談窗。

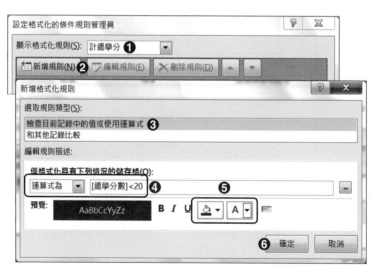

Step 3 切換為預覽列印，查看格式化條件設定的結果。

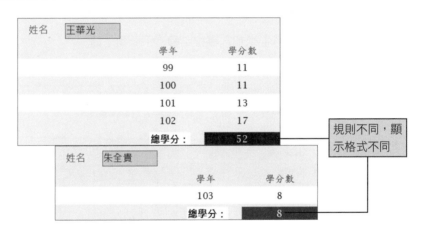

11.2.3 產生多資料表的報表

報表的來源除了是單一的資料表或查詢，也可以多個資料表來建立一份報表。想要知道各學系學生選修的狀況；利用選課單、課程、系所資料表，配合群組區段的概念。所需欄位如下表【11-1】所示。

資料表	欄位
選課單	學年、選修學生
課程	科目名稱、學分
系所	學系

表【11-1】 資料表與欄位

下述範例使用報表精靈，設定群組來產生一個有完整區段的報表，透過前述章節的討論，並進一步調整報表的結構。

範例《CH11B》具有多資料表的報表

Step 1 開啟範例《CH11B》，切換建立索引標籤，執行報表群組的「報表精靈」指令，進入報表。

Step 2 ❶ 依據表【11-1】來加入欄位；❷「下一步」鈕。

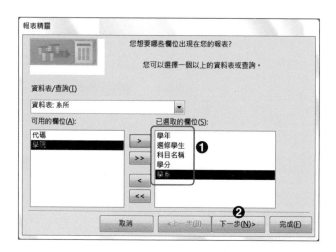

Step 3 ❶ 檢視資料「以 系所」為主；❷「下一步」鈕。

Step 4 ❶ 選「學年」欄位按「>」鈕來作為第二層的群組;❷「下一步」鈕。

Step 5 ❶ 排序選「選修學生」,做遞增;❷ 按「摘要選項」鈕,進入其交談窗;❸ 學分勾選「總計」;❹ 顯示選「詳細資料及摘要值」;❺ 按「確定」鈕回到報表精靈;❻「下一步」鈕。

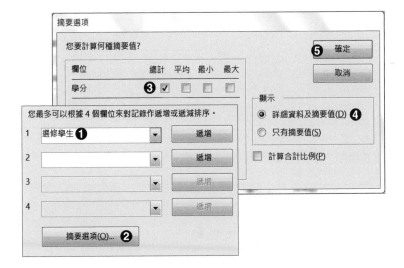

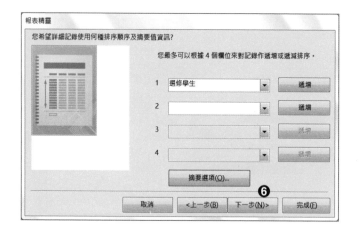

Step 6 ❶ 版面配置選「分層式」，列印方向選「直列」；❷「下一步」鈕。

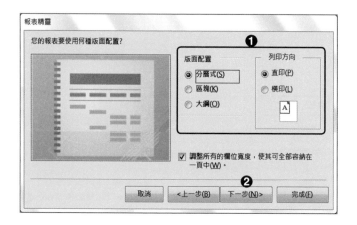

Step 7 ❶ 報表標題「系所各學年選修」；❷ 選「預覽這份報表」；❸ 按「完成」鈕。

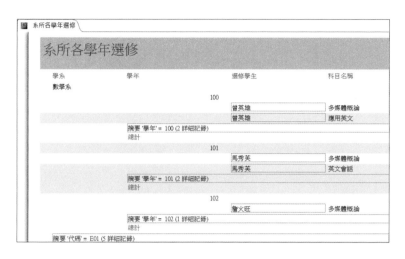

完成的報表，可以看到各系所之下的學年度及選修的學年，及學分統計，不過看起來有些雜亂，後續的操作會以它為對象做細部調整。

11.2.4 檢視具有分組欄位報表

將完成報表的範例由預覽視窗切換為「設計檢視」視窗，會有二個群組區段，以「學系」為主的『代碼群組』區段和「學年」為主的『學年群組』區段，如下圖【11-1】所示。

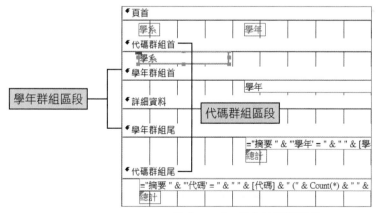

圖【11-1】 報表的群組區段

從圖【11-2】可以看到會以學系「數學系」為主的各學年。以「學年」為分組依據時，包含了選修學生、科目名稱、學分；所以數學系進一步以「100」學年做分組，對選修學生的選修科目和學分做分類統計。

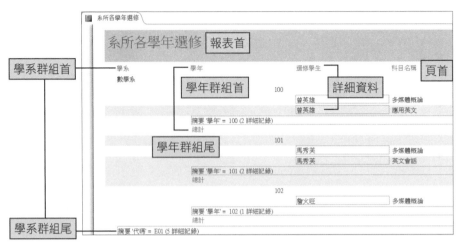

圖【11-2】 報表各區段

調整報表結構

　　透過報表精靈完成的報表，其結構並不符合實際需求，必須修改報表的群組區段，並把摘要清除，讓畫面更清爽些。

範例《CH11B》調整報表結構

Step 1　將系所各學年選修報表切換為設計檢視；按住學年欄位往詳細資料區段拖曳。

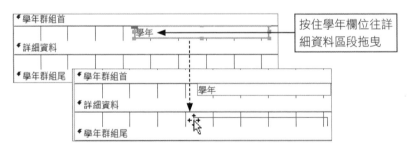

Step 2　滑鼠雙擊學年欄位，叫出屬性表。❶ 確認是「學年」欄位，而選取類型：文字方塊；❷ 切換「格式」標籤；❸ 隱藏重複值變更「是」；❹ 按 X 鈕關閉屬性表。

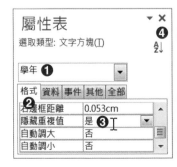

Step 3 ❶ 刪除「學年群組尾」、「代碼群組尾」區段的內容；❷ 縮短「學年群組首」、「詳細資料」區段的間距；❸ 修正標籤「學年小計」和「學系合計」，切換格式索引標籤，透過控制項格式設定群組，以顏色填滿兩個文字方塊。

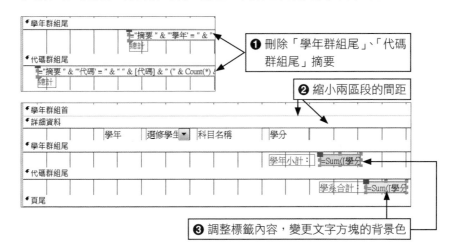

❶ 刪除「學年群組尾」、「代碼群組尾」摘要

❷ 縮小兩區段的間距

❸ 調整標籤內容，變更文字方塊的背景色

設「群組」資料於同一頁

在「預覽列印」檢視中，發現「學年」群組資料的選修學生「王志雄」，其科目被分置於不同頁，這會造成資料檢視的困擾，必須將「學年」群組再做細部調整。

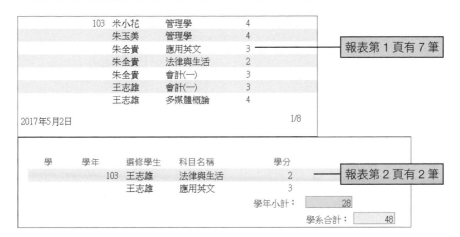

報表第1頁有7筆

報表第2頁有2筆

範例《CH11B》調整報表結構 (2)

Step 1 將系所各學年選修報表切換為設計檢視;切換設計索引標籤,執行分組及合計群
組的「群組及排序」指令,會在報表下方展開設定方框。

Step 2 ❶ 按「較多」來展開內容;選 ❷「將整個群組保持在一頁」。再以預覽列印查看
報表,同群組的內容已經放在同一頁。

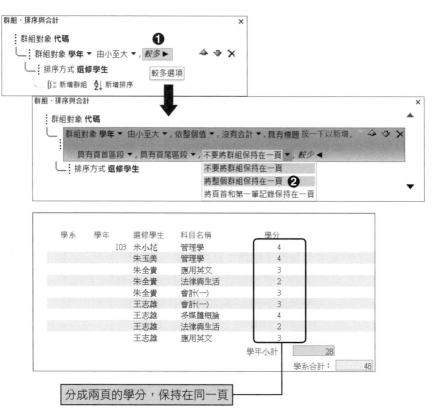

11.3 加入圖表

在報表中插入的圖表,使用的是 Microsoft Graph 物件。插入的圖表會以子報表形式來
呈現;也就是先以報表設計指令來建立一個空白報表,加入欄位後,再加入圖表控制項。
例如:以學生為對象,配合圖表來製作各學年的學分圖表;沒有選修者,圖表上就不會
顯示。

範例《CH11C》加入圖表

Step 1 開啟範例《CH11C》，切換建立索引標籤，執行報表群組的「報表設計」指令，會建立一份空白報表，並進入設計檢視畫面。

Step 2 調整報表區段。去除「頁首 / 頁尾」區段，加入「報表首 / 報表尾」區段。

Step 3 按 F4 鍵呼叫屬性表，將「記錄來源」設為學生資料表；按 Alt + F8 鍵叫出欄位清單，報表首加入「標題」；詳細資料區段加入學生欄位「姓名」（標籤和文字方塊）。

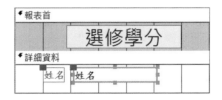

Step 4 ❶ 確認「設計」標籤；❷「使用控制項精靈」已按下；❸ 按「圖表」鈕。

Step 5 報表的詳細資料區段按下滑鼠來啟動圖表精靈。

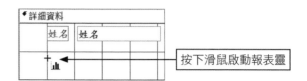

Step 6 設定圖表來源；❶ 檢視變更「查詢」；❷ 查詢：各學年各學分小計；❸ 按「下一步」鈕。

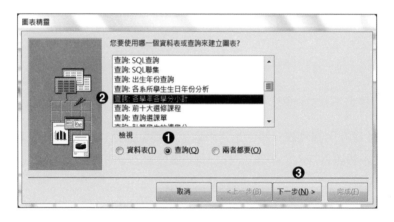

Step 7 ❶ 按「>>」鈕加入所有欄位；❷「下一步」鈕。

Step 8 ❶ 選一個欲呈現的圖表；❷「下一步」鈕。

Step 9 將視窗右側的欄位拖曳到指定位置；❶ 加入姓名；❷ 加入學年；❸ 變更合計總
學分；❹「下一步」鈕。

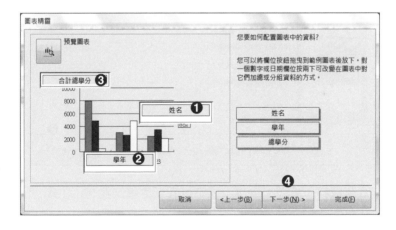

Step 10 必須設定欄位的連結，先彈出提示窗，按「確定」鈕。

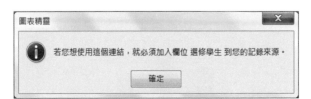

Step 11 ❶ 報表欄位選「姓名」，圖表欄位選「姓名」；❷「下一步」鈕。

Step 12 ❶ 標題使用預設「各學年學分小計」；❷ 選「是，我要顯示圖例」；❸ 按「完成」鈕。

Step 13 切換成預覽列印模式來查看，就可以看到方鎮深在 99、101、102 皆有選修課程，儲存「選修課程圖表」。

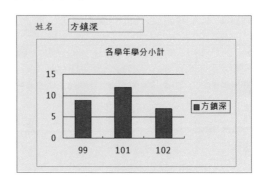

編修圖表

想要進一步編修圖案，可以將圖表報表切換設計檢視，在圖表上雙擊滑鼠，會進入 Microsoft Graph 物件視窗，做圖表的進一步編修。

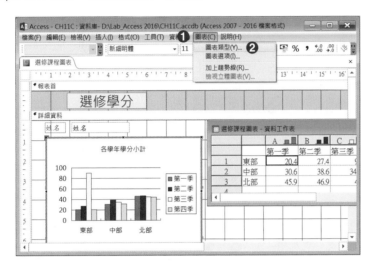

■ 執行「圖表 / 圖表類型」指令，可以變更圖表類型。

■ 要修改圖例格式，滑鼠可雙擊圖表四周的物件，也能進入。

如何離開 Microsoft Graph 物件視窗？在報表空白處就能離開。

自我評量

一、選擇題

(　　) 1. 完成的報表，可利用哪種模式來檢視報表內容？ ❶ 設計檢視　❷ 預覽檢視　❸ 表單檢視　❹ 版面配置預覽。

(　　) 2. 要讓報表每一頁都顯示日期 / 時間，插入的日期 / 時間要放在報表的哪一個區段？ ❶ 報表首　❷ 詳細資料區段　❸ 頁尾區段　❹ 報表首區段。

(　　) 3. 如果要讓群組中的資料印列於同一頁時，要在哪裡設定：❶ 版面設定　❷ 預覽列印　❸ 排序及群組　❹ 報表的屬性設定。

(　　) 4. 建立報表後，如果不希望資料重複出現，可利用物件的哪個屬性來設定？ ❶ 看的見：是　❷ 看的見：否　❸ 隱藏重複值：是　❹ 隱藏重複值：否。

(　　) 5. 報表中的頁首、頁尾區段在列印時會如何顯示？ ❶ 每份報表只會列印一次　❷ 每個項目列印一次　❸ 每一頁列印一次　❹ 每個群組列印一次。

二、填充題

1. 使用報表精靈建立的報表，在頁尾區段會自動產生二個標籤，分別是_____和_____。

2. 使用報表精靈產生報表時，最多可設定_____個欄位來排序。

3. 在群組及排序的交談窗中，保持在一起的屬性值中，『整個群組』的作用為_____。

4. 如果要進行整份報表的彙總時，執行計算的控制項要放在_____區段，才能產生作用。

三、問答題

1. 請說明報表中群組區段的作用。

2. 請簡單說明在報表新增物件有哪些方式？

12
C h a p t e r

資料庫進階管理

➡ 認識 Access 2016 切換管理員，製作切換表單

➡ Office 協同作業中的匯入與匯出

➡ 使用資料庫文件產生器

12.1 製作切換表單

建置好的系統，當然要有一個完整的介面來啟動各項物件，Access「切換表單管理員」能管理製作完成的資料庫物件，依據設定順序進行各項操作。

12.1.1 找出切換表單管理員

如何製作切換管理員表單？由於它隱身於自訂功能區。作法是「常用」索引標籤下先新增一個群組，再產生切換管理員表單。如何進入自訂功能區？有二種方式：

- **方式一**：使用「快速存取工具列」的「其他命令」來進入 Access 選項交談窗。
- **方式二**：切換「檔案」索引標籤，進入後台管理模式，點選視窗左側的「選項」來進入 Access 選項交談窗。

先以範例來產生一個切換表單管理員。

範例《CH12A》找出切換管理員

Step 1　開啟範例《CH12A》，❶ 按快速存取工具列右側 ▾ 展開選單，❷ 執行「其他命令」指令，進入 Access 選項交談窗。

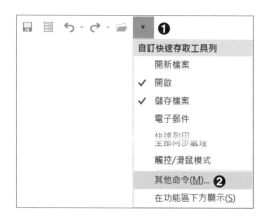

Step 2　功能區先加入群組。視窗左側選 ❶ 自訂功能區來變更畫面。確認 ❷「主要索引標籤」，選取 ❸「常用」標籤並按 ❹「新增群組」鈕。

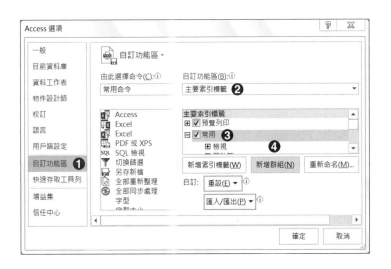

Step 3 設定群組名稱。❶ 選取新增的「新增群組（自訂）」；❷ 按「重新命名」鈕進入其交談窗；顯示名稱輸入 ❸「選課管理」，按 ❹「確定」鈕回到 Access 選項交談窗。

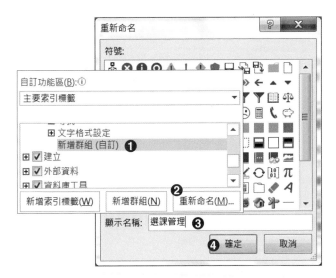

Step 4 加入切換表單管理員。❶ 由此選擇命令變更「不在功能區的命令」；❷ 清單中選「切換表單管理員」；❸ 按「新增」鈕會加到視窗右側自訂功能區，常用索引標籤的選課管理下；❹ 按 ▲ 鈕將「切換表單管理員」向上移，❺ 按「確定」鈕關閉交談窗。

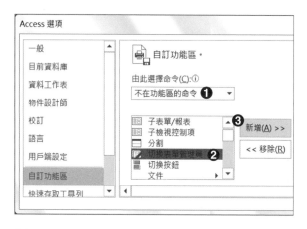

製作切換表單

切換常用索引標籤，找到**選課管理**群組就可以看到「切換表單管理員」指令，如圖【12-1】所示。

圖【12-1】 加入的切換表單管理員

執行「切換表單管理員」指令後,在「切換表單管理員」交談窗中,會有一個預設的「切換表單」。規劃的選課管理系統中,切換表單中有三個選項:新增、查詢、列印作業,外加一個退出應用程式的「結束」作業,如圖【12-2】所示。

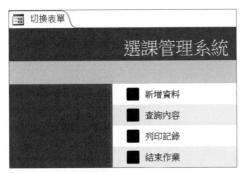

圖【12-2】 以切換表單產生的選課管理系統

範例《CH12A》加入切換表單頁

Step 1 執行「切換表單管理員」指令,通常會彈出警告訊息窗,按下「是」鈕之後才能繼續相關的程序。

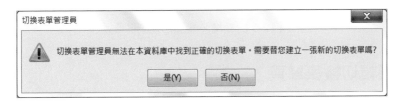

Step 2 進入切換表單管理員交談窗,按「新增」鈕來產生其他的切換表單頁。

Step 3 進入「建立新資料表」交談窗，切換表單頁名稱 ❶「新增表單」，按 ❷「確定」鈕。

Step 4 依據步驟 2、3 完成三個切換表單頁：列印作業、查詢作業、新增作業。

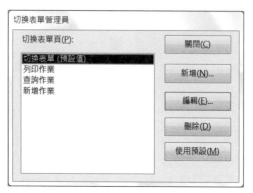

圖【12-3】 新增 -- 編輯切換表單項目

12.1.2 編輯切換表單頁

　　上述步驟只是建立切換表單頁的名稱，表單中並未加入任何項目。在「切換表單管理員」交談窗中，選取預設的切換表單，按「編輯」鈕來產生相關的「選課管理系統」。

　　「選課管理系統」會有「新增作業」、「查詢作業」和「列印作業」（圖 12-3）；每項作業要做哪些動作則由「編輯切換表單項目」配合描述文字和命令完成圖【12-2】的畫面，相關程序解說如下。

圖【12-4】 編輯切換表單項目

- **文字**：顯示於切換表單的敘述內容。
- **命令**：配合「切換表單」內容欲執行的命令。
- **「切換表單」**：經由切換表單頁產生的內容 (圖 12-3)。

範例《CH12A》編輯切換表單頁

Step 1 編輯表單頁名稱。❶ 選「切換表單（預設值）」；❷ 按「編輯」鈕，進入第二層編輯
切換表單頁交談窗；❸ 切換表單頁名稱輸入「選課管理系統」；❹ 按「新增」鈕。

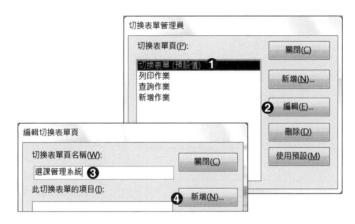

Step 2 進入第三層「編輯切換表單項目」交談窗；❶ 文字輸入「新增資料」；❷ 使用
預設值「切換表單」；❸ 從第一層製作的切換表單頁，選取「新增作業」；❹ 按
「確定」鈕回到第二層編輯切換表單頁交談窗。

Step 3 依據步驟 2 的方法，加入「查詢內容」和「列印記錄」。

Step 4 按「新增」鈕進入第三層編輯切換表單項目交談窗；❶ 文字輸入「結束作業」；命令「退出應用程式」；❷ 按「確定」鈕回到第二層編輯切換表單頁交談窗。

Step 5 按「關閉」鈕回到第一層切換表單管理員。

12.1.3 第二層切換表單

截至目前為止，只建立了第一層切換表單。在「選課管理系統」下，開啟表單新增資料，表示要在「新增作業」的切換表單項目中，加入圖【12-5】的相關程序來開啟表單。

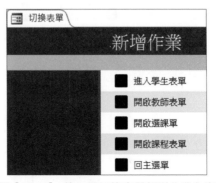

圖【12-5】 第二層切換表單新增作業內容

範例《CH12A》第二層切換表單頁

Step 1 延續前個範例的操作，在「切換表單管理員」交談窗下；❶ 選「新增作業」；❷ 按「編輯」鈕，進入第二層編輯切換表單頁交談窗。

Step 2 ❶ 按「新增」鈕進入第三層編輯切換表單項目；❷ 文字輸入「進入學生表單」；命令從清單選取「編輯模式下開啟表單」；選單裡，選取表單「學生」；❸ 按「確定」鈕會回到第二層編輯切換表單頁。

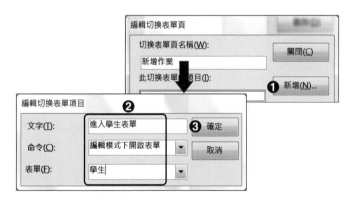

Step 3 依步驟 2 方式，按新增鈕來進行教師、課程表單、系所和選課單表單的設定。

Step 4 完成新增作業建立的切換表單項目，按「關閉」鈕回到第一層切換表單管理員。

12.1.4 建立其他切換表單頁

依照上述步驟來設定其他切換表單，相關的設定值如表【12-2】所示。

第一層	第二層	命令	執行物件
新增作業	回主選單	切換表單	選課管理系統
	學生表單	在編輯模式下開啟表單	學生
	教師表單	在編輯模式下開啟表單	教師
	課程表單	在編輯模式下開啟表單	課程
	選課單表單	在編輯模式下開啟表單	選課單
查詢記錄	科目查詢	在編輯模式下開啟表單	科目
	回主選單	切換表單	選課管理系統
列印報表	各學年學生學分小計	開啟報表	各學年學生學分小計
	系所各學年選修	開啟報表	系所各學年選修
	選課單	開啟報表	選課單
	回主選單	切換表單	選課管理系統
結束作業		退出應用程式	

表【12-2】 切換表單的相關設定

12.2 檢視切換表單

完成的切換表單，Access 會在表單物件中自動產生一個「切換表單」，並且在資料表物件中產生一個「Switchboard Items」。

完成的切換表單如圖【12-6】所示。

圖【12-6】 完成的切換表單

12.2.1 切換表單的內容

基本上，切換表單是以切換表單為樣版，而 Switchboard Items 資料表則儲存了各切換表單頁的資料，如圖【12-7】所示，內含的項目說明如下：

- **SwitchBoardID**：切換表單的識別碼。
- **ItemNumbers**：在切換表單顯示的順序，編號為 0 者，表示切換表單本身的資料。

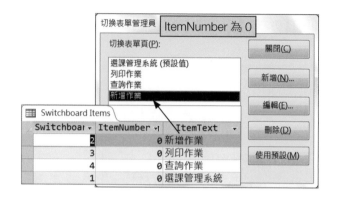

- **ItemText**：在切換表單中顯示的文字。

- **Command**：表示欲執行的動作。

- **Argument**：為執行動作時設定的參數。

Switchboar	ItemNumber	ItemText	Command	Argument
2	0	新增作業	0	
3	0	列印作業	0	
4	0	查詢作業	0	
1	0	選課管理系統		預設值
2	1	進入學生表單	3	學生
3	1	各學年學生學分小	4	各學年學生學分
4	1	科目查詢	3	科目
1	1	新增資料	1	2
1	2	查詢內容	1	4
2	2	開啟教師表單	3	教師
4	2	回主選單	1	1
3	2	系所各學年選修	4	系所各學年選修
1	3	列印記錄	1	3
3	3	選課單	4	選課單

記錄: 19 之 8　無篩選條件　搜尋

圖【12-7】 Switchboard Items 資料表

　　若要修改切換表單的項目，經由「常用」標籤的『切換表單管理員』鈕，就能進入交談窗，選擇欲修改項目。

12.2.2　啟動切換表單

　　若要啟動資料庫時就能開啟切換表單，可以進行如下的設定。

範例《CH12B》啟動切換表單

Step 1　進入 Access 選項交談窗；按「檔案」索引標籤，進入後台管理模式，按「選項」鈕，進入交談窗。

Step 2 加入切換表單。❶ 選「目前資料庫」；❷ 應用程式選項，顯示表單從選單中找到「切換表單」；❸ 按「確定」鈕來關閉交談窗。

Step 3 Access 會發出訊息，重新啟動資料庫，設定值才能生效；按「確定」鈕。

Step 4 重新啟動 Access 資料庫，就會發現第一個載入的畫面是切換表單的畫面，如圖【12-2】。

12.3 協同 Office

使用 Access 資料庫時，不但可以將報表以其他格式輸出，或者從 Excel 匯入相關的資料，一同來感受這種協同作業的好處吧！這些相關的指令都在哪裡？圖【12-8】透過外部資料索引標籤就能一指搞定。

圖【12-8】 Access 的外部索引標籤指令群

其中與 Excel 的協同合作留在第十五章討論之。

12.3.1 匯出報表為 PDF 格式

報表完成時，也可以利用「外部資料」索引標籤匯出群組，或是報表以「預覽列印」檢視時，「預覽列印」索引標籤資料群組，也能將報表物件轉換為其他文件。

範例《CH12B》將報表以 PDF 格式匯出

Step 1 開啟範例《CH12B》，將 101 學年修多門課的學生報表以預覽列印開啟。

Step 2 在預覽列印索引標籤下，執行資料群組的「PDF 或 XPS」指令。

Step 3 開啟「發佈 PDF 或 XPS」交談窗，按 ❶「選項」進入另一個交談窗，❷ 設定開始和結束的頁數，❸ 按「確定」鈕會回到上一層交談窗。❹ 按「發佈」鈕就能匯出 PDF 格式檔。

Step 4 完成匯出的 PDF 檔案，會以 PDF 相關的軟體開啟，讓使用者進一步檢視。

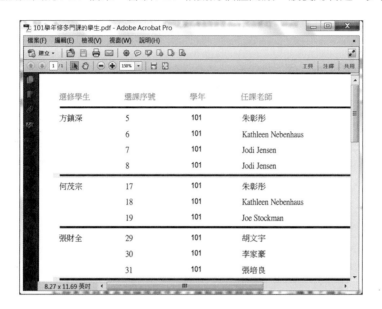

12.3.2 將文字資料匯入

如何在資料庫中新增資料？有二種新增資料的方式：一種是「增加」（Add），必須先產生一個空白資料表，再以慢工出細活方式將資料一筆一筆輸入，較便捷方法就是從其他地方匯入資料。另一種方式是「附加」（Append），表示資料表內已有資料，使用附加的方法，把資料加到最後一筆記錄的後面。

對於 Access 而言，提供多種資料格式的匯入，包含匯入其他 Access 資料庫的資料，來自 Microsoft Excel（*.xls）及 Outlook 的資料檔案，或者是文字檔（*.txt; *.csv; *.tab; *.asc）及 XML 檔案，匯入後轉換為 Access 的資料庫檔案。這裡以文字檔案來認識匯入的功能。匯入外部資料時，步驟概說如下：

- 「外部資料」索引標籤的各項命令按鈕會提供匯入的檔案格式。
- 決定匯入的檔案後，必須取得「來源的檔案路徑」和資料的儲存方式：是建立資料表？附加至已存在的資料表，或是讓資料之間產生連結即可。
- 進入匯入精靈，進行各項細部的設定。

範例《CH12B》匯入文字檔案

Step 1 切換外部索引標籤，執行匯入與連結群組的「文字檔」指令。

Step 2 ❶ 按「瀏覽」鈕找到欲匯入的文字檔案；❷ 選「匯入來源資料至目前資料庫的新資料表」；❸ 按「確定」鈕。

選取資料的來源和目的地

指定物件定義的來源。

檔案名稱(F)：D:\Lab_Access 2016\CH12\Student.txt ❶   瀏覽(R)...

指定您要在目前資料庫儲存資料的方式與位置。

❷ ⦿ **匯入來源資料至目前資料庫的新資料表(I)。**
　　如果指定的資料表不存在，Access 將會建立它。如果指定的資料表已存在，Access 可能會以匯入的資料覆寫其內容。對來源資料所做的變更，可能不會反映在資料庫。

　　○ **新增記錄的複本至資料表(A)：** 100年之前的選課記錄　▼
　　如果指定的資料表已存在，Access 會新增記錄至資料表。如果指定的資料表不存在，Access 將會建立它。對來源資料所做的變更，可能不會反映在資料庫。

　　○ **以建立連結資料表的方式，連結至資料來源(L)。**
　　Access 將會建立維護來源資料連結的資料表。您無法變更或刪除已連結至文字檔的資料。不過，您可以新增記錄。

❸ 確定　　取消

步驟說明

- ⊃ 【匯入來源至目前資料庫的新資料表】會以「新增」（Add）一個空白資料表，然後將匯入的資料，存放到新的資料表中。

- ⊃ 【新增記錄的複本至資料表】表示資料表已經存在，匯入的資料會以「附加」（Append）方式將匯入資料加到原有資料最後一筆記錄的後面。

- ⊃ 【以建立連結資料表的方式，連結至資料來源】匯入的資料保持原有的檔案性質，與來源資料檔案維持互動關係。

Step 3　❶ 選「分隔字元 - …」；❷「下一步」鈕。

Step 4　❶ 選擇欄位分隔符號「定位點」，❷ 勾選「第一列欄位名稱」；❸ 按「下一步」鈕。

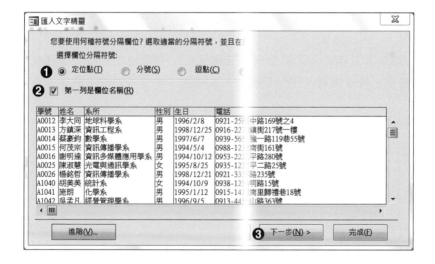

Step 5 ❶ 利用滑鼠去點選每一個欄位，查看資料類型是否符合；想要修改資料類型，資料類型清單可供選擇；❷「下一步」鈕。

步驟說明

❑ 【欄位名稱】的作用是選取某個欄位後，進行欄位名稱的更改。

❑ 【索引】預設為『否』，可以選取某個欄位，將索引設「是（可重覆）」。

❑ 【資料類型】顯示被選取欄位的資料類型，例如選取「性別」欄位，資料類型為「簡短文字」。

❑ 【不匯入欄位】表示使用者必須選取某個欄位，勾選此項目後，欄位就不會匯入。例如下圖中，被選取的「電話」欄位，若勾選「不匯入欄位」就不會匯入。

Step 6 ❶ 選「自行決定主索引」，會帶出學號欄位；❷「下一步」鈕。

Step 7 ❶ 匯入至資料表「Student」；❷ 按「完成」鈕。

Step 8 如果匯入成功，就顯示相關訊息。

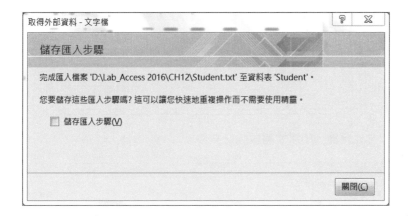

12.3.3 資料庫文件產生器

我們可以使用資料庫文件產生器，將指定的資料庫物件儲存於一份文件中，方便於資料庫的使用者或設計者能快速了解此資料的的運作。以教師資料表進行！

範例《CH12B》資料庫文件

Step 1 功能區切換資料庫工具索引標籤，執行「資料庫文件產生器」進入文件產生器交談窗。

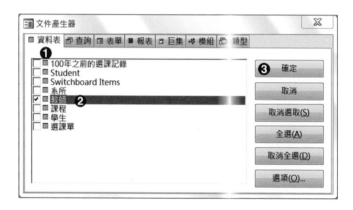

Step 2 ❶ 切換「資料表」；❷ 勾選「教師」資料表；❸ 按「確定」鈕。

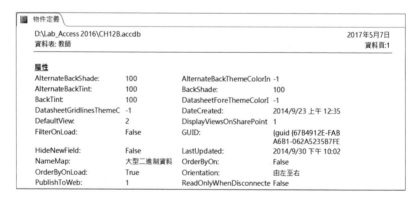

Step 3 會以文件預覽列印模式開啟此份文件。

物件定義			
D:\Lab_Access 2016\CH12B.accdb			2017年5月7日
資料表: 教師			資料頁:1

屬性

AlternateBackShade:	100	AlternateBackThemeColorIn	-1
AlternateBackTint:	100	BackShade:	100
BackTint:	100	DatasheetForeThemeColorI	-1
DatasheetGridlinesThemeC	-1	DateCreated:	2014/9/23 上午 12:35
DefaultView:	2	DisplayViewsOnSharePoint	1
FilterOnLoad:	False	GUID:	{guid {67B4912E-FAB A6B1-062A5235B7FE
HideNewField:	False	LastUpdated:	2014/9/30 下午 10:02
NameMap:	大型二進制資料	OrderByOn:	False
OrderByOnLoad:	True	Orientation:	由左至右
PublishToWeb:	1	ReadOnlyWhenDisconnecte	False

12.3.4 製作 Access 應用程式

要完成 Access 資料庫的最後一道工續，是產生 Access 應用程式。它的作法很簡單，以範例來説明。

範例《CH12B》Access 應用程式執行檔

Step 1 切換「檔案」索引標籤，進入後台管理模式。

Step 2 ❶ 選「另存新檔」；❷ 另存新檔之檔案類型「將資料庫儲存為」的 ❸「製作 ACCDE」；❹ 按「另存新檔」鈕。

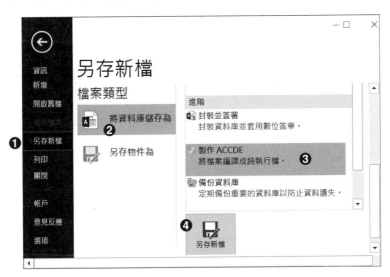

Step 3 進入另存新檔交談窗。❶ 確認儲存路徑；❷ 檔案名稱使用預設值；❸ 按「儲存」鈕來完成存檔動作。

那麼轉成 Accde 檔案的資料庫和一般的 Access 有何不同？除了資料表和查詢沒有太大的變動之外，其餘解說如下：

■ 表單或報表無設計檢視或版面配置模式。

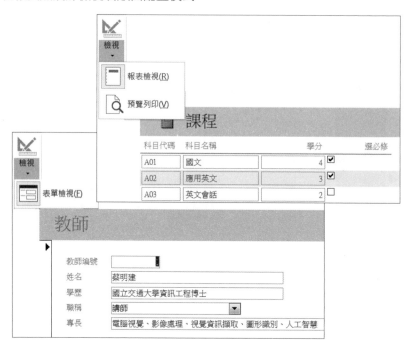

■ 無法查看或修改 Access 原來含有的模組（VBA）。

13
Chapter

簡化操作的幫手 - 巨集

學習導引

→ Access2016 提供八大類巨集，在不撰寫程式的情況下，巨集能代其勞，利用簡單巨集，體驗它的魅力

→ If 條件式巨集能讓巨集改變它執行的方向，Submacro 建立群組巨集，方便管理

→ 如何控制巨集執行的次數，讓 RunMacro 告訴你

→ 如何捕捉巨集可能發生的錯誤，交給巨集 OnError 做偵錯

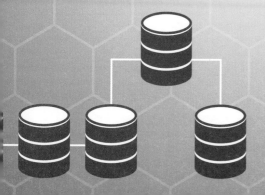

13.1 Access 提供哪些巨集？

巨集是 Access 所提供的一種自動執行的指令，它可以執行一個指令或者將多個指令集結後，針對所設定的物件完成相關的動作。大部份的 Office 應用軟體均提供了巨集的功能，利用自訂功能的程序，來補強原有軟體的不足之處。而巨集（Macro）是一個或多個各自執行特殊動作的巨集指令所構成的集合，例如：開啟表單或列印報表的巨集指令。巨集能自動執行一般工作。例如，當使用者按下按鈕後，內含的巨集就會執行報表的列印工作。Access 2016 將巨集概分八大類，簡介於下文。此外，編輯巨集時，歸類於程式流程有 4 個巨集：Comment、Group、If、Submacro。Comment 提供巨集的註解，If 配合 Else If 或 Else 巨集來形成條件式巨集，Submacro 以子巨集方式提供巨集群組的建立。

13.1.1 資料庫物件

這幾個巨集用來開啟資料庫物件的資料表、表單或報表，還能指定其檢視模式，由表【13-1】做説明。

物件	巨集指令	執行動作
資料表	OpenTable	開啟資料表
表單	OpenForm	開啟表單
報表	OpenReport	開啟報表

表【13-1】 與資料庫有關的巨集

用於資料庫物件，設定控制項，進行列印，移動記錄，取得焦點，列於表【13-2】。

物件	巨集指令	執行動作
資料表、表單、報表	GoToControl	將焦點移到指定的控制項
	GoToRecord	移到指定的記錄
	GoToPage	移到指定表單中的某一頁
	PrintObject	列印目前的物件
	PrintPriview	預覽列印目前物件
	RepaintObject	以指定物件方式更新視窗
	SelectObject	選取指定物件並取得焦點
	SetProperty	設定控制項的屬性值

表【13-2】 與資料庫物件有關的巨集

輸入作業

進入資料表的編輯作業，有關的巨集列示表【13-3】。

巨集指令	執行動作
EditListItems	編輯查閱清單的項目
SaveRecord	儲存目前的記錄
DeleteRecord	刪除記錄

表【13-3】 輸入作業有關的巨集

13.1.2 查詢、篩選、搜尋

在資料庫執行選取查詢，或以資料庫物件為對象，進行跟記錄有關的篩選、搜尋或排序，由表【13-4】說明。

物件	巨集指令	執行動作
查詢	OpenQuery	執行選取查詢
資料表 表單 報表	ApplyFilter	執行篩選或 SQL 指令
	RemoveFilterSort	移除目前的篩選
	SetFilter	依篩選或 SQL 指令做條件限定
	FindNextRecord	尋找符合條件的下一筆記錄
	FindRecord	尋找符合搜尋條件的第一筆記錄
	Refresh	更新檢視中的記錄
	RefreshRecord	更新目前的記錄
	Requery	以控制項來更新查詢內容
	SearchForRecord	依據準則搜尋記錄
	SetOrderBy	套用排序

表【13-4】 查詢、篩選和搜尋有關的巨集

13.1.3 視窗管理

使用巨集針對使用中的資料庫物件，進行視窗移動和調整大小；將視窗最小化、最大化或在 Access 工作區重新還原工作中的視窗，列於表【13-5】。

巨集指令	執行動作
CloseWindow	關閉作用中的視窗
MaximizeWindow	將作用中的視窗最大化
MinimizeWindow	將作用中的視窗最小化
MoveAndSizeWindow	將作用中的視窗移動和調整
RestoreWindow	回復視窗原來的大小

表【13-5】 管理視窗的巨集

13.1.4 使用者介面

使用者介面表示要與資料庫的使用者互動，所以 MessageBox 提供了訊息顯示。此外，針對 Access 的功能窗格，自行定義功能表，設定群組和類別，如表【13-6】所列。

巨集指令	執行動作
AddMunu	自訂功能表
SetMenuItem	設定功能表的項目
BrowseTo	將子表單物件變更為子表單控制項
LockNavigationPane	將功能窗格「鎖定 / 解除」
NavigateTo	瀏覽功能指定的群組和類別
SetDisplayCategories	設定功能窗格顯示的類別
MessageBox	顯示訊息的對話方塊
UndoRecord	復原上一個動作
Redo	上一個復原動作取消

表【13-6】 與使用者介面有關的巨集

13.1.5 巨集指令

某些情況下執行的巨集指令。例如：以 RunMacro 呼叫其他定義好的巨集群組，控制執行的次數。巨集也能執行 Visual Basic 程序，終止目前巨集或所有巨集，取消引發巨集的事件，或退出應用程式，由表【13-7】簡介。

巨集指令	執行動作
RunMenuCommand	執行 Access 功能表命令
RunDataMacro	執行資料巨集
RunMacro	執行其他巨集或巨集群組
SingleStep	暫停巨集，做逐步檢視
StopMarco	停止目前正在執行的巨集
StopAllMacros	停止所有正在執行的巨集
RunCode	執行 Visual Basic 程序
CancelEvent	取消此巨集執行的事件
ClearMacroError	清除 MacroError 物件最後的錯誤
OnError	定義錯誤處理行為
RemoveAllTempVars	移除所有暫存變數
RemoveTempVar	移除暫存變數
SetLocalVar	設定區域變數的值
SetTempVar	設定暫存變數的值

表【13-7】 巨集指令

13.1.6 系統命令

與 Access 溝通時所提供的巨集，包含關閉資料庫或 Access 應用程式，列表【13-8】。

巨集指令	執行動作
Beep	發出聲音
DispalyHourglassPointer	執行巨集時，設定滑鼠為沙漏形狀
CloseDatabase	關閉資料庫物件
QuitAccess	關閉 Access 應用程式

表【13-8】 與系統有關的巨集

13.1.7 資料的匯入與匯出

這些巨集屬於資料庫的協同作業，將資料庫的記錄匯出，或者取得外部的資料；透過表【13-9】列示。

巨集指令	執行動作
AddContactFromOutlook	新增連絡人到 Outlook
EMailDatabaseObject	將電子郵件匯入指定的資料庫物件
ExportWithFormatting	將資料庫的資料以指定格式匯出
SaveAsOutlookContact	將記錄另存成 Outlook 連絡人
WordMailMerge	進行 Word 合併列印

表【13-9】 匯入 / 匯出的巨集

13.2 製作簡易巨集

　　介紹過巨集的相關指令後，先來認識巨集與它使用的工具。同樣地，切換「建立」標籤，找到視窗最右側的巨集與程式群組的「巨集」指令。

　　執行巨集指令後，進入編輯巨集的設計畫面，功能區會帶出巨集工具，並切換成設計索引標籤，共有三個群組：工具、摺疊和「顯示 / 隱藏」，如圖【13-1】所示。

圖【13-1】 設計巨集的三個群組指令

- **工具群組**：與執行巨集有關的指令。

- **「顯示 / 隱藏」群組**：按「巨集指令目錄」鈕，巨集設計視窗右側會顯示有關巨集，展開某個巨集，視窗下方會有相關說明，可參考圖【13-2】。

圖【13-2】 巨集指令目錄

巨集設計視窗會加入一個新的巨集，等待使用者做進一步的編輯，如圖【13-3】。

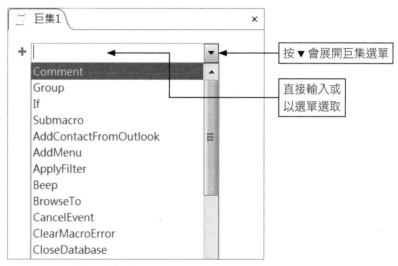

圖【13-3】 等待編輯的巨集

編輯巨集時，如何加入？直接從方格中輸入巨集名稱，或者按 ▼ 鈕來展開選單；或者從視窗右側的巨集指令目錄，將巨集拖曳到方格中。或者把資料表、表單或報表拖曳到巨集編輯視窗，會以相關的巨集開啟，如圖【13-4】所示。

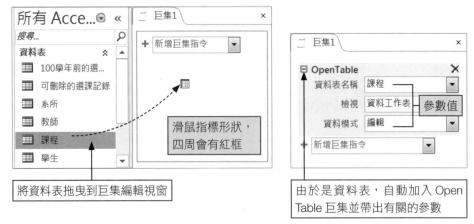

圖【13-4】 拖曳物件開啟相對應巨集

檢視圖【13-5】；當巨集有多個時，可利用「＋」或「－」將巨集內容展開或折疊。每個巨集的右側，皆有向上或向下的綠色箭頭，能將巨集向上或向下移動。它的最右側有一個 X 鈕，能用來刪除此巨集。

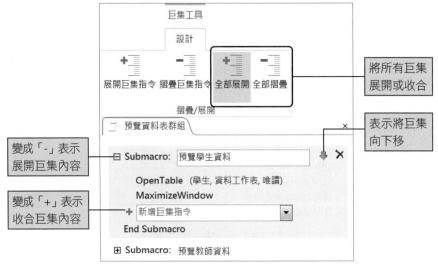

圖【13-5】 將巨集展開／收合

13.2.1 以巨集開啟資料表

如何使用巨集？以一個簡單巨集來開啟資料表並了解其運作方式。巨集指令「Open Table」開啟指定的資料表，其參數設定如表【13-10】所示。

參數	說明	備註
資料表名稱	指定或選取要開啟的資料表	必須有此參數
檢視	以何種模式開啟，有：資料工作表、設計、預覽列印、樞紐分析表、樞紐分析圖	預設檢視：資料工作表
資料模式	開啟資料表後的編輯方式： 【新增】新增記錄 【編輯】編輯記錄 【唯讀】只能檢視記錄	預設模式：編輯

表【13-10】 OpenTable 巨集有關參數

OpenTable 巨集的參數「資料模式」是指定資料表後，有三種參數值可配合：

- **新增**：記錄指標移向最後一筆的下一筆，使用者可以輸入新的資料。
- **編輯**：記錄指標移向第一筆，使用者可以進行編修。
- **唯讀**：記錄指標移向第一筆，但是使用者只能閱覽，無法修改任何的資料。

範例《CH13A》開啟資料表

Step 1 開啟範例《CH13A.accdb》，切換建立索引標籤，執行「巨集與程式」群組的「巨集」指令，進入編輯巨集的設計畫面。

Step 2 ❶ 由下拉清單選取或直接輸入「OpenTable」，按 Enter 鍵會帶出要編輯的巨集內容；❷ 資料表名稱透過下拉式清單，選「選課單」；❸ 檢視為「資料工作表」，資料模式設為「編輯」。

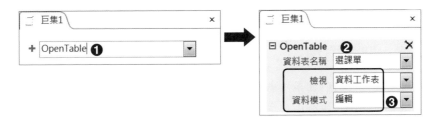

Step 3 執行巨集前若未儲存；則會彈出如下的警告訊息！❶ 按「是」鈕，進入另存新檔交談窗；❷ 輸入巨集名稱「開啟選課單」；❸ 按「確定」鈕。

Step 4 按「執行」鈕來執行巨集，選課單資料表就立即開啟。

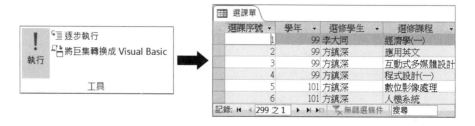

完成儲存動作的巨集，會顯示功能窗格。若要再一次執行巨集，直接以滑鼠點選巨集名稱；或者在「開啟選課單」巨集上按滑鼠右鍵開啟快顯功能表，執行「執行」指令即可；而「設計檢視」指令會再一次進入巨集的設計視窗。

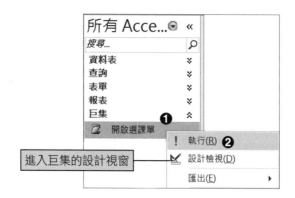

13.2.2 建立訊息方塊

訊息方塊交談窗是我們與系統溝通的媒介。最常看到的情況，使用了文書處理軟體，輸入資料卻關閉了軟體，就會出現這樣的對話框，詢問我們是否要做儲存！資料庫操作過

程中，為了避免使用者的操作不當，Access 巨集也以 MessageBox 來作為訊息溝通。設計者可利用此訊息交談窗來提醒使用者是否產生了操作上的錯誤！

　　上述範例只使用了一個巨集；這裡會有兩個巨集：MessageBox、OpenReport。MessageBox 使用的參數由表【13-11】做解說。

參數	說明	備註
訊息	訊息窗顯示的提示訊息	必須輸入訊息
嗶嗶聲	執行時是否要發出聲音	預設為『是』
類型	訊息窗要顯示的圖示有四種：重要、警告？、警告！、資訊	預設為「無」不會顯示任何圖示
標題	顯示是否要在視窗加入標題	輸入標題

表【13-11】　MessageBox 巨集和參數

　　那麼執行 MessageBox 巨集所開啟的訊息窗長得像什麼？以圖【13-6】解說。

圖【13-6】　MessageBox 訊息窗結構

　　OpenReport 巨集用來開啟報表，表【13-12】解說相關的參數。

參數	說明	備註
報表名稱	指定或選取要開啟的報表	必須有此參數
檢視	開啟資料模式，有：報表、設計、預覽列印、樞紐分析表、樞紐分析圖	預設檢視：「資料工作表」
篩選名稱	輸入查詢物件名稱，開啟報表時會執行此篩選條件	
Where 條件 =	輸入報表的篩選條件	[住址] Like "高雄*"
視窗模式	指定報表的視窗顯示模式，有 【正常】依照報表原有的設定值 【隱藏】隱藏表單 【圖示】以最小化方式來開啟 【對話方塊】開啟的表單無法調整大小	預設模式：正常

表【13-12】　OpenReport

第一個巨集 MessageBox 提示使用者準備開啟報表，按下訊息窗的「是」鈕，就會執行第二個巨集 OpenReport，以預覽列印模式來開啟報表。

範例《CH13A》顯示訊息方塊

Step 1 確認「建立」索引標籤，執行巨集與程式群組的「巨集」指令，開啟巨集編輯的設計畫面。

Step 2 巨集「MessageBox」，按 Enter 鍵帶出要編輯的參數內容；❶ 訊息輸入「歡迎進入報表」；❷ 嗶嗶聲採預設值「是」；❸ 類型從清單選「資訊」；❹ 標題輸入「開啟報表」。

Step 3 加入第二個巨集「OpenReport」。❶ 將 MessageBox 前方的「-」鈕按下做收合動作；❷ 找出巨集「OpenReport」，按 Enter 鍵會帶出要編輯的參數內容；❸ 報表名稱選「學生」；❹ 檢視模式選「預覽列印」；❺ Where 條件 =「[住址] Like "高雄*"」；❻ 視窗模式以預設值「正常」；按快速存取工具列的「儲存檔案」鈕，❼ 輸入「以預覽列印開啟報表」來儲存巨集。

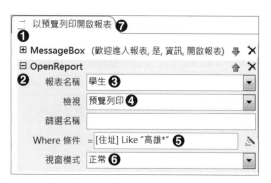

Step 4 按執行鈕，會先彈出訊息窗，按「確定」鈕會以預覽列印開啟報表，可以仔細觀察，住址會找出只有高雄市的學生。

13.2.3 將按鈕加入表單

表單的運作要有控制項；「按鈕」控制項能配合巨集指令，當使用者按下後，能執行相關的程序。要讓按鈕進入控制項精靈導引，選取相關的巨集指令，還要有「使用控制項精靈」來配合。透過圖【13-7】，可以區別「使用控制項精靈」有無按下！

圖【13-7】 使用控制項精靈

一般來說，表單是使用者接觸資料庫的第一步。為了保護資料的完整性，一個設計良善的表單會維持操作介面的單純性；為了避免使用者破壞資料的結構，通常會將表單下方的「記錄瀏覽按鈕」設為「否」。但是表單的記錄必須能夠移動，所以加入四個按鈕配合

巨集指令來代替原有「記錄瀏覽按鈕」的第一筆、前一筆、下一筆和最後一筆,下表【13-13】做說明。

類別	巨集指令	圖片	名稱
記錄導覽	跳到第一筆記錄	跳至第一筆	cmdFirstRd
記錄導覽	跳到前一筆記錄	跳至前一筆	cmdPreviousRd
記錄導覽	跳到下一筆記錄	跳至下一筆	cmdNextRd
記錄導覽	跳到最後一筆記錄	跳至最後一筆	cmdLastRd

表【13-13】配合按鈕加入的巨集指令

範例《CH13A》按鈕

Step 1 將學生表單以「設計檢視」開啟。

Step 2 啟動「按鈕」;❶ 確認「設計」索引標籤,「使用控制項精靈」有按下(呈粉紅色);❷ 按「按鈕」控制項。

Step 3 啟動按鈕精靈。❶ 指標移向表單首區段,當形狀改變 ⁺□ 時,按下滑鼠左鍵來啟動命令按鈕精靈;❷ 選取類別的「記錄導覽」;❸ 巨集指令選「跳到第一筆記錄」;❹「下一步」鈕。

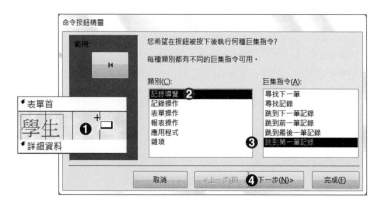

Step 4　❶ 選「圖片」的**跳至第一筆**；❷ 按「下一步」鈕。

Step 5　按鈕名稱。❶ 輸入「cmdFirstRd」；❷ 按「完成」鈕。

Step 6　完成的按鈕放在表單首區段。

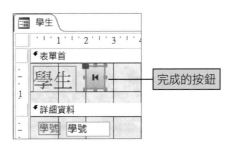

Step 7　依據步驟 2~6，參考表【13-13】依序完成前一筆、下一筆和最後一筆的按鈕。

Step 8 將表單進行儲存後，切換為「表單檢視」，進行按鈕的測試。按下按鈕，觀看表單的記錄是否會隨著按鈕的作用而移動。

能移動記錄的按鈕

不知各位有無發現否！加入的四個指令按鈕，與表單下方的「記錄瀏覽按鈕」作用是相同的。

以按鈕執行巨集

單擊滑鼠左鍵（On Click）表示它是一個滑鼠事件。將完成的巨集透過表單的按鈕來執行，也是一個不錯的方法。還記得之前完成的「以預覽列印開啟報表」巨集，表單中加入按鈕，再以表單的屬性表進行設定，一起來試試看吧！

範例《CH12A》按鈕執行巨集

Step 1 確認學生表單是「設計檢視」模式，確認「使用控制項精靈」未按下；按下「按鈕」控制項拖曳成形狀。

Step 2 變更屬性表。❶ 表單首區段加入按鈕；❷ 按 F4 鍵叫出屬性表，確認選取類型「命令按鈕」；❸ 切換「事件」標籤；❹ 移向「On Click」，按 ▼ 展開選單，選「以預覽列印開啟報表」。

Step 3　繼續按鈕的屬性設定，輸入提示文字。❶ 切換「其他」標籤；❷ 名稱輸入「cmdOpenRpt」；❸ 控制項提示文字輸入「開啟學生報表」。

Step 4　繼續按鈕的屬性設定，設按鈕標題。❶ 切換「格式」標籤；❷ 標題輸入「開啟報表」；❸ 按 X 關閉屬性表。

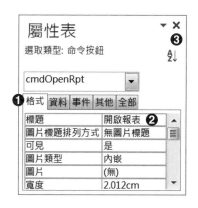

Step 5　將學生表單切換為表單檢視，執行時是否先開啟訊息窗，再開啟報表！

TIPS　進一步認識按鈕的屬性

按鈕屬性表中，標題和名稱有何不同？

- 位於「格式」標籤的『標題』會顯示於表單上，它是給使用者看的；可以在按鈕上雙擊滑鼠，變成選取狀態後，直接輸入內容。
- 「其他」標籤的『名稱』是設計者使用，它的原始名稱可能是『command25』。可以給予有意義的名稱，方便日後使用。

13.2.4 巨集指令和內嵌巨集

「內嵌巨集」適用於表單、報表或設定於控制項的任何事件中;完成設定的內嵌巨集,會變成表單、報表或控制項的一部分,無法透過「功能窗格」來檢視此巨集物件。學生表單中使用了兩種巨集:巨集指令和內嵌巨集。內嵌巨集通過按鈕,配合「使用控制項精靈」引導而成。開啟屬性表,可以看到事件「On Click」標明它是一個內嵌巨集。

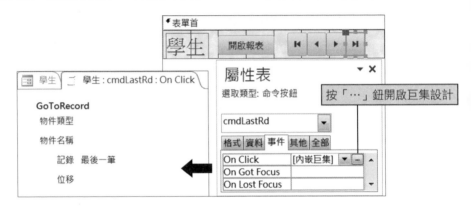

按屬性視窗的「…」鈕後可以利用「巨集」設計視窗打開內嵌巨集。由於是以最後一筆按鈕查看,所以巨集指令「GoToRecord」的參數「記錄」是『最後一筆』,按「關閉」鈕會回到表單的屬性表。

另一個「開啟報表」的『按鈕』是直接呼叫巨集指令來執行,開啟屬性表後,它的事件「On Click」是一個編輯完成,然後選定的巨集名稱「以預覽列印開啟報表」,如圖【13-8】所示。此外。也可以從功能窗格看到此巨集指令的存在。

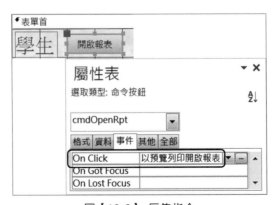

圖【13-8】 巨集指令

13.3 巨集應用

前面建立的巨集都是由上而下依次執行。當然！也可以將巨集轉個彎，分不同的方向進行。配合 If 巨集做設定條件，稱為條件式巨集。或者把多個巨集指令組合，以一個巨集名稱儲存，執行時便呼叫此巨集名稱來執行，稱為巨集群組。

13.3.1 條件式巨集

If 巨集取代 Access 舊版的條件式巨集。執行時依據設定條件回傳 True 或 False 的條件運算式，決定是否要繼續執行下一個巨集指令。圖【13-9】是一個 If 巨集的條件運算結構。

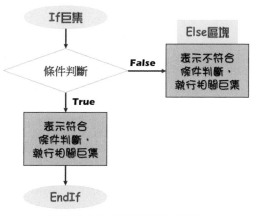

圖【13-9】 If 巨集的條件結構

圖【13-10】所示，加入 If 巨集，可以在「條件運算式」加入條件搭配函數，進行邏輯判斷。當條件運算式為 True（真）時，可以呼叫其他巨集放在「新增巨集指令」裡，最常用的作法就是以 MessageBox 來提示訊息。

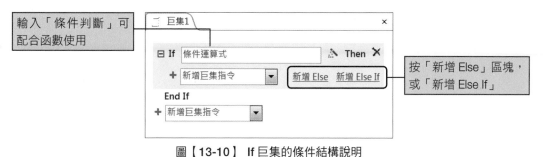

圖【13-10】 If 巨集的條件結構說明

如果條件為 False（假），還可以加入「Else」區塊如圖【13-11】，於「新增巨集指令」裡加入未符合條件運算式的巨集。

圖【13-11】 If/Else 巨集的條件結構

若想加入第二個條件運算式，就得加入「Else If」區塊。加入時，必須選取 If 巨集區塊，再按視窗右側的「新增 Else If」，如圖【13-12】所示。

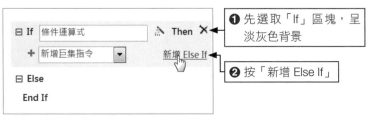

❶ 先選取「If」區塊，呈淡灰色背景

❷ 按「新增 Else If」

圖【13-12】 If 巨集加入 Else If

學生表單中，設定巨集來檢查生日欄位是否有輸入資料。如果沒有填寫出生的年月日，巨集「MessageBox」會做警告；而「CancelEvent」會取消巨集的執行，並以「GoToControl」讓插入點移到生日欄位等待使用者重新輸入。其中巨集 GoToControl 的參數只有一個「控制項名稱」，表【13-14】做說明；透過控制項名稱能讓焦點（插入點）做轉移。

參數	說明	備註
控制項名稱	指定控制項或欄位名稱	必須有此參數

表【13-14】 GoToControl 巨集和參數

如何讓這個檢查生日欄位的巨集發揮功能？透過表單屬性的「Before Update」事件。當表單更新欄位值或新增一筆記錄，未儲存前會觸發此事件，進一步檢查生日欄位是否有輸入資料。如何以 If 產生條件式巨集？請進入下一個範例的練習。

範例《CH13C》If 條件式巨集

Step 1 開啟範例《CH13C.accdb》，切換建立索引標籤，執行「巨集與程式」群組的「巨集」指令，進入巨集編輯的設計畫面。

Step 2 ❶ 加入巨集「If」，按 Enter 鍵之後，帶出「If...Then...End If」區塊；❷ 利用函數 IsNull([生日]) 做條件判斷，判斷生日欄位是否為空白。

Step 3 當生日欄位空白時（表示條件判斷為真），巨集 MessageBox 發出警告。❶ 加入 MessageBox，按 Enter 鍵帶出參數；❷ 訊息輸入「生日欄位要有資料」；❸ 嗶 嗶聲採預設值「是」；❹ 類型從清單選「警告！」；❺ 標題輸入「生日不能空白」。

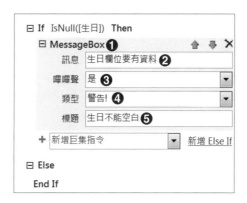

Step 4 當生日欄位確實是空白；❶ 巨集「CancelEvent」取消要繼續執行的動作；❷ 以 巨集「GoToControl」轉移焦點，❸ 控制項名稱輸入「生日」，讓插入點移向生 日欄位準備重新輸入。

Step 5 將此巨集儲存「檢查生日欄位」。

Step 6 設定執行時機，將**學生**表單以設計檢視開啟，按鍵盤 F4 鍵叫出屬性表。

Step 7 變更相關屬性。❶確認選取類型「表單」；❷ 切換「事件」標籤；❸ 移向「Before Update」，按 ▼ 展開選單，選取「檢查生日欄位」；❹ 按右上角的「X」鈕來關閉屬性表。

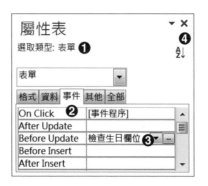

Step 8 將表單存檔，測試巨集的執行狀況。切換**學生**表單為表單檢視，按「新（空白）記錄」鈕準備新增一筆記錄。

按此鈕準備新增記錄

Step 9 輸入資料，生日未填，而做存檔動作，就會彈出警告窗，按「是」鈕就會發現插入點停留在生日欄位上。

13.3.2 巨集群組

巨集群組的作用就是將不同條件的巨集指令予以分組，每一組的巨集給予不同名稱做區隔。使用多個 Submacro 巨集來組合巨集群組。每個 Submacro 建立時要給予子巨集名稱，如圖【13-13】。若要執行此巨集群組的某一個巨集，必須呼叫此巨集群組的某個巨集名稱，如「A.B」，A 為巨集群組的名稱，B 為 Submacro 所輸入的子巨集名稱。

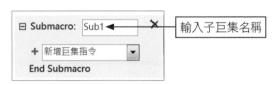

圖【13-13】 以 Submacro 建立子巨集

建立的巨集群組，可配合「RunMacro」巨集指令做巨集迴圈的控制。也就是說透過群組的功能，將相關的巨集指令儲存於同一個巨集中，方便於日後的管理及維護。

第一個 Submacro 巨集設定的名稱「預覽學生資料」，以巨集指令「OpenTable」開啟「學生」資料表，第二個 Submacro 巨集設定的名稱「預覽教師資料表」，以巨集指令「OpenTable」開啟「教師」資料表，將此巨集儲存為「預覽資料表群組」；OpenTable 巨集的相關參數以表【13-15】做簡介。

參數	說明	備註
資料表名稱	指定或選取要開啟的資料表	必須有此參數
檢視	以何種模式開啟，有：資料工作表、設計、預覽列印、樞紐分析表、樞紐分析圖	預設檢視：資料工作表
資料模式	開啟資料表後的編輯方式： 【新增】新增記錄 【編輯】編輯記錄 【唯讀】只能檢視記錄	預設模式：編輯

表【13-15】 OpenTable 巨集的相關參數

一起使用巨集 Submacro 來產生巨集群組並完成此範例。

範例《CH13C》巨集 Submacro

Step 1 切換「建立」索引標籤，執行巨集與程式群組的「巨集」指令，開啟巨集 1 的設計畫面。

Step 2 ❶ 直接輸入「Submacro」，按 Enter 鍵之後，輸入子巨集名稱「預覽學生資料」。

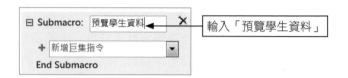

Step 3 新增「OpenTable」巨集，參數設定：資料表名稱「學生」；檢視模式「資料工作表」；資料模式「唯讀」。

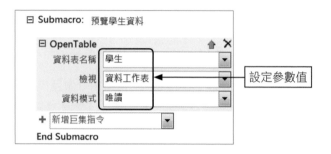

Step 4 新增第二個巨集「MaximizeWindows」，讓開啟的視窗最大化。

Step 5 新增第二個「Submacro」，輸入子巨集名稱「預覽教師資料」。再加入「MessageBox」巨集，參數設定：訊息「開啟教師資料」、嗶嗶聲「是」、類型「資訊」、標題「教師資料」。

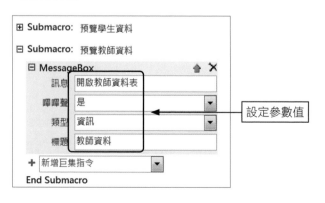

Step 6 新增第二個巨集「OpenTable」，參數設定：資料表名稱「教師」；檢視模式「預覽列印」；資料模式「唯讀」。

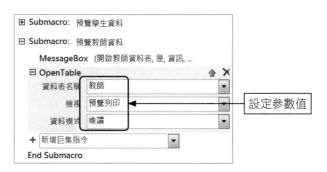

Step 7 儲存巨集為「預覽資料表群組」。

使用 RunMacro

使用「RunMacro」巨集指令來執行巨集指令，共有三個參數，說明如表【13-16】。

參數	說明	備註
巨集名稱	指定或選取要執行的巨集或巨集群組名稱，若是巨集群組，格式以「群組名稱 . 巨集名稱」表示；以巨集名稱執行，只執行巨集中的第一行指令	必須有此參數
重複次數	設定巨集執行的次數，如果未輸入任何數值，巨集只會執行一次	
重複運算式	輸入執行條件，當運算式為 False 則停止執行	

表【13-16】 RunMacro 參數

為了讓大家先認識 RunMacro 運作方式，下面的實作範例只設定巨集名稱，所以只會執行一次 RunMacro，有關於 RunMacro 的更多用法請參考章節《13.4.2》。

範例《CH13C》巨集 RunMarco

Step 1 執行「巨集與程式」群組的「巨集」指令，進入巨集的設計檢視。

Step 2 ❶ 巨集「RunMacro」，按 Enter 鍵之後，由下拉式清單選取 ❷ 巨集名稱「預覽選課記錄群組 . 預覽學生」。

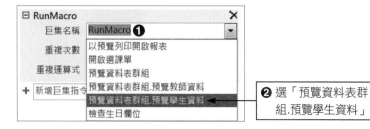

❷ 選「預覽資料表群組.預覽學生資料」

Step 3 儲存此巨集，名稱「控制巨集群組」。

Step 4 按「執行」鈕。會開啟學生資料表，由於是唯讀狀態，無法做任何資料的修改。

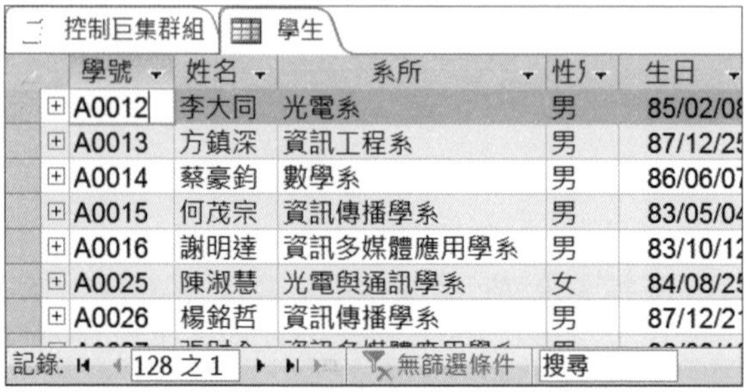

	學號 ▾	姓名 ▾	系所 ▾	性別 ▾	生日 ▾
⊞	A0012	李大同	光電系	男	85/02/08
⊞	A0013	方鎮深	資訊工程系	男	87/12/25
⊞	A0014	蔡豪鈞	數學系	男	86/06/07
⊞	A0015	何茂宗	資訊傳播學系	男	83/05/04
⊞	A0016	謝明達	資訊多媒體應用學系	男	83/10/12
⊞	A0025	陳淑慧	光電與通訊學系	女	84/08/25
⊞	A0026	楊銘哲	資訊傳播學系	男	87/12/21

記錄: ◄ ◀ 128 之 1 ▶ ▶�.▶ 無篩選條件 搜尋

13.3.3 定義快速鍵

巨集指令中有一個 SendKeys 指令，用來模擬鍵盤的輸入動作。經過設定，只要按下鍵盤就會產生所對應的字元。利用此對應鍵的觀念，可以透過巨集來定義快速鍵；使用者按下定義好的快速鍵，系統便會執行所對應的巨集指令。事實上這些巨集指令是一個巨集群組，這些定義好的巨集群組必須以 AutoKeys 名稱做儲存。AutoKeys 組合鍵的代表語法如表【13-17】所示。

SendKeys 語法	組合鍵（代表意義）
^A 或 ^4	CTRL + A | CTRL + 4
{F1}	F1
^{F1}	CTRL + F1
+{F1}	SHIFT + F1
{INSERT}	INS
^{INSERT}	CTRL + INS

SendKeys 語法	組合鍵（代表意義）
+{INSERT}	SHIFT + INS
{DELETE} 或 {DEL}	DEL
^{DELETE} 或 ^{DEL}	CTRL + DEL
+{DELETE} 或 ^{DEL}	SHIFT + DEL

表【13-17】 AutoKeys 組合鍵

以「+」代表【Shift】鍵，「^」代表【Ctrl】鍵。如何建立這些 AutoKeys ？使用巨集群組方法，以 Submacro 子巨集呼叫所定義的快速組合鍵。例如：想要以組合鍵【Shift + F8】開啟報表，並以預覽列印模式呈現；再以【Ctrl+S】組合鍵做關閉視窗。所以要有二組 Submacro 子巨集，再以 AutoKeys 為檔名做儲存。

範例《CH13C》自訂快速鍵

Step 1 切換「建立」索引標籤，執行巨集與程式群組的「巨集」指令，開啟巨集的設計檢視。

Step 2 ❶ 直接輸入「Submacro」，輸入子巨集名稱「+{F8}」。❷ 新增第二個巨集「OpenReport」，參數設定：報表名稱「選課單」；檢視「預覽列印」；視窗模式「正常」。

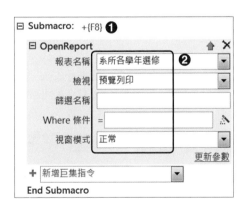

Step 3 ❶ 加入第二個「Submacro」，輸入子巨集名稱「^S」。❷ 新增第二個巨集「CloseWindow」，參數設定：物件類型「報表」，物件名稱「選課單」，儲存「提示」。

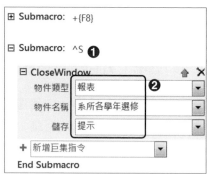

Step 4 將巨集儲存為 AutoKeys 並測試。選取**系所各學年選修**報表按【Shift + F8】，會以預覽列印模式開啟，按【Ctrl+S】會關閉視窗。

Step 5 如果不是以 AutoKeys 名稱存檔，選取**系所各學年選修**報表按【Shift + F8】，會開啟如圖【13-14】所示的訊息窗。

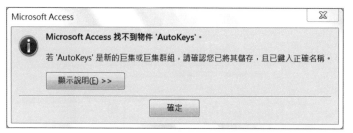

圖【13-14】 非 AutoKeys 檔名的訊息窗

13.4 巨集的編輯和偵錯

了解條件式巨集的使用方法及巨集群組的組合運用，再加上「RunMacro」巨集指令，可用來設計一個具有流程控制的巨集。

13.4.1 巨集的執行流程

前面範例利用巨集來檢查「學生」表單的『生日』欄位是否有資料，利用這樣概念也能檢查「學生」表單的『姓名』及『生日』欄位是否有資料。檢查流程如圖【13-15】所示。

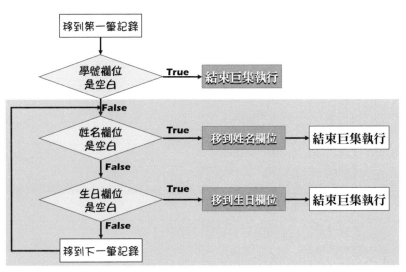

圖【13-15】 檢查欄位之流程

第一部份：檢查學號欄位

　　將巨集分成兩部份。第一部份檢查學號欄位；開啟學生表單時，將記錄移到第一筆開始做檢查，如果學號是空白的，就結束此巨集指令的執行。相關巨集以圖【13-16】表示。

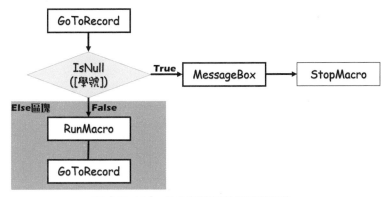

圖【13-16】 檢查學號欄位使用的巨集

使用 GoToRecord 巨集來移動記錄指標，共有三個參數，簡介如表【13-18】。

參數	說明	備註
物件類型	選取資料庫物件	必須有此參數
物件名稱	選取物件的名稱	必須有此參數
記錄	記錄指標移動方向： 【向前】移向上一筆記錄 【向後】移向下一筆記錄 【第一筆】移向第一筆記錄 【最後一筆】移向最後一筆記錄 【跳至】移動到指定記錄 【新增】新增一筆記錄	預設為「向後」
位移	記錄參數設為【向前】、【向後】、【跳至】時，用來設定移動的筆數	

表【13-18】 GoToRecord 巨集和參數

將圖【13-16】使用的巨集及使用的參數，以表【13-19】列示。

第一個部份：檢查學號的巨集及參數		
GoToRecord		
物件類型	表單	
物件名稱	學生	
記錄	第一筆	
If IsNull([學號]) Then		
MessageBox		
訊息	沒有任何學號，不做檢查	
嗶嗶聲	是	
類型	警告！	
標題	檢查學號欄位	
StopMacro		
Else		
RunMacro		
GoToRecord		
物件類型	表單	
物件名稱	學生	
記錄	最後一筆	
End IF		

表【13-19】 檢查學號使用巨集和參數

　　由於巨集有多個，為了方便解說巨集內容，會以 Comment 寫入註解文字，當 Comment 不是處於編輯狀態，會以「/* …*/」的綠色文字顯示註解內容。巨集執行時會忽略 Comment 巨集的註解文字。

範例《CH13D》第一部份「檢查表單的學號欄位」

Step 1 切換「建立」索引標籤，執行巨集與程式群組的「巨集」指令，進入巨集的設計檢視。

Step 2 加入 Comment 巨集。❶ 加入 Comment，會變成文字框的編輯狀態；❷ 輸入註解文字「將記錄指標移向第一筆」。

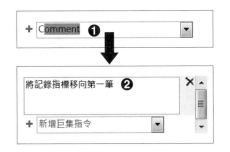

Step 3 加入巨集「GoToRecord」，參數設定：物件類型「表單」，物件名稱「學生」，記錄「第一筆」。

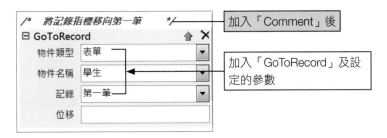

Step 4 參考表【13-19】所列的巨集及使用參數，第一個部份檢查學號使用的巨集如圖
【13-17】和所示。

圖【13-17】 檢查學號的有關巨集

Step 5 先將巨集儲存為「檢查學生表單」。

第二部份檢查姓名和生日欄位

第二個部份是以巨集群組來製作，所有的指令皆放在 Submacro 巨集內，使用的相關
的巨集以圖【13-18】說明。

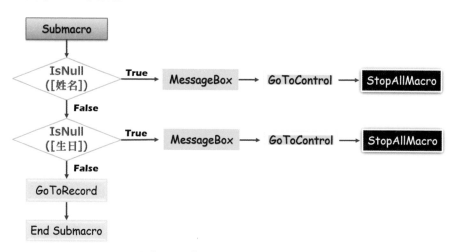

圖【13-18】 Submacro 相關的巨集

　　如果有學號就繼續檢查下一個欄位『姓名』，進入 Submacro。當『姓名』欄位空白，則結束所有巨集指令的執行，並將焦點移向此『姓名』欄位。『姓名』欄位有資料時，繼續檢查下一個欄位『生日』，其處理方式則和『姓名』欄位相同。『生日』欄位有資料時，就移向下一筆記錄，重複檢查，直到最後一筆記錄為止。現在就來實作此檢查欄位的巨集。

　　將圖【13-18】使用的巨集及使用的參數，以表【13-20】列示。

第二個部份：檢查姓名、生日使用的巨集及參數	
Submacro ： 檢查欄位	
If IsNull([姓名]) Then	
MessageBox	
訊息	姓名欄位要有資料
嗶嗶聲	是
類型	警告！
標題	檢查姓名欄位
GoToControl	
控制項名稱	姓名
StopAllMacros	
Else If IsNull([生日]) Then	
MessageBox	
訊息	生日欄位要有資料
嗶嗶聲	是
類型	警告！
標題	檢查生日欄位
GoToControl	
控制項名稱	生日
StopAllMacros	
Else	
GoToRecord	
物件類型	表單
物件名稱	學生
記錄	第一筆
位移	1
End If	
End Submacro	

表【13-20】 巨集群組使用巨集和參數

範例《CH13D》巨集群組檢查表單欄位

Step 1 延續前個範例,繼續編寫第二部份的巨集。❶ 加入「Comment」並輸入註解內容;❷ 加入巨集「Submacro」,子巨集名稱「檢查欄位」。

Step 2 編寫相關巨集來判別姓名欄位是否空白。

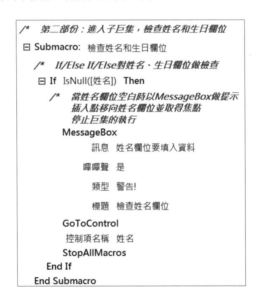

Step 3 按「Else If」來新增區塊。

Step 4 ❶ 巨集「Else If」,加入「IsNull([生日])」來判別生日欄位是否空白;❷ 巨集「MessageBox」,參數設定:訊息「生日欄位要有資料」,嗶嗶聲「是」,類型「警告!」,標題「檢查生日欄位」;❸ 加入巨集「GoToControl」,控制項名稱「生日」;❹ 巨集「StopAllMacros」來停止所有巨集的執行。

Step 5 ❶ 加入 Else 區塊；❷ 加入巨集「GoToRecord」，❸ 相關參數：物件類型「表單」，物件名稱「學生」，記錄「向後」移動，記錄指標的位移設「1」。

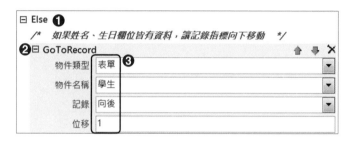

Step 6 回到第一部份巨集。找到巨集「RunMacro」(參考圖 13-16)，設定巨集名稱「檢查學生表單.檢查欄位」(須完成第二部份的子巨集 Submacro 才能指定其名稱)。

Step 7 承接巨集的流程，第二部份的巨集加入第二個 If 巨集。

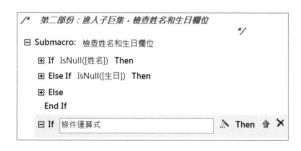

Step 8 ❶ 巨集「If」，加入「IsNull（[學號]）」來判別學號欄位是否空白；❷ 巨集「MessageBox」，參數設定：訊息「檢查完畢，一切 OK!」，嗶嗶聲「是」，類型「資訊」，標題「檢查學號欄位」；❸ 巨集「StopMacro」停止巨集的執行。

Step 9 加入巨集「RunMacro」，巨集名稱「檢查學生表單.檢查欄位」。

Step 10 儲存巨集，回到資料庫功能窗格，將學生表單以設計檢視開啟。

Step 11 ❶ 選「檢查欄位」按鈕；❷ 按 F4 鍵叫出屬性表，確認選取類型是命令按鈕；❸ 切換「事件」標籤；❹ 移向 On Click，從選單中選取「檢查學生表單」巨集。

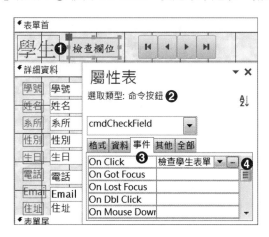

Step 12 切換表單檢視。❶ 按「檢查欄位」鈕；❷ 由於第五筆並無生日，❸ 就會彈出訊息窗，按下「是」鈕，就可以發現插入點會移向生日，等待我們輸入資料。

13.4.2 RunMacro 控制迴圈

上述範例中，利用 RunMacro 巨集不斷執行，直到發現錯誤為止，透過這樣方式將記錄檢查到最後一筆。當記錄筆數小於 20 筆，執行上並沒有問題！我們以一個表單測試版，由於記錄只有 14 筆，可以將欄位檢查完畢，會得到如圖【13-19】的訊息。

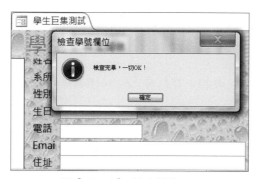

圖【13-19】 檢查欄位 OK

如果記錄很多筆（超過 20 筆）時，因為學生表單共有 129 筆，就會顯示如圖【13-20】的錯誤訊息！

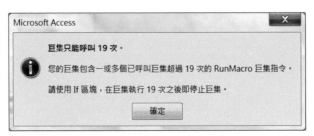

圖【13-20】 RunMacro 執行的錯誤

表示使用 RunMacro 巨集指令，只能呼叫自己 20 次，因為資料筆數過多，形成 RunMacro 無法再繼續執行。按下「確定」鈕後，會進入「巨集逐步執行」的交談窗，只能按「停止所有巨集」來解除狀況，如圖【13-21】所示。

圖【13-21】 停止所有巨集解除狀況

為什麼會發生錯誤？使用 RunMacro 巨集時，只設定其中一個參數「巨集名稱」；而另外兩個參數「重覆次數」和「重覆運算式」未設定任何參數，表示 RunMacro 只會執行一次。要控制巨集執行的迴圈，表示「重覆次數」和「重覆運算式」必須配合使用。

通常「重覆次數」是用來設定 RunMacro 執行的次數；而只在「重覆運算式」加入運算式，不設定「重覆次數」參數值，會執行到運算式結果須為 False 才會結束。藉由下面的實作範例來改善巨集「檢查表單欄位」的 RunMacro 參數值。

範例《CH13D》改善 RunMacro 巨集

Step 1 將「檢查學生表單」巨集以設計檢視開啟。

Step 2 將最後一列的 RunMacro 巨集刪除。找到 RunMacro 右側的 X 鈕，按下滑鼠就能刪除此巨集。

Step 3 找到第一個 If 巨集的 Else 區段，進行 RunMacro 參數的修改。❶ 重複次數輸入「1000」；❷ 重複運算式 =「Not IsNull([學號])」。

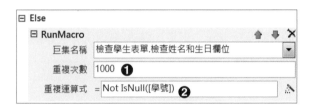

Step 4 按「X」刪除最後一列的 Stopmacro 子巨集。

Step 5 　刪除巨集 MessageBox 上方的巨集 If，再按住 MessageBox 巨集向上拖曳到 RunMacro 下方（GoToRecord 上方）。

Step 6 　確認功能區的「巨集指令目錄」被按下，顯示於視窗右側；找到系統命令的「DispalyHourglassPointer」巨集，❶ 拖曳到所有巨集的最上方來加入此巨集，並設參數開啟沙漏 ❷「是」。

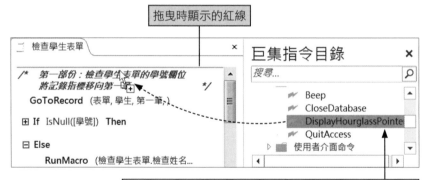

Step 7 修改後的巨集。

第一部份：檢查學號

第二部份：巨集群組先檢查姓名欄位

第二部份：巨集群組後檢查生日欄位

Step 8 儲存巨集，開啟學生表單做測試，看看是否能把 129 筆的記錄檢查完畢。

13.4.3 逐步執行巨集

在巨集設計工具列中，有二個按鈕，一個是「執行」按鈕用來執行巨集，另一個按鈕是「逐步執行」。

「逐步執行」指令會顯示巨集逐步執行的步驟。執行「開啟表單顯示錯誤訊息」巨集，故意將巨集 OpenForm 指定一個不存在的表單，執行時「逐步執行」指令會帶領執行的巨集進入「巨集逐步執行」交談窗；過程中，視窗下方的「巨集指令名稱和引數」能檢視巨集目前執行的狀況，進一步找出錯誤的所在。

範例《CH13D》將巨集逐步執行

Step 1 將「找不到科目表單」巨集以設計檢視開啟。

Step 2 先按下「逐步執行」指令，再按「執行」鈕；會開啟「巨集逐步執行」交談窗，巨集指令名稱是 MessageBox，表示按「逐步執行」鈕會開啟訊息窗。

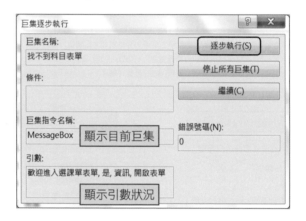

Step 3 開啟 MessabeBox 所設定的訊息窗；直接按「確定」鈕後，再一次進入「巨集逐步執行」交談窗。可以查看巨集名稱「OpenForm」，要開啟的是『科目』表單。

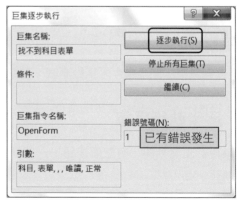

Step 4 由於無科目表單，會彈出訊息方塊告訴我們要開啟的表單不存在，按「是」鈕回到「巨集逐步執行」交談窗。

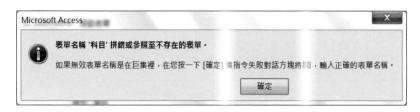

Step 5 由於找不到科目表單，只能按「停止所有巨集」來結束逐步執行的狀態。

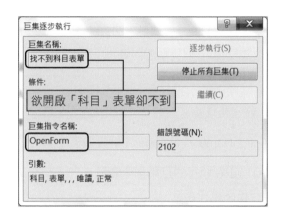

Step 6 回到巨集設計視窗，記得再按一次工具群組的「逐步執行」指令，取消逐步執行的動作。

13.4.4 錯誤處理

　　執行巨集時，比較常見的錯誤就是找不到物件。前述範例的『找不到科目表單』巨集，故意將「OpenForm」指定一個不存在的表單，讓它執行時產生錯誤！那麼如何防範找不到物件，巨集「OnError」能進行偵錯！當巨集發生錯誤時，此錯誤資訊會儲存在 MacroError 物件中，然後停止巨集的執行。透過「OnError」巨集指令可取得 MacroError 物件所儲存的錯誤訊息。而 OnError 的參數設定，如下表【13-21】列示。

參數	說明	備註
跳至	【下一步】表示巨集不會停止而繼續執行，產生的錯誤會記錄於 MacroError 物件中 【巨集名稱】指定欲處理錯誤的巨集名稱 【失敗】停止目前執行的巨集，並顯示錯誤訊息	下一步、失敗 不用設定「巨集名稱」
巨集名稱	輸入欲處理錯誤的巨集名稱	

表【13-21】 OnError 巨集及參數

當某個錯誤處理之後，MacroError 物件中儲存的資訊便會過期；必須使用「Clear MacroError」巨集指令做清除動作，讓 MacroError 物件中的錯誤號碼重設為零，而且將與此錯誤有關的其他任何資訊也一併清除。此外，為了取得巨集的錯誤訊息，利用 MessageBox 的訊息參數，加入如下列所示的內容。

```
="使用巨集:" & [MacroError].[ActionName] &
   "發生錯誤,代碼:" & [MacroError].[Number]
```

MacroError 物件的 ActionName 和 Number，解說如下。

■ ActionName -- 取得目前正在執行的巨集指令名稱。

■ Number -- 取得執行巨集的錯誤代碼。

範例《CH13D》巨集 OnError

Step 1 將「找不到表單顯示錯誤」巨集以設計檢視開啟。

Step 2 功能區的巨集指令目錄已執行，開啟於視窗右側。將巨集指令目錄下的巨集命令展開，找到 OnError 巨集，拖曳到 MessageBox 下方。

Step 3　設定巨集 OnError 的參數：跳至「巨集名稱」，巨集名稱「發生錯誤」（攔截巨集產生的錯誤訊息）。

> ⊟ Submacro: 開啟表單
> 　/*　進入表單時顯示其訊息　　　　　　　　　*/
> 　　MessageBox（歡迎進入選課單表單, 是, 資訊, 開啟...
> ⊟ OnError　　　　　　　　　　　　　　　　🔼 🔽 ✖
> 　　　跳至　｜巨集名稱　　　　　　　　　　　｜▼｜
> 　　巨集名稱　｜發生錯誤　　　　　　　　　　｜　｜
> 　　OpenForm（科目, 表單,,,唯讀, 正常）

Step 4　加入第二個 ❶ 巨集「Submacro」，變更巨集名稱「發生錯誤」；❷ 巨集「MessageBox」，參數設定：訊息「= " 巨集：" & [MacroError].[ActionName] & " 發生錯誤，代碼：" & [MacroError].[Number]」，嗶嗶聲「是」，類型「警告！」，標題「巨集發生錯誤」；❸ 巨集「ClearMacroError」。

> ⊟ Submacro: 發生錯誤 ❶
> 　/*　第二個Submacro：處理錯誤　　　　　　*/
> ⊟ MessageBox ❷　　　　　　　　　　　　🔼 🔽 ✖
> 　　　訊息　｜= "巨集：" & [MacroError].[ActionName] & "發生錯誤｜ ⬈｜
> 　　嗶嗶聲　｜是　　　　　　　　　　　　　　　｜▼｜
> 　　　類型　｜警告！　　　　　　　　　　　　　｜▼｜
> 　　　標題　｜巨集發生錯誤　　　　　　　　　　　｜　｜
> 　　ClearMacroError ❸
> ＋｜新增巨集指令　　　　　　　　　　｜▼｜
> End Submacro

Step 5　儲存巨集，按執行鈕；第一個動作開啟訊息窗「歡迎進入選課單表單」。按「是」鈕之後，因為找不到科目表單，就會以另一個訊息窗，如圖【13-22】顯示執行某個巨集的錯誤訊息。按下「是」鈕就會結束巨集的執行。

圖【13-22】　錯誤訊息和代碼

自我評量

一、選擇題

( ) 1. 如果要開啟資料表,要使用哪一個巨集指令? ❶ OpenForm ❷ OpenReport ❸ OpenTable ❹ Comment。

( ) 2. 要在巨集中加入註解,要使用哪一個巨集指令? ❶ OpenForm ❷ OpenReport ❸ OpenTable ❹ Comment。

( ) 3. 如果要開啟報表,要使用哪一個巨集指令? ❶ OpenForm ❷ OpenReport ❸ OpenTable ❹ Comment。

( ) 4. 滑鼠事件「On Click」表示:❶ 滑鼠左鍵按一下 ❷ 滑鼠右鍵按一下 ❸ 滑鼠左鍵雙擊兩下 ❹ 以上皆是。

( ) 5. 巨集「GoToControl」的作用是:❶ 開啟指定的報表 ❷ 焦點移向某個控制項 ❸ 取消巨集的執行 ❹ 以上皆非。

( ) 6. 巨集「CancelEvent」的作用是:❶ 開啟指定的報表 ❷ 焦點移向某個控制項 ❸ 取消巨集的執行 ❹ 以上皆非。

( ) 7. 巨集 GoToRecord 巨集來移動記錄指標,如果要讓記錄指標移向最後一筆;要透過哪一個參數做設定? ❶ 資料模式 ❷ 物件名稱 ❸ 記錄 ❹ 條件運算式。

二、填充題

1. 以 MessageBox 提示表單已開啟,但不發出嗶嗶聲,參數要如何設定?訊息＿＿＿＿＿＿＿;嗶嗶聲＿＿＿＿＿＿＿;類型＿＿＿＿＿＿＿;標題＿＿＿＿＿＿＿。

2. 要讓巨集有條件判斷,要使用＿＿＿＿＿＿＿＿巨集,當條件運算為 False 時,要加入＿＿＿＿＿＿＿＿區塊;要讓視窗最小化,使用＿＿＿＿＿＿＿＿巨集。

3. 建立巨集群組,要使用＿＿＿＿＿＿＿＿巨集。

4. 使用「RunMacro」巨集,有哪三個參數? ❶ ＿＿＿＿＿＿＿＿ 、❷ ＿＿＿＿＿＿＿＿ 、❸ ＿＿＿＿＿＿＿＿ 。

5. 為了預防巨集執行時發生錯誤,可加入＿＿＿＿＿＿進行錯誤處理;它可取得＿＿＿＿＿＿物件所儲存的錯誤訊息。

三、問答題

1. 巨集指令和內嵌巨集有何不同?請說明之。

2. 請說明巨集的「執行」和「逐步執行」指令有何不同?

3. 以唯讀狀態開啟課程資料表,並顯示其訊息,如何以巨集編寫?

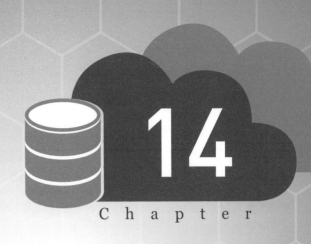

14
Chapter

VBA 強化管理

學習導引

→ 認識 VB 的操作環境

→ 要取得記憶體空間，得進行變數的宣告，而資料類型當然也要了解

→ 無論是數字或關係運算子，都是撰寫模組不可或缺

→ 只有 If 條件判斷，有時還得知道迴圈執行的次數

14.1 VBA 簡介

VBA 的英文全名是 Visual Basic for Application，是 Microsoft 自 Office 97 開始提出，衍生自 Visual Basic 做為 Office 各軟體成員的巨集語言。Access 資料庫可用它來強化資料庫的資料能力，提供一個具有親和力，執行效能更好的應用軟體。在 Access 2016 中，當各位需要完成下列作業時，就能以 VBA 來取代巨集。

- **維護資料：**巨集中可執行的指令有限，流程控制及錯誤處理機制不夠靈活。建立的巨集是個單獨物件，與使用它們的表單及報表是彼此分開。當資料庫的運作趨於複雜時，則會顯得難以維護。相反的，VBA 事件程序是內建於表單和報表的定義之中。當 A 資料庫的內容移植到 B 資料庫，內建於表單和報表的事件程序也能跟著一起搬移。

- **建立使用者自訂函數：**雖然 Access 已有豐富的內建函數，然而透過 VBA，使用者可以依據系統的需求來建立使用者自訂函數，完成本身要執行的運算與作業。

- **物件的建立和處理：**大部分情況下，透過物件的設計檢視，能以直觀、簡易方式建立或處理物件。而某些特殊情況，配合 VBA 程式碼的輔助，能讓資料庫所有的物件處理更得心應手。

不過在這裡得先說明，本章節的目的並不是要教各位以 VBA 來開發程式（需要專門書籍），其目的是要讓各位有能力去檢視並修改由精靈所產生的程式，或是將巨集轉換為 VBA 程式來使用，以提高資料庫的執行效率及易維護性。

> **TIPS** ▶ **VB 與 VBA 的不同**
>
> 最常見到的是 VBA 與 VB（Visual Basic）。VBA 是從 VB 中擷取主要語法結構，結合 Office 的功能，用來開發 Office 的應用程式，而 VB 則是用來開發各種應用程式，目前納入 Net Framework 架構下。

14.1.1 VBA 程式結構

首先得認識 VBA 的程式結構。Access 資料庫中所涵蓋的資料庫物件有資料表、查詢、表單、報表、巨集和模組等物件；透過模組可進入 VBA 的使用環境。模組使用程序（Sub）或函式（Function）來撰寫程式碼。至於表單和報表則可以透過類別物件中的程序和函式來產生程式碼，其 VBA 架構圖如下圖【14-1】所示。

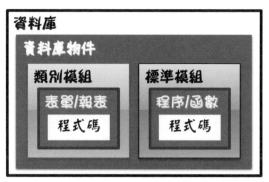

圖【14-1】 VBA 架構

14.1.2 Visual Basic 編輯器的工作環境

要進入 Visual Basic Editor（簡稱 VBE）畫面，有二個方式。

■ 利用資料庫工具索引標籤巨集群組的『Visual Basic』指令。

■ 利用建立索引標籤巨集與程式碼群組的『Visual Basic』指令；其中的『模組』和『類別模組』指令也能進入 Visual Basic 編輯器。

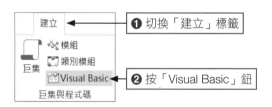

Visual Basic 編輯器的工作環境，如圖【14-2】所示。它還是一個傳統的工作環境，功能表下方提供所有的指令，工具列存放常見的圖示指令。

圖【14-2】 VB 編輯器的工作環境

專案總管視窗

　　專案總管視窗以階層式項目顯示專案中的各項模組，如圖【14-3】所見。它包含 Access 物件類別、一般模組和物件類別模組。

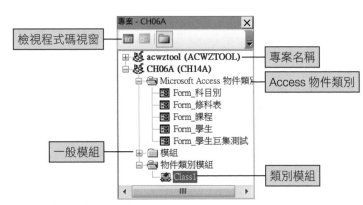

圖【14-3】 專案總管視窗

■ 「**檢視程式碼**」鈕：會依據選取物件不同，而將不同的程式碼內容透過「程式碼視窗」顯示。

■ 「**檢視物件**」鈕：會依據選取的物件而顯示結果，例如，若選取『Form_ 學生』表單，Access 會自動開啟此表單，並更換「屬性視窗」內容。

- 一般模組加入時會以 Module1、Module2 命名；產生類別模組會以 Class1、Class2 命名。

屬性視窗

列出專案總管視窗中所選取模組物件的屬性，使用者能以字母順序和性質分類，檢視物件的相關屬性，如下圖【14-4】。

圖【14-4】 屬性視窗

程式碼視窗

用來撰寫程式碼，使用者可以依據需求，將「物件」和「程序」配合使用。若撰寫程式碼是以 Access 物件類別，展開選單可以看到相關的內容，如圖【14-5】，它是一個科目表單，所以左側的選單可以看到相關的欄位。視窗右側的程序選單跟左側的物件有關。

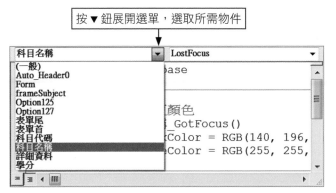

圖【14-5】 編輯程式碼視窗的物件選單

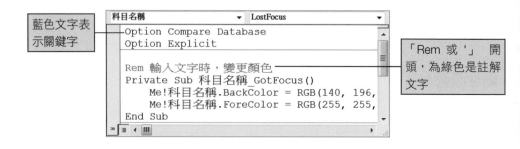

藍色文字表示關鍵字

「Rem 或 '」開頭,為綠色是註解文字

即時運算視窗

「即時運算視窗」顧名思義就是提供即時的運算,使用者可以鍵入或貼上一行程式碼,然後按 ENTER 鍵執行。

從檢視找到相關視窗

上述的專案總管、屬性視窗或其他的視窗,可從「檢視」功能表,展開的清單項目中找到,只要以滑鼠左鍵單擊這些視窗就能開啟。

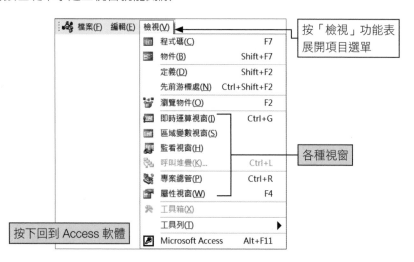

按「檢視」功能表展開項目選單

各種視窗

按下回到 Access 軟體

完成的程式碼，執行時可直接按 F5 按鍵，或按功能表的 ▶ 鈕，或展開執行功能表，按
「▶ 執行 Sub 或 UserForm F5」皆可以，可參考圖【14-6】。

圖【14-6】 執行時

14.2 將巨集轉為 VBA

巨集的最大缺點就是無法將撰寫的巨集與表單或報表物件存放在一起，優點在於不用
撰寫程式碼。不過，我們也不用太擔心，最簡單的方式就是將設計完成的巨集轉換為 VBA
程式，再將這些程式碼複製到所需的相關表單或報表物件，提高執行的效能！

完成測試的巨集，再轉換成 VB 程式碼，也方便於初學者閱讀。這些轉換後的程式碼
會歸類於「模組」之下。如何轉換？利用下述操作來體驗之。

範例《CH14B》將巨集轉為 VBA

Step 1 開啟範例《CH14B.accdb》，從 Access 功能窗格找到巨集物件的「預覽資料表
群組」，以設計檢視開啟。

Step 2 「預覽資料表群組」巨集進入設計檢視視窗；❶ 確認設計索引標籤；❷ 執行「將
巨集轉換成 Visual Basic」指令，進入「轉換巨集」交談窗。

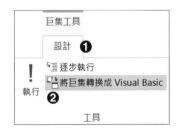

Step 3 使用預設值「產生的函數加入錯誤處理」和「加入巨集註解」皆有勾選，按「轉換」鈕準備轉換。

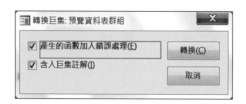

Step 4 進入 VB 編輯器，轉換成功後，會顯示訊息窗，說明「轉換已完成」，按「確定」鈕。

Step 5 切換 VB 編輯器視窗，轉換後的程式碼儲存於模組之下，滑鼠雙擊專案的「已轉換巨集 - 預覽資料表群組」來開啟程式碼。

巨集轉換後的程式碼與原來的巨集有何不同？由圖 14-7、14-8 說明。

圖【14-7】 巨集

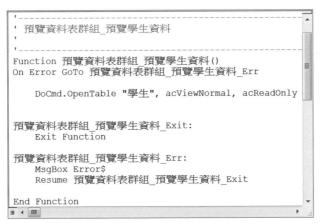

圖【14-8】 巨集轉換的程式碼

- 原來的 Submacro/End Submacro 以 Function/End Function 取代。

- 由於加入錯誤處理，所以有「On Error GoTo …」進行偵錯的處理。

- 原來的 OpenTable 和 Maximize 巨集，轉換後由 Docmd 去呼叫處理。

14.3 使用變數

在程式設計概念中，變數與常數的使用，流程控制，都是屬於程式語言當中最基本的部份，現在就進入 VBA 的程式語言世界！

14.3.1 宣告變數

何謂「變數」（Variable）？就是取得記憶體的使用空間後，儲存資料或運算的結果；而變數的值會因執行狀況的不同而時常改變。在程式語言中使用變數時，必須先做宣告，給予一個識別名稱，讓電腦的記憶體能夠辨認它！宣告變數的語法如下：

```
Dim 變數名稱 1, 變數名稱 2, … As 資料型別
```

- Dim、As 皆為關鍵字，Dim 表示要宣告變數，As 則是告訴電腦要使用的資料類型。

以簡單敘述列示：

```
Dim studentNumber As Integer
Dim name As string, birthday As Date
```

檢查變數

　　一般來說，會在模組或程序中進行變數的宣告；對於 VBA 而言，可採用隱性宣告方式，也就是宣告時，省略「As 資料類型」，變數會被當作 Variant 處理。雖然 Variant 非常好用，想要讓資料取得較佳的處理效率，還是把變數宣告成符合的資料類型。另一種方式就是直接使用變數，不做宣告；不過此種方式對於初學者而言，當程式碼發生錯誤時並不容易察覺。因此建議撰寫程式時對於所用的變數必須進行宣告，或者利用下面的設定方式，讓系統自動檢查變數是否有做宣告！

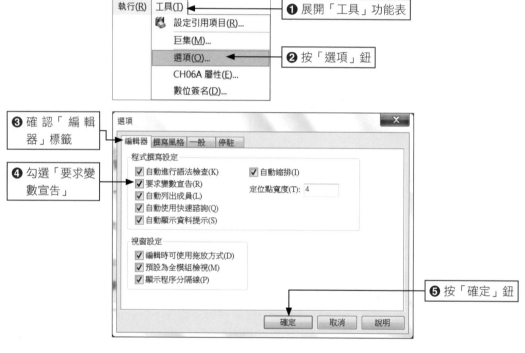

　　完成設定後，新增一個模組或類別模組時，會在程式碼視窗上方顯示一行文字：

```
Option Explicit
```

　　在程式碼中，如果使用了未做宣告的變數，執行程式時，解譯器會自動檢查程式碼內使用的變數是否有進行宣告。變數若未做宣告，執行時則會顯示警告訊息。

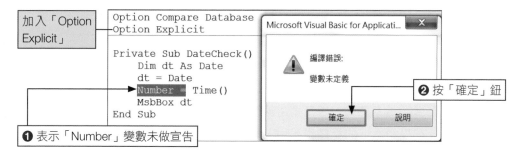

加入「Option Explicit」

❶ 表示「Number」變數未做宣告

❷ 按「確定」鈕

按「確定」鈕之後，程式會進入中斷模式，並將未宣告的 Number 變數予以反白，提醒使用者要將 Number 做變數的宣告。

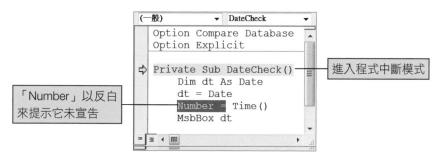

「Number」以反白來提示它未宣告

進入程式中斷模式

14.3.2 變數的命名規則

完成了變數宣告，才能取得記憶體的使用空間，而記憶體空間大小則由資料型態來決定。宣告一個變數名稱時，必須注意下列事項：

- 不能使用 Access 和 VBA 所使用的關鍵字，例如：Form 屬於資料庫的物件。
- 變數名稱必須以英文字母來開頭，第二個字元則可使用數字，不能在變數名稱中保留空白或者使用其他的標點符號。
- 變數名稱可以使用中文，字母（a-z 或 A-Z）、數字（0-9）或者是底線（ _ ），長度限制為 255 個字元。

14.3.3 變數的適用範圍

在模組中進行變數宣告時，每個變數會因宣告的位置及使用的敘述而有不同的適用範圍（Scope），依據變數的適用範圍分為下列二種：

- **在程序中宣告**：變數宣告於程序中，若以 Dim 敘述做為開頭，只能適用此程序中，當程序執行完畢後，變數的生命週期也會結束。

- **在模組中宣告**：變數宣告於模組中，若以 Dim 或 Private 敘述做為開頭，表示適用於整個模組，包含在模組之下的程序也適用，利用下圖【14-9】說明。

```
`在模組中宣告變數
Private number As Integer

`程序中進行變數的宣告
Private Sub cmdData_Click()
    Dim value As Integer
    . . .
End Sub
```

圖【14-9】 模組中變數的宣告

變數宣告於模組中，若以 Public 做為開頭，語法如下：

```
Public 變數名稱 As 資料型別
```

- Public 為關鍵字，表示宣告了一個公用模組的變數，適用於整個資料庫的所有模組。

14.3.4 資料類型

不同的資料類型有不同的記憶體空間，也有不同的運算方式；例如，數值則可以進行相加或相乘運算，若為字串則是不行。因此宣告變數時必須給予資料型態，執行時系統才能給予判斷此運算是否合理，並做出正確的處理。VBA 中共有 12 種資料型態，其使用範圍如下表【14-1】所示。

資料型別	儲存空間	資料範圍
Byte	1 個位元組	0 ~ 255
Boolean	2 個位元組	True 或 False
Integer	2 個位元組	-32,768 ~ 32,767
Long	4 個位元組	-2,147,483,648 ~ +2,147,483,648
Single	4 個位元組	負數 -3.402823E38 ~ -1.401298E-45 正數 1.401298E-45 ~ 3.402823E38
Double	8 個位元組	負數 -1.79769313486232E308 至 　　　-4.94065645841247E-324 正數 4.94065645841247E-324 至 　　　4.94065645841247E-324

資料型別	儲存空間	資料範圍
Currency	8 個位元組	-922,377,203,685,477.5808 至 +922,377,203,685,477.5807
Decimal	14 個位元組	無小數：-/+ 79,288,162,514,264,337,593,950,335 有小數：-/+7.9288162514264337593950335
String	10 個位元組	可變長度：1 ~2GB 固定長度：1 ~ 65,400
Date	8 個位元組	100/1/1 至 9999/12/31
Object	4 個位元組	儲存物件的參考位址
Variant	16 個位元組 22 個位元組	任何數值，最大為 Double 範圍（處理數值） 具有變動長度 String 相同的範圍（處理字元）

表【14-1】資料類型使用的範圍

使用數值

使用的變數屬於數值，而且不含小數時，可使用 Byte（位元）、Integer（整數）、Long（長整數）做為資料類型，敘述如下：

```
Dim Count As Byte
Dim price As Integer
Dim TotalPrice As Long
```

如果使用的變數含有小數位數時，可使用 Single（單精確度）、Double（雙精確度），敘述如下：

```
Dim TaxPrice As Single
Dim SubTotal As Double
```

計算貨幣

如果計算的數值是一個貨幣金額且位數固定，要求精確度時，Currency 資料類型是一個較好的選擇，敘述如下：

```
Dim TaxPrice As Currency
TaxPrice = 78456.2345 '整數部份達 15 位數，小數位數能使用 4 位數
```

使用字串

程式碼中使用的資料若為文字時，可利用 String 儲存內容，敘述如下：

```
Dim BookName AS String
StudName = "李大同"          '使用字中時,必須前後加上雙引號""符號
```

日期和時間

如果儲存的資料為日期和時間則必須以 Date 做為資料類型，敘述如下：

```
Dim OrderDate As Date
OrderDate=#2002/5/12#        '使用日期時必須前後加上#符號來區隔
```

Object

用來儲存資料庫物件的，就必須以 Object 為資料型態，語法如下：

```
Set 物件變數名稱 = 變數值
```

14.3.5　善用常數

在程式執行的過程中，如果不希望執行的數值被改變時，就把它宣告為常數。常數宣告的語法如下：

```
Const 常數名稱 As 資料型別 = 常數值
```

- **Const**：為關鍵字，表示進行常數宣告時，必須指定常數值。

    以簡例來說明：

```
Const PI As Double = 3.141596
```

14.3.6 認識陣列

如果想要取得連續的記憶體使用空間，就必須以陣列來宣告，表示這些變數使用相同的資料型態，利用索引值編號存放不同的元素，陣列的宣告如下：

```
Dim 變數名稱 (陣列長度) As 資料型態
```

以簡例來說明：

```
Dim Ary(3) As Integer
```

圖【14-10】表示宣告了一個一維陣列，裡面存放了 4 個元素，每個存放資料的元素都有一個對應的索引值編號。

圖【14-10】 陣列和索引值

14.4 運算子

在程式語言中，必須利用運算式來執行運算，而運算式由運算元和運算子所構成：

```
number = price * 0.65
```

- 運算元是被處理的對象，例如：Price、0.65。
- 運算子是進行處理的符號或文字，運算式的「*」（乘）。

14.4.1 算術、連接運算子

在 VBA 中有二個運算子可用於串接動作：一個是「+」運算子，用來串接相同的型態的資料，另一個是「&」運算子，用來串接不相同的型態的資料。

算術運算子

下表【14-2】是算術運算子執行範例。

算術運算子	名稱	範例
+	相加	A+B
-	相減	A - B
*	相乘	A * B
/	相除	A / B
^	指數	A ^ B
MOD	取得餘數	A MOD B

表【14-2】 算術運算子

14.4.2 比較運算子

比較運算子需要二個運算元作為比較依據，所比較的結果會以布林值來表示。下表
【14-3】是比較運算子的運算範例。

比較運算子	名稱	範例（A =10, B = 5）	結果
>	大於	A > B	True
<	小於	A < B	False
>=	大於或等於	A >= B	True
<=	小於或等於	A <= B	False
=	等於	A = B	False
<>	不等於	A <> B	True

表【14-3】 比較運算子

14.4.3 邏輯運算子

所謂的邏輯運算子就是「是 / 否」資料型態，運算結果只有 True 或 False 二種。

And 運算子

And 是『且』的意思，表示二個運算元運算的結果必為 True，所得結果才為 True，下
表【14-4】為運算結果。

運算元 1	運算元 2	結果
True	True	True
True	False	False
False	True	False
False	False	False

表【14-4】 使用 And 運算子

Or 運算子

Or 運算子為「或」之意,表示二個運算元運算的結果如果有一個為 True 時,所得結果才是為 True,下表【14-5】為運算結果。

運算元 1	運算元 2	結果
True	True	True
True	False	True
False	True	True
False	False	False

表【14-5】 使用 Or 運算子

Not 運算子

Not 運算子為『非』之意,是單一運算元,會將所得結果進行反相,如果運算元的值為 False 時,所得結果為 True;如果運算元的值為 True 時,所得結果為 False。

Xor 運算子

Xor 運算子為「互斥」作用,表示二個運算元會互相排斥。若二個運算元的值不相同時,其結果就為 True;若二個運算元的值相同時,其結果就為 False,下表【14-6】為運算結果。

運子元 1	運算元 2	結果
True	True	False
True	False	True
False	True	True
False	False	False

表【14-6】 使用 Xor 運算子

14.4.4 運算子的優先順序

下表【14-7】是各個運算子執行的優先順序。

優先順序	算術運算子	邏輯運算子
最高	∧	Not
	-（負數）	And
	*, /	Or
	\	
	Mod	
	+, -（減）	
最低	&	

表【14-7】 運算子的優先順序

14.5 流程控制

程式語言中，必須使用流程控制將運算式依據條件內容來執行。流程控制大致上分為三類，一個是循序，依據敘述由上而下執行，第二種為條件判斷，第三種為迴圈。

14.5.1 條件判斷

條件判斷就是利用運算式所得的結果來做為執行的依據，VBA 的條件判斷分為三種情形，請看下面的敘述。

- **單一條件**：If/Then 敘述，語法如下：

```
If 條件值 Then
    執行符合條件值的敘述
End If
```

單一條件敘述中，依據「條件值」傳回 True 或 False 的結果，只要符合條件值就會執行 Then 之後的敘述，例如：

```
If 定價 > 1200 Then
    MsgBox "定價已超過上限"
End If
```

當定價的金額已經大於 1200 元時，就會顯示有關訊息。

■ **雙重條件**：If/Then/Else 敘述，語法如下：

```
If 條件值 Then
     執行符合條件值的敘述
Else
     執行不符合條件值的敘述
End If
```

雙重條件是「條件值」為 True 時，執行 Then 之後的敘述，如果條件值不符合（False）就執行 Else 之後的敘述。範例程式碼如下。

```
If 定價 > 1200 Then
     MsgBox "定價已超過上限"
 Else
     定價 = 定價 *0.95
 End If
```

如果定價大於 1200 時，就顯示訊息，如果沒有超出 1200 元時，將定價調整為 0.95 的折扣。

多重條件

執行多重條件判斷時，除了巢狀 If 外，還可以使用 If/Else If 敘述、Select/Case 敘述。

■ 巢狀 If 即是 If/Then/Else 敘述的變化組合，語法如圖【14-11】所示。

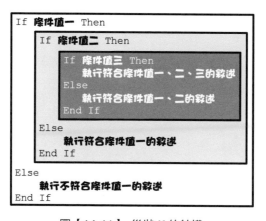

圖【14-11】 巢狀 If 的結構

執行時，符合條件值一的敘述，才會執行條件值二的判斷；符合條件值二的敘述，才會進入條件三的判斷。例如：要將定價進行調整，分為三個等級，如果定價大於 1200 元時，就執行 95 折扣；如果定價大於 1500 元時，就執行 8 折扣；定價大於 2000 元時，就執行 65 折扣，如果不在此定價範圍就不實施折扣。

```
If 定價 > 1200 Then
     定價 = 定價 *0.95
     If 定價 > 1500 Then
          定價 = 定價 *0.80
          If 定價 > 2000 Then
               定價 = 定價 *0.65
          End IF
     End If
Else
     MsgBox "不符合調整範圍"
End IF
```

- 【If ...ElseIf ...Else】會將條件逐一過濾，找到符合的條件值時，就不會再往下執行，語法如下：

```
If 條件值一 Then
     執行符合條件值一的敘述
ElseIf 條件值二 Then
     執行符合條件值二的敘述
ElseIf 條件值 N Then
     執行符合條件值 N 的敘述
Else
     上述條件值都不符合的敘述
End If
```

將上述實定價的折扣改為 If...ElseIF...Else 的敘述，其敘述如下：

```
If 定價 > 2000 Then
     定價 = 定價 *0.65
ElseIf 定價 > 1500 Then
     定價 = 定價 *0.80
ElseIf 定價 > 1200 Then
     定價 = 定價 *0.95
Else
     MsgBox "不符合調整範圍"
End IF
```

■ 【Select...Case...】用來執行多重條件的判斷,不過它是依據同一個運算式或變數的不同值進行判斷,語法如下:

```
Select Case 運算式或變數
     Case 條件一
          執行符合條件一的敘述
     Case 條件二
          執行符合條件二的敘述
     Case 條件 N
          執行符合條件 N 的敘述
     Case Else
          上述條件都不符合的敘述
End Select
```

例如:以 Select 寫一個電影分級制的小程式。

```
Select Case Age
     Case Is >=18
          MsgBox "所有電影都能欣賞!!"
     Case 12 to 17
          MsgBox "限制級電影不能欣賞!!"
     Case 6 to 11
          MsgBox "輔導級、限制級電影不能欣賞!!"
     Case 1,2,3,4,5
          MsgBox "只能欣賞普通級電影!!"
End Select
```

14.5.2 迴圈

設定一個條件值讓迴圈重覆執行,直到不符合條件為止,才停止迴圈的執行。

For/Next 迴圈

已經知道迴圈執行的次數,就可利用 For/Next 迴圈執行,其語法如下:

```
For 計數器 = 起始值 To 終止值 Step 增減值
     執行敘述
Next
```

- **計數器**：用來判斷迴圈是否執行的依據。
- **起始值與終止值**：起始值讓計數器開始計數，並進一步檢查計數器的值是否小於或等於終止值。
- **增減值**：決定計數器每執行一次要累加或累減的內容；如果未到終止值，則迴圈會繼續執行，直到大於終止值為止才會離開迴圈。

最簡單的例子，就是計算一個 1+2+3+….+100 的數值和，宣告一個變數「i」當作計數器使用，另一個變數 sum 做為總和之用，撰寫的程式碼如下：

```
Fon i=1 To 100
     sum = sum + i
Next
```

在上述範例中，由於增減值只累加一次，程式碼中可以省略。

Do/Loop 迴圈

迴圈執行的次數與條件的判斷息息相關時，可以使用 Do/Loop 迴圈，共有四種用法。

- **Do While/Loop**：先做條件判斷，再執行敘述，語法如下：

```
Do While 條件值
     執行符合條件的敘述
Loop
```

利用 Do While...Loop 迴圈撰寫一個 1+2+3+….+100 的數值和，程式碼敘述如下。

```
Do While i <= 100
    sum = sum + i
    i = i + 1
Loop
```

- **Do....Loop While...**：先執行敘述，再做條件判斷，無論如何，迴圈都會被執行一次；語法如下所述。

```
Do
    執行符合條件的敘述
Loop While 條件值
```

同樣地，撰寫一個 1+2+3+....+100 的數值和，程式碼敘述如下：

```
Do
    sum = sum + i
    i = i + 1
Loop While i <= 100
```

- **Do Until...Loop**：會執行條件判斷，不過當條件為 True，會離開迴圈，語法如下所述。

```
Do Until 條件值
    執行不符合條件的敘述
Loop
```

- **Do....Loop Until...**：會執行敘述，再做條件判斷，不過當條件為 True，會離開迴圈，其語法如下所述。

```
Do
    執行不符合條件的敘述
Loop Until 條件值
```

Exit 敘述

　　流程控制被執行時，可以在迴圈中加入 Exit 敘述讓執行的迴圈離開，不過如果在程序（Sub）或函式（Function）中加入 Exit Sub 或 Exit Function 則會結束此程序或函式的執行。

14.6 Access 模組

　　模組是利用 VBA 所撰寫的程式，包含了宣告與程序兩個部份。模組的用途主要是彌補某些系統需求無法達成時，用來強化 Access 視覺化設計介面，比如：自訂函數、顯示錯誤訊息、執行程序較複雜的系統動作 ... 等。

　　Access 2016 模組的種類有兩種：一個是表單或報表物件中所組成的「類別模組」，另一個是在模組物件中所建立的標準模組。

14.6.1 標準模組

標準模組屬於資料庫物件，可由使用者自訂，在模組內包含了程序、函式及變數。程序是 VBA 執行的程式單元。每個程序必須指定一個名稱，這其中包含了一連串的敘述和方法（Method 是用來執行運算或計算數值）。程序可區分為下列兩種類型：Sub 程序和 Function 函式。

Sub 程序

Sub 程序執行單一或一系列的運算，無須任何傳回值。使用者可依據自己的需求來建立 Sub 程序或藉由 Access 來建立的事件程序範本。資料庫中的每一個表單和報表都擁有內建的表單模組或報表模組，這些模組包含事件程序範本，語法如下：

```
Sub 程序名稱（參數列）
    宣告變數
    . . .
End Sub
```

Sub 程序的參數列如果不進行傳遞的動作時，可以省略。下面範例是直接在 Visual Basic 編輯器中，讓「課程」表單的科目名稱欄位在輸入資料（表示取得焦點）時會改變背景、前景顏色，輸入完成（表示失去焦點），將前景變更為綠色。要變更顏色，透過 RGB() 函數做設定，R「紅色」，G「綠色」，B「藍色」，設定值「0~255」，它的語法如下：

```
RGB(red, green, blue)
```

此外，是以「物件 . 屬性」語法來變更科目名稱的前、背景顏色，要編輯的程式碼如下：

```
Option Compare Database
Option Explicit

Rem 輸入文字時，變更顏色
Private Sub 科目名稱 _GotFocus()
    Me! 科目名稱 .BackColor = RGB(140, 196, 134)
    Me! 科目名稱 .ForeColor = RGB(255, 255, 0)
End Sub
```

```
, 離開時，背景白色，前景 ( 文字 ) 綠色
Private Sub 科目名稱 _LostFocus()
    Me!科目名稱 .BackColor = RGB(255, 255, 255)
    Me!科目名稱 .ForeColor = RGB(31, 123, 31)
End Sub
```

- 取得焦點時使用「GotFocus」事件；使用表單或報表物件時，可以「Me」關鍵字為代表，屬性「BackColor」表示背景顏色，而「ForeColor」表示前景顏色。

- 失去焦點使用「LostFocus」事件。

範例《CH14F》改變前景和背景顏色

Step 1 開啟範例《CH14F.accdb》，將**課程**表單以設計檢視開啟。

Step 2 ❶ 選取科目名稱（本身是文字方塊）；❷ 按 F4 鍵叫出屬性表，確認選取類型是「文字方塊」；❸ 切換「事件」標籤；❹ 找到 On Got Focus（取得焦點）按「…」鈕，開啟選擇建立器交談窗；❺ 選「程式碼建立器」；❻ 按「確定」鈕。

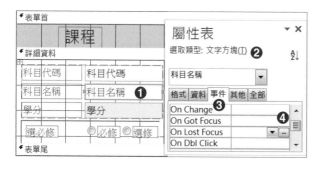

Step 3 輸入程式碼，善用 IntelliSense。進入 VB 編輯器可以看到已 ❶ 自動加入 Sub 程序；❷ 輸入「.」（點）時展開下拉式清單，再以滑鼠選取所需的屬性即可。

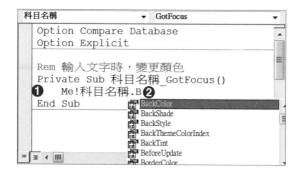

Step 4 加入另一個 LostFocus（失去焦點）的程序。❶ 從右上方宣告，按 ▼ 展開選單，選「LostFocus」；❷ 會自動加入 Sub 程序。

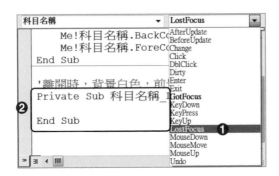

Step 5 完成程式碼之後，❶ 按工具列的「儲存檔案」鈕做儲存，❷ 再按「檢視 Microsoft Access」鈕回到 Access。

Step 6 將**課程**表單切換為表單檢視，插入點（取得焦點）移向科目名稱時，是綠底黃字，離開科目名稱（失去焦點）會變成白底綠字。

取得焦點是綠底黃字　　　失去焦點是白底綠字

Function 程序

　　Function 程序（一般將它稱為函式）會傳回一個計算的結果。VBA 提供多個內建函數，比方說，Now() 函數會傳回目前的日期和時間。除了內建函數外，使用者也能建立自己的函數（也就是所謂的使用者自訂函數）。由於函數會有傳回值，可以在運算式中使用它們，語法如下：

```
Function 函數名稱（參數列）As 回傳值的資料類型
    宣告變數
    ...
    函數名稱 = 運算結果
End Function
```

使用函式時必須回傳結果給呼叫的程序，所以其回傳的資料類型也必須指定。

若要在函式指定要開啟的報表，可利用下述的敘述：

```
DoCmd.OpenReport " 選課單 ", acViewReport,"", "", acNormal
```

這裡是利用 DoCmd 物件，一個能在 Visual Basic 程式碼中呼叫 Access 巨集指令。它可以指定欲執行的巨集，如：表單、報表，或者在控制項設定執行的程序。所以它呼叫了巨集指令「OpenReport」，將選課單報表以『報表』模式開啟，語法如下。

```
運算式 .OpenReport(ReportName, View, FilterName,
            WhereCondition, WindowMode, OpenArgs))
```

- **ReportName**：欲開啟的報表名稱。
- **View**：欲開啟報表的檢視方式，預設為 acViewNormal，參數說明如下表【14-8】。

參數名稱	常數值	說明
acViewNormal	0	標準模式（預設值）
acViewDesign	1	開啟為「設計檢視」模式
acViewPreview	2	開啟為「預覽列印」模式
acViewPivotTable	3	開啟為「樞紐分析表檢視」模式
acViewPivotChart	4	開啟為「樞紐分析圖檢視」模式
acViewReport	5	開啟為「報表檢視」模式
acViewLayout	6	開啟為「版面配置檢視」模式

表【14-8】 View 參數值

下述範例會新增一個空白模組，再新增函式來編寫程式碼；程式碼請參考表【13-9】Function GradeYear；然後配合章節《13.6.4》的 OnLoad(表 13-10) 事件來呼叫此程式。

範例《CH14F》自訂函數

Step 1 從工作列切換，進入 VBA 編輯器。❶ 確認編輯程式碼的視窗已關閉；❷ 展開「插入」功能表；❸ 執行「模組」指令來開啟空白的程式碼編輯文件。

Step 2 再一次 ❶ 展開「插入」功能表；❷ 執行「程序」指令；❸ 輸入名稱「GradeYear」；❹ 型態選「Function」；❺ 有效範圍選「Public」；❻ 按「確定」鈕；再加入前述所列程式碼。

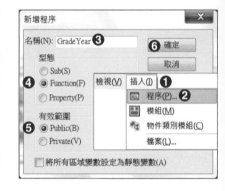

Step 3 利用「WhereCondition」來設定條件值，開啟不同學年度的選課單報表，程式碼如下。

```
Rem 範例《CH14F》程式碼
Public Function GradeYear(number As Integer)
    Select Case number
            Case 99
                DoCmd.OpenReport " 選課單 ", acViewReport,
                    "", "[ 學年 ]=99", acNormal
            Case 100
                DoCmd.OpenReport " 選課單 ", acViewReport,
                    "", "[ 學年 ]=100", acNormal
            Case 101
                DoCmd.OpenReport " 選課單 ", acViewReport,
                    "", "[ 學年 ]=101", acNormal
            Case 102
                DoCmd.OpenReport " 選課單 ", acViewReport,
                    "", "[ 學年 ]=102", acNormal
            Case 103
                DoCmd.OpenReport " 選課單 ", acViewReport,
                    "", "[ 學年 ]=103", acNormal
            Case Else
                DoCmd.OpenReport " 選課單 ", acViewPreview,
                    "", "", acNormal
    End Select
End Function
```

■ 依據參數 number 傳入的值來開啟選課單報表。

■ 其中的 DoCmd 執行巨集，OpenReport 開啟報表，接著指定要開啟的報表名稱，參數 acViewReport 以報表模式開啟，再指定學年度。

14.6.2 認識宣告區段

宣告區段指的是模組層次的宣告，若直接在模組下直接宣告變數，表示此變數適用於整個模組。在模組中撰寫程式碼時，會見到一行文字：

```
Option Compare Database
```

在模組中需要比較時，可透過 Option Compare 提供比較方法；因此在宣告區段加入 Option Compare Database，表示比較模式只適用於 Access 模組中。

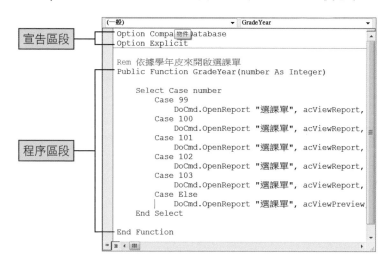

14.6.3 類別模組

無論是表單或報表都有一個專屬的類別模組，都具有屬性、方法及事件程序（事件程序：當某事件發生時所要執行的程序）。物件類別模組是由 Access 自動建立的，而且有制式的名稱：「Form_ 表單名稱」或「Report __報表名稱」。例如：學生表單的物件類別模組即為「Form_ 學生」，選課單報表的則為「Report_選課單」。

一般來說，在類別模組中完成的程序只適用該類別，其他的表單或報表並無法呼叫它來使用。如果要新增一個「類別模組」，將功能區切換建立索引標籤，透過「巨集與程式碼」群組的「類別模組」指令來建立。

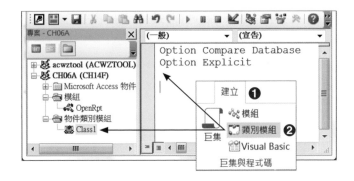

14.6.4 加入錯誤處理

為了防止程式碼發生錯誤，會放入錯誤處理程序。當程式執行產生錯誤時，提醒使用者的操作不當！如何在程式碼中加入錯誤的處理？以較常用的敘述做介紹。

■ **On Error GoTo 列標籤**

表示當程序式函數在執行時產生錯誤時，會利用 GoTo 跳到列標籤處進行錯誤的處理。

```
Public Sub getGradeYear()
    On Error GoTo 列標籤
    '程式敘述
    . . .
列標籤:
    ' 進行錯誤的處理
    Exit Sub
End Sub
```

On Error GoTo 敘述與列標籤的錯誤處理必須放在同一個程序或函式中，列標籤名稱後面要加上「:」冒號字元。

處理錯誤的程式又該如何撰寫？一般而言都是利用 MsgBox 來顯示一個訊息交談窗，利用 Err.Number 來顯示錯誤代碼或 Err.Description 來描述錯誤內容。

■ On Error Resume Next：表示會忽略錯誤，程式碼會往下一行繼續執行。

下述範例就是利用模組撰寫一個函式開啟選課單表報表。

範例《CH14F》加入錯誤處理

Step 1　　將選課單報表以設計檢視開啟，按 F4 鍵叫出屬性表。

Step 2 ❶ 確認選取類型「報表」；❷ 切換「事件」標籤；❸ On Load 事件按「…」鈕；❹ 進入「選擇建立器」交談窗，選取「程式碼建立器」；❺「確定」鈕。

Step 3 程式碼內容請參考 Report_Load()。將 VB 視窗的程式碼做儲存，回到 Access 的報表畫面，關閉屬性表，並儲存報表後關閉。

```
Report_Load()

Public Sub Report_Load()
    On Error GoTo stopFun

    Dim value As String

    value = InputBox(
        請輸入要預覽的學年度；數字 10 表示全部", 取得學年度")
    If value = "" Then
        MsgBox "未輸入學年"

stopFun:
    Exit Sub

    ElseIf value = "10" Then
        GradeYear (Val(value))
        MsgBox "開啟選課單整份報表"
    Else
        GradeYear (Val(value))
        MsgBox "開啟" & value & "學年報表",
                vbInformation, "開啟報表"

    End If
End Sub
```

- 利用 Form_OnLoad 事件；配合 InputBox 所輸入字串來指定欲開啟學年的報表。

- GradeYear 是前一個範例所寫的自訂函式，會取得 InputBox 的輸入字串，再以 Val() 函數轉為數值。

- GradeYear 依據所回傳的數值開啟指定年份的報表。

Step 4 進行測試。滑鼠直接雙擊選課單報表來開啟。

Step 5 ❶ 先開啟輸入窗，輸入「102」；❷ 按「確定」鈕；❸ 彈出訊息窗，再按「確定」鈕之後，會開啟 102 學年的選課單。

14.7 事件程序

在視窗應用程式中，要執行某些功能時必須觸發某一個事件；使用 Access 資料庫時，也能透過事件的觸發來執行某項功能；例如按下滑鼠左鍵，可以開啟某一個表單。

對於 Windows 操作來說，所謂「事件」（Event）概分三種：

- 預先定義好的活動，也就是說一個物件（Object）能擁有哪些事件，由系統本身定義。

- 由使用者操作所產生的事件，由於物件能辨識或偵測動作，例如，以滑鼠點選，以鍵盤輸入所被觸發的事件。

- 執行的程式碼產生的事件。使用者可以在表單、報表或控制項的事件中編製巨集，當事件被引發時便會執行該巨集程式。換個方式，亦可以使用表單、報表或控制項的事件撰寫事件程序，如此一來，當該事件被引發時便能執行其事件程序進行程序的處理。

在類別模組中其事件程序的撰寫語法如下：

```
Private|Public Sub 物件名稱 _ 事件名稱 ( 參數串列 )
    ' 程式敘述
End Sub
```

- 【Private|Public】用來宣告程序的存取範圍。
- 【物件名稱】擁有此事件的物件名稱。
- 【事件名稱】欲回應事件的名稱。
- 【參數串列】事件發生時，傳遞的參數，不過在大部份情形中，事件中的參數較少傳遞。

```
Public Sub Report_Load()
    REM 程式碼
End Sub
```

例如，上一個範例中，Public 代表存取範圍，Report_Load() 表示報表的載入事件。只要開啟此份報表，相關的程序就會被執行。

14.7.1 認識事件程序

模組類別中，撰寫的程式碼必須透過事件程序來執行。當使用者藉由操作介面，例如按下滑鼠、開啟或者是關閉表單，對應的事件就會去執行相對程序；因此事件的產生與被執行的物件是息息相關的，一個物件會包含多種事件程序。

每當一個事件被觸發時，了解它們何時發生，及發生的順序是很重要的！通常執行一個動作時，有可能產生好幾個事件，不同的階段會執行不同的事件；對於使用者而言，事件如何產生並不重要，明瞭產生事件時要有什麼對應動作才是關鍵所在！

開啟一個表單時，事件執行的順序如下圖【14-12】所示。

圖【14-12】 開啟表單所執行的順序

當焦點離開表單上的控制項時，Exit 和 LostFocus 事件則會依序被觸發，如圖【14-13】所列。

圖【14-13】 關閉表單時所引發的事件

14.7.2 事件的種類

對於事件有基本概念後，那麼 Access 有哪些事件？對於 Access 而言，大部份的視窗事件 Access 都能進行辨認；基本上可區分為視窗、焦點、滑鼠、鍵盤、產生錯誤、資料、篩選和列印，下面的內容是針對常用的事件做概略性描述。

■ **滑鼠事件程序**

在 Access 中，事件程序非常多，下表【14-9】為常見的相關事件程序。

事件名稱（屬性）	事件發生時機
OnClick	當使用者按下滑鼠的左鍵再放開時
OnDblClick	使用者在固定時間內快按滑鼠二下時
MouseDown	按下滑鼠的按鈕
MouseMove	移動滑鼠時
MouseUp	放開滑鼠按鈕

表【14-9】 常見的滑鼠事件

在控制項或表單按下滑鼠按鍵，接著移動滑鼠，再放開滑鼠時，事件產生的順序如下所列。

如果快按滑鼠二下時會產生 DblClick 事件及 Click 事件，事件產生的順序如下所列。

14.7.3 鍵盤事件

按下鍵盤的按鍵時，會引發鍵盤事件，下表【14-10】為常見事件。

事件名稱（屬性）	事件發生時機
OnKeyDown	當使用者按下鍵盤的某個按鍵時
OnKeyPress	按下按鍵再放開時，會對應某個 ASCII 的值
OnKeyUp	按下按鍵，再放開某個按鍵時

表【14-10】 常見的鍵盤事件

在控制項或表單按下鍵盤的按鍵時，則事件發生的順序如下所列。

14.7.4 資料事件

在控制項或表單進行輸入、刪除或者變更資料的內容時，表【14-11】是常見的事件。

事件名稱（屬性）	事件發生時機
AfterInsert	完成一筆新增記錄至資料庫之後
AfterUpdate	更新或修改一筆記錄之後
BeforeInsert	完成新增記錄至資料庫之前
BeforeUpdate	更新或修改一筆記錄之前
OnChange	文字方塊控制項的內容被改變時
OnDelete	刪除記錄時，但在記錄未被確認時

表【14-11】 常見的資料事件

14.7.5 焦點事件

所謂「焦點（Focus）」指的是目前作用視窗中，接受資料輸入或操作的物件，如果在表單中，雖然有多個物件，只有一個物件能夠取得焦點，所以焦點在轉移時就會產生表【14-12】常見的相關事件。

事件名稱（屬性）	事件發生時機
OnActivate	取得焦點成為作用中的視窗
OnDeactivate	焦點從表單移向其他的資料庫物件
OnEnter	同一表單，某個控制項從其他控制項取得焦點
OnExit	同一表單，某個控制項焦點移到其他控制項時
OnGotFocus	控制項取得焦點
OnLostFocus	控制項失去焦點

表【14-12】 常見的焦點事件

14.7.6 表單事件

開啟表單，調整表單的大小，或者是關閉表單時會觸發表【14-13】常見的相關事件。

事件名稱（屬性）	事件發生時機
OnOpen	開啟表單，未載入記錄時
OnClose	關閉表單，發生於 OnLoad 事件之後
OnLoad	開啟（OnOpen）表單後，要顯示記錄之前
OnUnload	關閉表單，將資料從記憶體中清除時
OnResize	表單第一次顯示或者調整表單的大小時

表【14-13】 常見的表單事件

自我評量

一、選擇題

( ) 1. 一般模組加入時，會以什麼來命名？ ❶ project1 ❷ class 1 ❸ Module1 ❹ Comment。

( ) 2. 對於變數的描述，何者正確？ ❶ 為了取得記憶體的使用空間 ❷ 它的使用範圍不受限制 ❸ 不一定要宣告 ❹ 儲存的內容不會改變。

( ) 3. 下列變數名稱中何者正確？ ❶ Dim A as Integer ❷ Dim Form As Integer ❸ Dim 178 As string ❹ Private @5 As Short。

( ) 4. 宣告常數時，要使用哪一個關鍵字？ ❶ Public ❷ Option ❸ Dim ❹ Const。

( ) 5. MOD 運算子是用來取得：❶ 平均值 ❷ 加總的結果 ❸ 餘數 ❹ 除數。

( ) 6. 條件運算是多重的情形下，哪一種敘述不適用：❶ Fon...Next 敘述 ❷ 巢狀 If ❸ If ...Else If ... ❹ Select ...Case。

( ) 7. On Error GoTo 列標籤的作用？ ❶ 發生錯誤結束程式的執行 ❷ 產生錯誤時，進行錯誤的 處理 ❸ 顯示錯誤訊息 ❹ 發出錯誤嗶嗶聲。

二、填充題

1. 填寫 VBA 工作環境：❶ ＿＿＿＿＿＿＿ 、❷ ＿＿＿＿＿＿＿ 、❸ ＿＿＿＿＿＿＿ 、 ❹ ＿＿＿＿＿＿＿ 、❺ ＿＿＿＿＿＿＿ 。

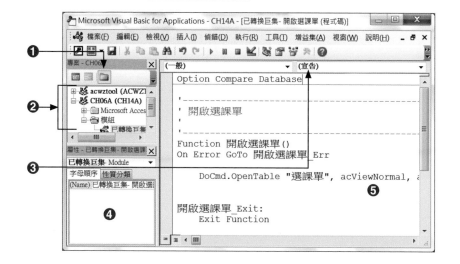

2. Option Explicit 是表示_____ 。

3. 依據變數的適用範圍，分為哪二種？_____ 、_____ 。

4. 使用的變數若含有小數位數時，資料類型可使用_____ 或_____ 。

5. 請寫出四種邏輯運算子：❶ _____ 、❷ _____ 、❸ _____ 、

   ❹ _____ 。

6. On Error Resume Next 敘述的作用：_____ 。

三、問答題

1. 請說明 Access 2016 的兩種模組。

2. 請說明「Sub」和「Function」的不同之處。

15 Chapter

與 **Excel** 並肩合作

➡ 從 Excel 活頁簿將性質不一的工作表匯入 Access 資料庫

➡ 將 Access 選取查詢所得的記錄匯出為 Excel 工作表,進一步作樞紐分析

➡ 利用 Excel 軟體來連結 Access 資料庫,資料庫有異動時,Excel 也能重
新整理做更新

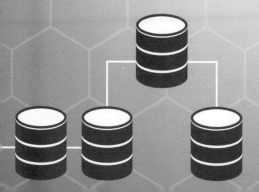

15.1 從 Access 匯入 Excel 資料

第十二章介紹過 Access 配合其他格式的資料，進行匯入與匯出。第五章運用關聯式資料庫的觀念，將一個資料表分割成多個資料表並利用外部索引來形成關聯。本章則把重點放在 Office 軟體 Excel 身上，以它強而有力的分析、歸納，在 Access 資料庫之外，以 Excel 為最佳幫手。

下述操作則是以 Excel 工作表，然後分製成多張工作表。完成後再匯到 Access 資料庫。

15.1.1 將 Excel 資料歸納、整理

如果 Excel 儲存的選課單是這樣的情形：

	A	B	C	D	E	F	G	H	I	J	K
1	選課序號	學年	學號	姓名	系所	代碼	科目名稱	學分	選必修	任課老師	上課教室
2	1	100	C0131	王品郁	光電與通訊系	DB01	資料庫系統管理	3	TRUE	Joe Stockman	E305
3	2	100	C0131	王品郁	光電與通訊系	AP01	程式設計(一)	3	TRUE	Annie Sullivan	W508
4	3	101	A1044	王時嵐	資工系	CB31	法律與生活	2	FALSE	李家豪	E208
5	4	101	A1044	王時嵐	資工系	AP01	程式設計(一)	3	TRUE	Annie Sullivan	W508

選課單 ╱ 學生 ╱ 科目 ⊕

可以發現很多欄位值會重複性，依照關聯式資料庫的觀念，學號、姓名、系所這些重複的欄位獨立「學生」工作表，並將欄位中重複的值排除。

Excel《選課單 .xlsx》

Step 1 將工作表「選課單」的學號、姓名和系所三個複製到另一個空白的工作表，並將工作表變更為「學生」。

Step 2 去除學生工作表的重複性欄位。選取學生工作表所有欄，❶ 切換「資料」索引標籤，按 ❷「移除重複」鈕，進入其交談窗。

Step 3 以「學號」欄位為主來移除重複值。❶ 保留勾選「我的資料有標題」;❷ 取消姓名和系所的勾選;❸ 按「確定」鈕;會彈出訊息方塊,再按 ❹「確定」鈕來完成操作。

Step 4 去除重複值的學生工作表。

	A	B	C
1	學號	姓名	系所
2	A1033	宋雅慧	資工系
3	A1036	金田二	資訊媒體應用
4	A1038	江一霖	資工系
5	A1044	王時嵐	資工系
6	A3795	方大良	資訊媒體應用
7	B2114	顏秀珍	資訊媒體應用
8	C0131	王品郁	光電與通訊系
9	C0137	田秀娟	資工系

圖【15-1】 經過整理的學生工作表

Step 5 利用相同作法,將選課單中的代碼、科目名稱和選必修來形成另一個工作表「科目」並去除重複性的欄位值。

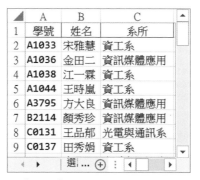

	A	B	C	D
1	代碼	科目名稱	學分	選必修
2	DB01	資料庫系統管理	3	TRUE
3	AP01	程式設計(一)	3	TRUE
4	CB31	法律與生活	2	FALSE
5	AR05	應用英文	3	TRUE

15.1.2 手動取得 Excel 資料

這些經過整理 Excel 工作表如何變成 Access 的資料表，最簡單的方式是使用複製功能將學生工作表的記錄複製到 Access 空白的資料表。

範例《CH15A》將 Excel 檔案複製到 Access

Step 1 啟動 Access 資料表《CH15B.accdb》，它是一個空白資料庫。切換 ❶ 建立索引標籤，執行「資料表」群組的 ❷『資料表』鈕來產生一個空白的資料表。

Step 2 回到 Excel 活頁簿，選取 Excel 學生工作表的所有記錄（不含欄位）並執行複製動作。

Step 3 回到 Access 資料庫，❶ 插入點移向空白資料表識別碼的第一個儲存格；❷ 切換常用索引標籤；按 ❸「貼上」鈕下方的 ▼ 鈕展開選單，按 ❹「貼上新增」鈕後，會彈出訊息方塊，❺ 按「是」鈕來結束動作。

識別碼	F2	F3
1	王品郁	光電與通訊系
2	王時嵐	資工系
3	王華光	光電與通訊系
4	朱梅春	資訊媒體應用
5	古明川	光電與通訊系
6	方康俊	資工系
7	方大良	資訊媒體應用
8	顏秀珍	資訊媒體應用
9	田秀娟	資工系
10	江一霖	資工系
11	朱育培	光電與通訊系
12	宋雅慧	資工系
13	金田二	資訊媒體應用

Step 4 將資料表儲存為「學生」，切換為設計模視來調整其結構；不要忘記儲存並關閉
此學生資料表。

欄位名稱	資料類型
學號	自動編號
姓名	簡短文字
系所	簡短文字

一般 查閱

欄位大小	50
格式	

15.1.3 配合匯入精靈

要將 Excel 工作表的資料移轉到 Access 的第二種方法就是利用外部資料索引標籤的
「匯入與連結」群組的『Excel』鈕。

範例《CH15A》將 Excel 檔案匯入到 Access

Step 1 Access 資料庫，切換外部資料索引標籤的「匯入與連結」群組的『Excel』鈕來啟動其交談窗。

Step 2 取得 Excel 檔案。❶ 按「瀏覽」鈕取得 Excel 檔案路徑；選 ❷ 匯入來源資料至目前資料庫的新資料表；按 ❸「確定」鈕進入「匯入試算表精靈」交談窗。

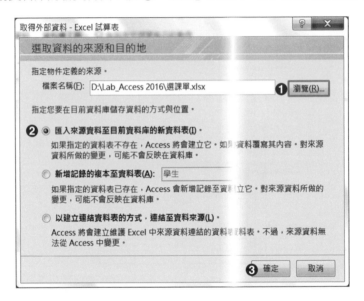

Step 3 指定工作表。選 ❶ 顯示工作表的 ❷ 科目；按 ❸「下一步」鈕。

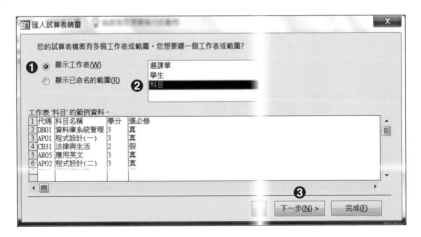

Step 4 ❶ 勾選「第一列是欄名」；按 ❷「下一步」鈕。

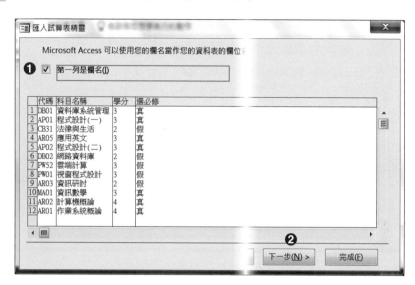

Step 5 以滑鼠點選每個欄位並確認或修改其資料類型。❶ 選取學分欄位；❷ 變更資料類型「整數」；按 ❸「下一步」鈕。

Step 6 設主索引。選 ❶ 自行選取主索引鍵的 ❷「代碼」;按 ❸「下一步」鈕。

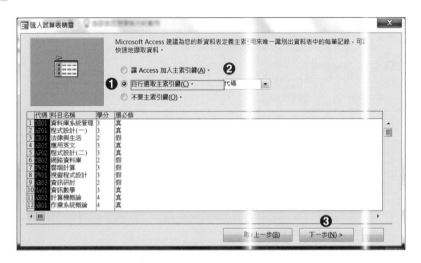

Step 7 ❶ 輸入資料表名稱「科目」並按 ❷「完成」鈕來結束匯入程序。

　　利用前面範例的相同方式將 Excel 選課單工作表匯到 Access 資料表。不同處在於步驟 5 來決定哪些欄位不做匯入。只保留欄位:選課序號、學年、學號、代碼、任課教師和上課教室;其餘都不匯入。

15.2 從 Access 匯出 Excel 資料

雖然 Access 也提供交叉資料表查詢，但它們的靈活度會比 Excel 樞紐分析表稍差了些。所以某些情形下需要把 Access 資料表匯到 Excel 活頁簿。

15.2.1 匯出為 Excel 活頁簿

與前述範例不同，現在要把 Access 完成的查詢匯出到 Excel 活頁簿。它以課程、選課單、學生和系所來產生選取查詢「各學年選修」，並將學年和姓名做遞增排序。

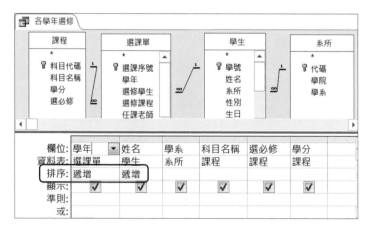

如何匯出 Access 的資料至 Excel？同樣是利用 Access 外部資料索引標籤中「匯出」群組的『Excel』鈕。

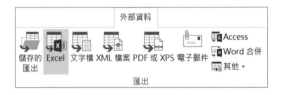

以下述範例說明 Access 資料表如何匯出成為 Excel 檔案。

範例《CH15B》將 Access 資料表變成 Excel 檔案

Step 1 開啟範例檔案，從功能窗格選取查詢物件 ❶「各學年選修」，切換 ❷ 外部資料索引標籤，按「匯出」群組的 ❸『Excel』鈕，進入「匯出 -Excel 試算表」交談窗。

Step 2 指定路徑和匯出格式。❶ 按「瀏覽」鈕可設定存放的路徑和檔案名稱；❷ 檔案格式採預設值「Excel Workbook」（Excel 工作表）；❸ 勾選「匯出具有格式與版面配置的資料」；❹ 按「確定」鈕。

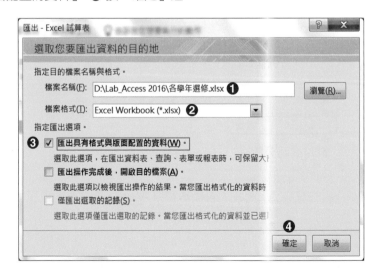

Step 3 按「關閉」鈕就完成匯出動作。

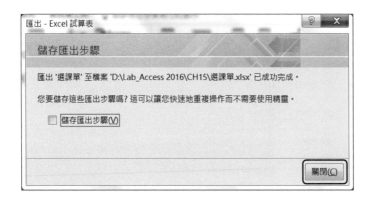

Step 4 匯出的 Excel 檔案。

15.2.2 製作 **Excel** 的樞紐分析

將匯出 Access 查詢資料，利用 Excel 來產生一個簡易的樞紐分析表。例如，想要了解各學年每位有選修課程的學分狀況。

範例《各學年選修》製作樞紐分析

Step 1 將 Excel 檔案《各學年選修 .xlsx》開啟，插入點停留在資料的任何儲存格；切換 ❶ 插入索引標籤，按「表格」群組的 ❷『樞紐分析表』鈕，進入其交談窗。

Step 2 建立樞紐分析表的相關設定。❶ 可以進一步它的選取範圍；新的樞紐分析表選
❷ 新的工作表；按 ❸「確定」鈕。

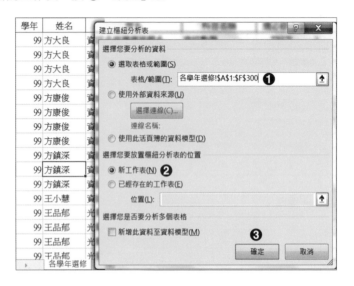

Step 3 切換到新的工作表，樞紐分析表會在視窗右側顯示，將欲分析欄位「學年」往欄
拖曳，姓名拖曳到列，學分拖曳到值做加總。

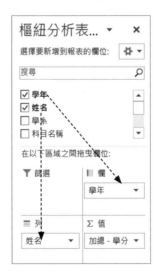

Step 4 就可以看到每位學生在各學年各修了多少學分，並把各學年修得學分做合計。這
樣是不是比 Access 更簡單、一目就能了然。

	A	B	C	D	E	F	G	H
3	加總 - 學分	欄標籤 ▼						
4	列標籤 ▼	99	100	101	102	103	總計	
5	方大良	12	3		9		24	
6	方康俊	11	3	12	3	3	32	
7	方濟光		3		11	7	21	
8	方鎮深	9		12	7		28	
9	王小慧	3	10	9	7		29	
10	王志雄				12		12	
11	王芳香				6	6	12	
12	王品郁	12	6	6	9		33	
13	王時嵐		5	7	10		22	
14	王華光	11	11	13	17		52	
15	古明川		9	6	11	7	33	
16	田秀娟		13	7	7	10	37	
17	朱玉美				5	4	9	
18	朱全貴				8		8	
19	朱育培		18	6	14	6	44	
20	朱良志		9	9	9	9	36	
21	朱梅春		16	15	9	3	43	

工作表1　各學年選修　⊕

Step 5 要進一步了解方康俊修了哪些學分，進一步把科目放到分析列的姓名下方，就能
看到方康俊各學年選修的科目及學分。

加總 - 學分	欄標籤 ▼					
列標籤 ▼		99	100	101	102	103	總計
⊟ 方康俊							
英文會話		2					2
計算機概論		4					4
程式設計(一)				3			3
程式設計(二)					3		3
視窗程式設計						3	3
雲端計算				3			3
資料結構				3			3
資訊研討		2					2
資訊數學		3					3
演算法概論			3				3
應用英文				3			3
方康俊 合計		11	3	12	3	3	32

▼ 篩選	▥ 欄
	學年　▼

☰ 列	Σ 值
姓名　▼	加總 - 學分　▼
科目名稱　▼	

15.3 從 **Excel** 匯入 **Access** 資料

　　對於 Excel 工作表轉化為 Access 資料庫，或者 Access 的選取查詢匯出後變成 Excel
樞鈕分析表的資料來源有了簡單認識之後，從 Excel 活頁簿連線到 Access 資料庫，讓它們
彼此互相照應一下吧！

15.3.1 取得 Access 資料

這裡先以 Excel 軟體來產生空白活頁簿之後，再連線到 Access 資料庫。

範例製作從 Excel 連線到 Access 資料庫

Step 1 啟動 Excel 軟體，建立空白活頁簿後，切換 ❶ **資料**索引標籤，❷ 展開「取得外部資料」群組選單，按 ❸『從 Access』鈕進入選取來源交談窗。

Step 2 ❶ 確認檔案的儲存路徑；❷ 選取 Access 資料庫（資料庫必須關閉）；按 ❸「開啟」鈕會進入「選取表格」交談窗。

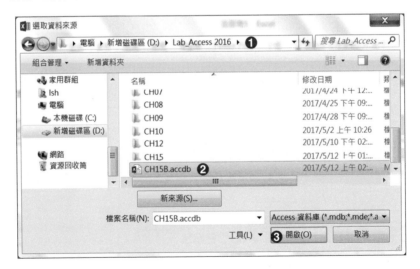

Step 3 ❶ 選取查詢物件「各學年選修」，按 ❷「確定」鈕開啟「匯入資料」交談窗。

Step 4 ❶ 活頁簿檢視此資料方式「表格」；❷ 將資料放在「=$A$1」（預設值，可變更）；❸ 按「確定」鈕。

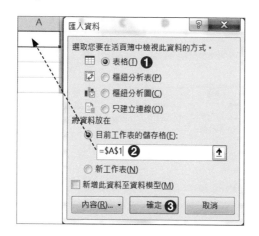

Step 5 連線取得的 Access 資料會進入篩選狀態。將它儲存為 Excel 檔案「各學年學生選修」。

	A	B	C	D	E	F
1	學年	姓名	學系	科目名稱	選必修	學分
2	99	方大良	資訊多媒體應用學系	資訊數學	TRUE	3
3	99	方大良	資訊多媒體應用學系	應用英文	TRUE	3
4	99	方大良	資訊多媒體應用學系	互動式多媒體設計	FALSE	3
5	99	方大良	資訊多媒體應用學系	多媒體導論	TRUE	3
6	99	方康俊	資訊工程系	資訊研討	TRUE	2
7	99	方康俊	資訊工程系	資訊數學	TRUE	3
8	99	方康俊	資訊工程系	英文會話	FALSE	2
9	99	方康俊	資訊工程系	計算機概論	TRUE	4
10	99	方鎮深	資訊工程系	應用英文	TRUE	3

工作表1

Access 新增資料

由於 Excel 軟體到 Access 資料庫有了暢通管道，所以當 Access 資料庫記錄要做異動時，必須將 Excel 軟體關閉。同樣地，以 Excel 更新某個記錄時，也要將 Access 資料庫關閉。

範例《CH15B》Access 資料庫做記錄異動

Step 1 打開 Access 資料庫檔案《CH15B》，資料表「選課單」新增兩筆記錄，並且關閉資料庫。

Step 2 啟動 Excel 軟體並打開「各學年學生選修 .xlsx」檔案，切換資料表工具的 ❶ 設計索引標籤，按「外部表格資料」群組的 ❷「重新整理」鈕。

Step 3 按「重新整理」鈕而 Access 資料表未關閉，會彈出訊息方塊。按「確定」鈕並進一步把 Access 資料庫關閉才會去做重新整理動作。

Step 4 以學年 106 為篩選對象時，就可以發現 Access 新增的兩筆記錄也反應到 Excel 軟體。

15.3.2 配合 MS Query 擷取資料

也可以從 Excel 軟體執行 Query 查詢，利用下面範例來了解。

範例《各學年學生選修 .xlxs》Excel 使用 MS Query

Step 1 Excel 檔案《各學年學生選修 .xlsx》新增一個工作表。

Step 2 切換資料索引標籤，❶ 展開「取得外部資料」群組選單，❷ 再展開「從其他來源」選單，按 ❸『從 Microsoft Query』鈕進入其交談窗。

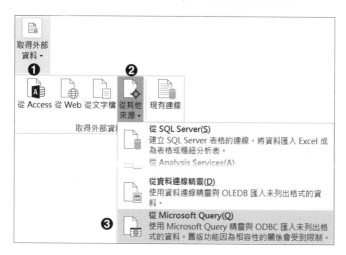

Step 3 ❶ 確認「資料庫」標籤，選 ❷MS Access Database；❸ 按「確定」鈕會進入其交談窗。

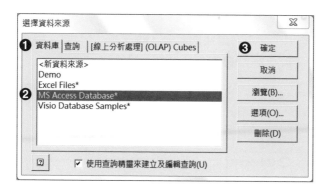

Step 4 選取資料庫。❶ 確認儲存目錄的磁碟機；❷ 找到儲存目錄；❸ 選取所需的
Access 檔案；❹ 按「確定」鈕會進入「查詢精靈」交談窗。

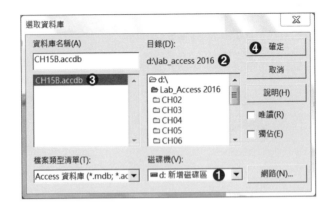

Step 5 選資料庫物件。選 ❶ 資料表「選課單」；❷ 按「>」鈕會「在查詢中的欄位」顯
示相關欄位；❸ 按「下一步」鈕。

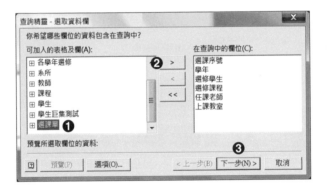

Step 6 篩選條件為 101 或 102 學年的記錄。❶ 選取「學年」；❷ 設定篩選條件「等於
101」或「等於 102」；❸ 按「下一步」鈕。

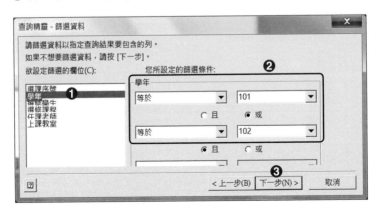

Step 7 ❶ 主要鍵以學年遞增排序；❷ 次要鍵以選修學生做遞增排序；❸ 按「下一步」
鈕。

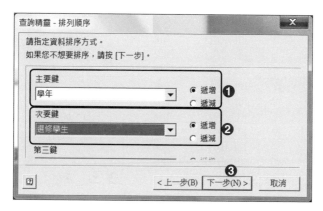

Step 8 選 ❶「將資料傳回 Microsoft Excel」，按 ❷「完成」鈕。

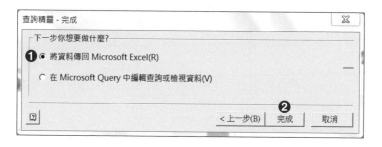

Step 9 ❶ 活頁簿檢視此資料方式「表格」；❷ 將資料放在「=$A$1」（預設值，可變
更）；❸ 按「確定」鈕。

Step 10 可以檢視 Excel 工作表的資料，學年是以 101 和 102 為主。

選課序號	學年	選修學生	選修課程	任課老師	上課教室
2	6	101	A0013	G03	3 W502
3	7	101	A0013	B14	12 E306
4	8	101	A0013	B04	12 E212
5	5	101	A0013	G02	5 W505
6	17	101	A0015	G02	5 W505
7	18	101	A0015	G03	3 W502
8	19	101	A0015	B16	6 E305
9	29	101	A0027	F04	9 W523
10	30	101	A0027	A04	15 E208
11	31	101	A0027	B03	2 E202

工作表1　工作表2　⊕